住宅精细化设计 II

周燕珉 等著

中国建筑工业出版社

前 言

2008年底，我们出版了《住宅精细化设计》一书，是将过去在住宅领域的研究文章进行的梳理与编集。令人可喜的是，这本书在市场上受到了极大的欢迎，六年多来连续印刷十六次，总印数已达到三万余册。这在非教材类的专业书籍中是不太多见的。据许多读者反映，这本书已被他们用作日常工作中重要的参考工具书；有的高校还将其作为教参甚至教材来使用。该书能够获得读者和市场的大力认可，让我们倍感荣幸。

然而在欣慰之余，我们也感到有些愧疚。毕竟书籍出版年代已久，随着近些年我国住宅政策、市场环境、住宅产品类型和设计需求的变化，书中的很多内容都已经"落伍"，不能适应当前住宅设计市场的特点。

近年来，住宅市场已从"黄金时代"步入"白银时代"。住宅房地产市场在经历了近二十年的蓬勃发展后，逐渐趋于平缓，这也带给了我们对市场进行冷静反思的契机。不可否认的是，在房地产市场急速膨胀的背景下，我国的商品住宅发展取得了前所未有的进步，住宅产品的多样化、产品设备的更新换代使人们的居住品质得到了很大的改善。但随之而来的问题却也不容忽视：只追求数量，不关注质量，建设周期紧张，设计工作"糙、快、猛"，难以有充足的时间做精细化设计，更没有精力去考虑长远及未来的更新改造需求。这些问题在市场需求旺盛、产品销售态势好的阶段并不凸显，但在"白银时代"到来后，这种发展模式将不可持续，必须要有新的思考。

随着住宅市场的日渐成熟，对于住宅产品的精细化、多样化和可持续化的需求同时也在加强。当前多数购房者已不再是没有经验的、容易被表面华丽的样板间所吸引的"门外汉"，而是具有购房和装修经验、对住宅品质与自身需求契合度更加重视的成熟买家。住宅产品的设计必须要摆脱"萝卜快了不洗泥"的模式，走向对使用者需求及产品可持续发展的关注。

在这样的背景下，我们萌生了撰写《住宅精细化设计II》的想法。一方面是想作为对上本书的推陈出新；另一方面，近年来我们始终保持着与市场的紧密合作，协助许多一线开发商开展了针对客户群需求的调研及住宅套型优化设计和产品库建设等研发工作，我们希望能借此机会将最近的研究成果整理出来与大家分享。

《住宅精细化设计II》虽然是《住宅精细化设计》的延续，但全书在结构和内容上都作出了全新的安排。首先，是强调了从宏观层面对住宅发展沿革的阐述，包括对住宅产品演进历程、住宅各空间发展演变的研究，希望能让大家对我国住宅发展脉络有更加宏观和整体的认识和理解。其次，是对与住宅品质相关的设计要点给予了更多篇幅的探讨，这既包括各空间储藏设计、门窗设计等细节要点，也包括对当前住宅产品质量、样板间设计问题的点评。再者，我们专门设立篇章，针对近些年发展较为快速的保障性住宅和老年住宅的设计需求、设计要点进行探讨。希望通过从宏观到微观、从整体到细节的阐述，来展现我们对住宅设计的思考与体会。

参与本书编写的主要人员，有的是一直以来在我工作室从事设计研究工作的在职人员，还有很多我的研究生，书中一些内容是他们对自己研究论文内容的整理与修改。但由于书稿编写及统稿周期长，住宅市场变化速度快，书中内容现在看来势必又会有落后于时代之感，而一些新的研究成果尚来不及整理放入本书，还望大家谅解。

写书的过程是艰辛的，本书从最初筹划到最终定稿经历了约 3 年，而后期的排版、修改和校对工作又耗费了半年多的时间。在这一漫长的过程中，我们工作室的研究人员及学生都付出了大量的时间精力，先后参与本书编写、绘图、校对等工作的人员不下三十人。在此要对大家的付出表示由衷地感谢！

同时，我们也要感谢这些年来给予研发合作支持的方兴地产、远洋地产、朗诗地产、首开地产、英才地产、万科地产、金地地产、招商地产等企业，并期望未来能够有更多的企业积极投身到对住宅产品的研发工作中，共同为推动住宅设计精细化发展贡献力量。

最后，我们更要感谢长期以来关注我们、肯定我们和支持我们的同行及各界读者，你们的支持是我们写书的最大动力！

愿《住宅精细化设计 II》不只是一个延续，更是一个新的开始！

附：本书参与人员说明

各章节写作人员详见目录文章后名单。

在书籍编写过程中参与其他工作的人员情况如下：

统稿及内容修订	林婧怡，李佳婧
排版及制图辅助	马笑笑，陈瑜，秦岭，孙超，吴迪
后期校对	林婧怡，秦岭，陈瑜，雷挺，李辉

周燕珉

2015 年初夏

目　录

第四篇　保障性住宅

第五篇　老年住宅

第六篇　住区环境

第七篇　其他

住宅精细化设计 II

第一篇　住宅发展

CHAP.1　HOUSING DEVELOPMENT

我国低密度住宅产品演进历程

1998 年是我国住宅发展史上具有重要转折意义的一年。当年的 7 月 3 日，《国务院关于进一步深化城镇住房制度改革加快住房建设的通知》[国发（1998）23 号]发布，规定从 1998 年下半年开始停止住房实物分配，逐步实行住房分配货币化。自此，我国的住房制度从过去的单位福利分房转变为由市场配置住房资源。这一改革的成效是显著的：从 1998 年到 2003 年，个人购买商品住宅的面积比例由 71.97% 上升至 96.43%，个人遂成为商品住宅的消费主体。

住房体制的市场化改革对住宅产品的发展起到了至关重要的作用。在福利分房时期，受到住宅面积和分配标准的严格限制，居民基本上没有过多的选择余地。住房商品化后，住宅建设由政府主导逐步转向市场主导，房地产业快速发展，居民拥有了在住房市场上自由选择的权利。随着市场需求的多样化，住房供给方开始以购房者的需求为导向来设计住宅产品，逐渐形成了多元化的住宅发展格局。从独栋别墅、联排、叠拼、双拼、花园洋房等低层和多层低密度住宅，到中高层、高层乃至超高层住宅，住宅产品类型呈现出百花齐放的景象。

本文主要对低密度住宅产品的发展脉络进行梳理。低层和多层住宅在很长一段时期是我国城市住宅的主要形式，已有数十年发展历程。根据楼栋组合形式及容积率特点，我们以具有典型意义的独栋别墅、联排住宅、叠拼、双拼及多层住宅作为代表（表 1-1），分阶段阐述这几类住宅产品的演进历程，希望通过对这一演变过程的分析，展现不同时期我国低密度住宅的产品特点，以及所反映出的时代背景，以使大家更清晰地了解我国住宅的发展历程。

我国各类低密度住宅的产品形式特征及容积率特点　表 1-1

容积率	0.2~0.6	0.6~0.7	0.7~1.0	1.1~1.2	1.1~1.2	1.2~1.3	1.3~1.4
产品类型	独栋别墅	双拼住宅	联排住宅	叠拼住宅	平墅	花园洋房	普通多层
图示	平面	平面	平面	剖面	剖面	剖面	剖面

一　独栋别墅的产生与发展

1. 国内早期独栋别墅的发展历程

　　我国独栋别墅的建设经历过两次高潮。第一次高潮是鸦片战争时期，各列强国家在我国通商口岸建造了一批具有殖民特色的别墅区。新中国成立初期，由于缺少相应的经济及阶级基础，我国独栋别墅建设基本停滞。第二次是改革开放以后，随着社会生产力的发展和思想的进一步解放，国人对欧美等国家优雅舒适的个人住宅有了初步了解，海南、深圳的商品化独栋别墅建设率先起步，进而带动了全国大中城市独栋别墅市场日益蓬勃。

　　但直至20世纪90年代中期，由于缺少别墅设计及建设经验，国内早期独栋别墅很大程度上是对欧美住宅式样的单纯模仿。这种地上2~3层的"洋式"独栋别墅，外观采用欧美风格的坡屋顶、柱式、拱券、线脚等造型要素；室内沿袭欧美国家生活习惯配置大起居室、大主卧、西厨，各室配备卫生间，每栋配置车库等；套型面积一般在300m² 以上。"洋式"别墅虽然为人们提供了豪华庄重的外观，但由于单纯照搬欧美生活模式，忽略了不同文化、生活习惯与社会背景的差异，造成一定的"水土不服"，主要体现在以下三方面：

1）容积率过低

　　首先是这类独栋别墅面宽大、进深小，首层占地面积较大。由于每栋住宅周围四向均有院落，且住栋之间又保持一定的间隔，造成土地的利用率较低，容积率通常小于0.3。20世纪80年代末期至90年代中期，我国主要大城市近郊的土地价格还比较低廉，于是便成为别墅建设的主要区域。但随着城市化水平的进一步提高，我国城市近郊土地资源日趋紧张，逐渐不能承受独栋别墅低容积率的开发模式。

2）配套设施跟不上

　　20世纪90年代中期以前，我国多数城市近郊市政建设落后，近郊的独栋别墅小区在供水、供电、供气、供暖方面都很不稳定。交通系统不完善，教育、医疗、商业、休闲等配套设施均不具备，给居家生活造成极大的不便。很多家庭周末来此暂居时要带着衣物、食物，还要带着人来打扫卫生。这个时期的独栋别墅只是被当作一种身份和经济实力的象征，既不适合作为实用的第一居所，也不能成为真正意义上休闲度假的别墅。

3）规划及景观设计单调

　　欧美国家独栋别墅多数为自建，街道两侧新旧住宅共存并且外观造型各异，自然形成亲切的具有历史感的街区面貌。而我国这一时期的别墅小区是由房地产开发商在短时期内统一规划建设的，"兵营"式的住栋布局与重复单一的建筑外观造成小区规划形态死板、产品面貌千篇一律（图1-1）。另外，欧美国家的住户会根据喜好在自家的院落里设置景观，并经常维护与照料，使小区环境生机盎然。然而我国早期多数别墅区内由于住户寥寥，各家院落缺乏有效管理，以致杂草丛生，让人产生"只听狗叫，不闻人声"的感受。

　　鉴于以上原因，到了90年代中后期，我国多数大中城市近郊的"洋式"独栋别墅建设热潮逐渐减退。在市场与政策的双重作用之下，

图1-1　兵营状的独栋别墅小区面貌

开发及设计单位开始探索符合中国国情的、富有内涵的、适应市场需求的独栋别墅形式。

2. 20 世纪 90 年代后期至今，商品化时期独栋别墅的发展

随着住房制度商品化改革，我国独栋别墅在世纪之交开始了本土化过程，其发展特点表现为以下几点：

1）以文化内涵作为卖点

作为人们身、心的居所，住宅不仅需要为人们提供遮风避雨的物理空间，更需要满足人们对较高层次精神生活的需求，对于独栋别墅类的高端住宅而言更是如此。随着人们对居住环境的认识不断加深，别墅消费者不再把面积大、有私家庭院、有车库等物质层面因素当作彰显身份与地位的唯一条件。早期独栋别墅对形式的片面模仿已不能满足人们对住宅精神文化层面的追求。为增加独栋别墅产品的"内涵"，20 世纪 90 年代末，独栋别墅在小区环境、建筑单体及庭院方面开始出现一些新的设计特征：

图 1-2　水面与棕榈树映衬下的东南亚风格别墅区

• 借鉴国外小镇居住氛围

对于独栋别墅这一类型的产品来说，小区的环境和氛围是体现其产品价值的重要因素。此阶段，为数不少的开发项目通过对国外"某某小镇"、"某某村"的规划布局、街区氛围及建筑风格等的学习借鉴，营造出富有异国风情的居住氛围，以此提升自身产品的市场竞争力。例如"北美小镇"一类的项目，在街区尺度、景观园林、建筑体量、立面造型等方面均采用北美设计风格，如：大窗、阁楼、坡屋顶。小区整体氛围显得简约大气，自由而富有活力，在市场上很受欢迎。而像一些以东南亚风情为特色的别墅项目，则通过深挑檐、仿木尖屋顶、开敞式露台等建筑形式，配合水面与棕榈树的映衬，及石雕、木雕上的宗教符号，营造出神秘、自然的居住氛围（图 1-2）。

• 汲取中国传统建筑精华

20 世纪末，我国思想界与教育界兴起国学热，一味崇拜"西洋"文化的思想受到质疑，中国传统思想文化精华愈发受到国人乃至世界的关注。在住宅市场上，独栋别墅产品模仿中国传统民居以院落为中心的做法成为另一设计趋势。在此后十余年间，市场上陆续出现了一些具有代表意义的中式别墅案例，例如北京观唐中式别墅、运河岸上的院子等。

现代"中式"独栋别墅常会结合我国南北方传统民居的差异来创造不同的院落形态（图 1-3）。例如：南方的"园林式"独栋别墅中，通常借鉴江南私家园林中建筑与山水共生的意象来设置庭院空间；而北方的"合院式"独栋别墅中，往往采用四面围合的建筑布局方式来

体现空间的尊卑关系与大家风范。此外，建筑外观及室内装饰也尽量采用中国传统元素（图1-4），例如外观添加传统装饰符号，室内装修采用中式风格等，以求再现中国传统民居精髓。

然而，无论是借鉴外来的居住文化，还是延续中国传统的住宅形式，在面对现代人的生活方式时往往会出现矛盾：一方面，为表现文化特点而采用的虚假、繁复的装饰增加了建造成本；另一方面，此类独栋别墅虽然在建筑布局及庭院设计上有所创新，但室内空间舒适度并没有本质提高，甚至会因为对文化符号的刻意追求而造成部分套型使用功能受限。此阶段的独栋别墅仅把人们所向往的异域风情或传统情怀当作"卖点"，却未能做到需求、品质与价值之间的平衡。

2）向集约化发展

2003 年 9 月 14 日，国土资源部发布《关于加强土地供应管理促进房地产市场持续健康发展的通知》，通知指出今后我国将严格控制高档商品住房用地，停止审批别墅用地。在这样的宏观调控政策下，当时独栋别墅产品在短时期内被迅速消化。而独栋别墅一味追求奢华的开发模式也相应受到遏制，市场上出现向集约化发展的倾向。相比从前，多数新建独栋别墅在保证基本舒适度的基础上缩小了套型面积，逐渐形成"经济型"独栋别墅产品。自住与投资成为此类产品的主要消费模式。

• 降低投资门槛，定位升值投资

2003 年以来，房地产业被定为国家支柱产业，发展迅猛。与此同时，房地产也成为重要的投资对象。独栋别墅由于其"不会再有"的特征使其成了一种稀缺的资源产品，投资价值更加凸

一层平面　　　　　　　二层平面

图 1-3　现代"中式"独栋别墅平面图

图 1-4　现代"中式"别墅庭院及室内设计实例

显，各类别墅产品一度呈现疯抢局面。其中经济型独栋别墅因其依然保持着独栋别墅有天、有地、有院、有车库的"四有"品质，且具有总价较低的优势，便成为投资市场中的热门产品。

• 精简居室空间，定位家庭自住

此阶段的经济型独栋别墅通常为地上 2 层，局部 3 层，地下 1 层为赠送，建筑面积也由原先的 300~500m² 降到 250m² 以下。其中面积较大的主流配置为三室三厅（起居厅、餐厅、

家庭厅）；面积较小的则为三室二厅。经济型独栋别墅虽能满足家庭自住的要求，但相对占地多，容积率过低。随着土地价格的上涨，加之实用面积小、套内交通空间比例偏大、每日上下楼梯频繁等缺点难以克服，这类别墅产品不久之后就在市场上受到高品质联排住宅的挤压。

3）产品属性发生转变

独栋别墅产品虽然能为高端住户带来高品质的居住体验，然而由于占地面积大、容积率过低，与城市建设用地资源日益紧缺这一现实的矛盾也越发凸显。尽管国土资源部多次提出"禁墅令"，市场上频打"擦边球"的现象仍屡禁不止。2012年国土资源部明确提出，住宅项目容积率不得低于1.0，进一步从实际操作层面上限定了别墅类地产项目的开发。在这样的政策形势下，为了满足容积率要求，别墅产品又一次向"扩大化"发展。

• 产品面积扩大，使用性质改变

这段时期内，一些项目推出了面积800~1000m² 甚至更大的别墅产品，一方面是

为使容积率达到1.0以上，另一方面也是力求更加凸显项目的高端性和稀有性，以吸引投资型客户。然而自2007年以来，因城市土地价格急速上升，住宅产品售价也随之上涨，这类总面积超大的别墅产品总价更是大幅提升，有的产品甚至已成为"准亿元级"产品。对于自住型客户来讲，要用超出以往两三倍甚至更多的价格才能买到这样的别墅产品，会有性价比偏低之感；而对于投资型客户来讲，这类产品亦因面积偏大、位置偏远、总价过高而容易产生投资风险。因此许多1000m² 左右的超大面积别墅销售状况并不乐观。

同期，部分别墅项目把眼光投向了其他市场客群——将超大面积别墅产品定位为提供给公司或私人的高端办公或豪华会所，以满足高端人群的社交和商务需求（图1-5）。这类别墅的设计往往强调"顶级奢华"，除配置私家电梯、私家泳池、私家花园等常见功能之外，还会设置豪华气派的通高大堂空间、大面积观景客厅、会客厅等，更可根据客户需求"量身定做"。一些代表性的项目包括龙湖长桥郡、碧桂园钻石墅等。

二 联排住宅（Townhouse）的兴起与发展

20世纪90年代末，Townhouse[1]（联排住宅）概念的住宅产品首次在中国亮相。此时期国内新生中产阶层家庭迫切希望拥有面积较大、上下分层、配备私家院落及停车位的住宅，但并不具备足够财力购买价格昂贵的独栋别

图1-5 满足高端人群的社交和商务需求的会所别墅

---

1 Townhouse 住宅起源于英国，是西方工业革命后为解决工人居住问题而创造的城郊住宅形式。

墅。而从空间配置、价格、土地利用等方面来看，Townhouse 是介于独栋别墅与多层住宅之间的一种中间住宅形态，既具备"四有"品质，价格又处在一个能够承受的范围之内，较好地弥补了住宅市场独栋别墅与多层住宅之间的产品缺失，因此成为中产阶层家庭购房的另一选择。

联排住宅按照不同时期的产品特征可划分为以下几代：

1. 价格低廉、品质平庸的第一代联排住宅

我国第一代联排住宅很大程度上借鉴了欧洲原型（图 1-6），由几栋或十几栋地上 3 层，地下 1 层的别墅式住宅并联而成。套型首层进深 3~4 进，面宽 1~1.5 开间。第一代联排住宅创造性地实现了我国独栋别墅与多层住宅产品之间的细分，在功能及客群定位方面具有以下两方面特点：

1）面积适中，满足核心家庭自住

第一代联排住宅套内功能空间配置中规中矩，一层主要为起居、餐厅等家庭活动空间，二至三层布置卧室及相应的附属空间（如卫生间、书房等）。各空间尺度适宜，总面积适中，约为 $180~250m^2$，附属设施配置比较完备，可以较好地满足核心家庭的自住需要。

2）价格适度，定位中产阶层

第一代联排住宅多建在市郊区域，土地成本相对较低。其住栋平面规整，横向 6~10 栋并排相连，土地利用率较高；加之结构简单，施工方便，建筑造价相对较低。所以第一代联排

图 1-6 英国拉夫堡早期联排住宅街景

住宅产品总价适中，对于大部分中产阶层家庭来说，是可以负担的高端住宅。

然而第一代联排住宅面宽窄、进深大的窄长平面形式虽然提高了土地利用效率，但却导致室内空间布局受限，套型中部采光通风不佳等问题。为使空间及面宽能得到充分利用，一些项目采用"错层"手法——首层南侧将起居空间适当拔高，首层北侧利用车库、厨卫等空间压低层高，从而在剖面上达到"错半层"的效果；这样南侧共两层，二层通常安排主卧区，北侧则为 3 层，可安排次卧等房间。这样做可使各层空间更加流通，并可在有限的空间内安排更多的房间（表 1-2）。而针对套型中部采光通风的问题，市场上出现了住栋前后交错并联、利用梯井上空天窗采光、设置内庭院（表 1-3）等方法加以改进。然而这些设计方法虽然在解决某一问题时呈现了优势，但有时也对其他空间和功能造成了一定程度上的负面影响，如错层会使住户上下楼梯的频度增加等。

另外，从住区整体空间环境来看，联排住宅南侧三层通常会设有露台，容易形成退台感，但北侧造型往往缺少进退变化、立面整体较为死板。当 7~8 栋 3 层高的联排住宅连续排列时，就会对北侧的宅间道路造成了较大的压迫感，

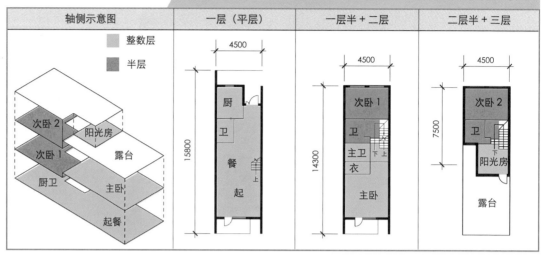

第一代联排住宅利用"错层"实现主、次卧室面积与数量的合理分配　表1-2

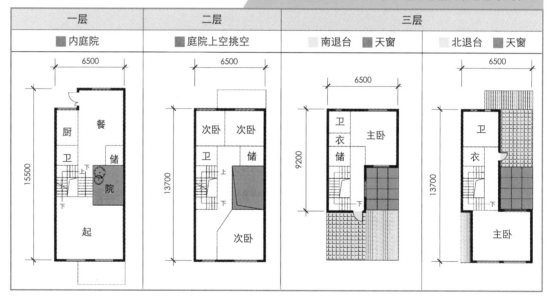

第一代联排住宅利用内庭院及天窗改善室内采光通风　表1-3

且会进一步影响北侧院落和街道的采光和后排住宅前院的景观面貌，缺少了高档居住小区的感觉。

　　从以上方面来看，第一代联排住宅虽然满足了部分中产阶层对中低价位、中等品质类别墅住宅的需要，但在室内空间使用舒适度、私密性与外部环境品质方面与独栋别墅相比仍有较大差距。市场上仍存在着一定数量的中产阶层消费群体渴望更具"别墅感"的联排住宅，期望市场梯度进一步细分。

2. 品质有所提升的第二代联排住宅

2002 年，市场上出现"宽 House"概念，成为改变第一代联排住宅形态的首度尝试（图 1-7）。第二代联排住宅是第一代联排住宅与独栋别墅产品之间的再次细分，旨在改善室内环境舒适程度、提高院落品质、进一步增强"别墅感"。与第一代联排住宅相比，第二代联排住宅主要进行了以下三方面的改进：

1）调整进深与面宽比例，改善室内采光通风

第二代联排住宅将进深与面宽比例进行了调整，使面宽从 1~1.5 开间扩大至 2 开间左右，进深缩至 3 进或 3 进以下，解决了第一代联排住宅由于面宽小、进深大而带来的套型中部空间不利等问题。同时，采光面的增加，实现了包括餐厅、卫生间等空间的全部露明，室内采光通风得到很大程度上的改善。

2）充分利用面宽，优化室内格局

面宽增大有利于实现室内生活空间的优化布置。例如，首层利用南向面宽设置老人卧室，减少行动不便的老人上下楼的频率（表 1-4a）；首层利用北向面宽在靠近厨房处布置工人房，方便工人工作（表 1-4b）；在门厅旁设置客人卧室，避免主客相互干扰（表 1-4c）。二层南面宽并列设置双次卧，三层主卧室与主卫、书房、露台等并列设置，充分利用采光面，使主、次卧室及配套空间品质均有所提升（表 1-5）。另外，第二代联排住宅可在首层分出部分面宽设置室内车库，并可结合庭院中停车位形成双车库（位）（表 1-4d）。

一层平面

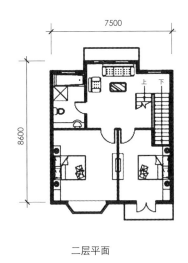

二层平面

三层平面

图 1-7 面宽较大、平面方正的第二代联排住宅平面图

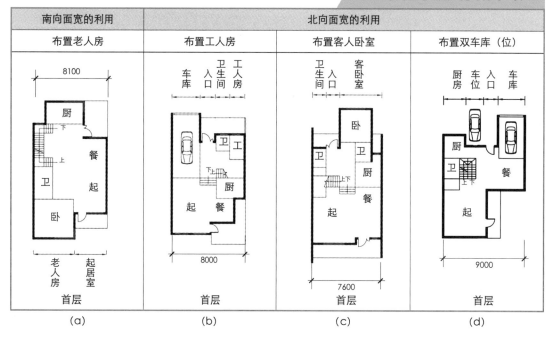

第二代联排住宅首层面宽的利用　表1-4

南向面宽的利用	北向面宽的利用		
布置老人房	布置工人房	布置客人卧室	布置双车库（位）
(a)	(b)	(c)	(d)

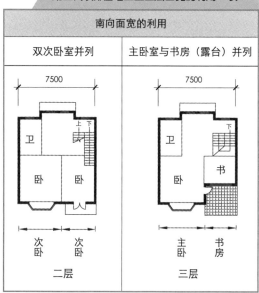

第二代联排住宅二至三层面宽的利用　表1-5

南向面宽的利用	
双次卧室并列	主卧室与书房（露台）并列
二层	三层

3）扩大庭院面积，拓展庭院功能

住栋面宽的增大使联排住宅前后庭院面积也随之扩大。除了满足入户及停车的功能外，庭院中还可以根据住户不同需要设置景观或娱乐设施，利用率得到提升。一些联排住宅通过退进局部面宽的方式设置小的院落，使住宅中部空间获得采光。在改善室内采光通风条件的同时，还为家庭提供了更加私密的庭院活动区（图1-8）。

第二代联排住宅通过对面宽、进深的调整，室内外空间品质与第一代联排住宅相比已有大幅提升，相应地土地利用效率有所降低。但其较好地平衡了容积率与品质之间的关系，是介于第一代联排住宅与独栋别墅之间的中间产品，达到了丰富市场消费梯度的目的。

图1-8 面宽增大后，联排住宅前后庭院面积有所扩大，并形成不同功能的庭院活动区

3. 更加具有别墅感的第三代联排住宅

2003年别墅建设用地停供，而市场上对独栋别墅的需求仍然存在。同年，"卡尔生活馆"作为新一代联排住宅类型的一例，通过对住栋体形及院落的创新调整，进一步使联排住宅向独栋别墅靠近，以迎合市场需求。第三代联排住宅实现了第二代联排住宅与独栋别墅产品之间的再次细分，具有以下两方面较鲜明的特点：

1）突破规矩形态，活化室外院落

第三代联排住宅的一个特点是将住栋整体面宽进一步增加至3开间，并开始出现十字形（图1-9）、T字形等较灵活的平面形式。与前两代联排住宅相比，其庭院面积进一步增大，住栋四周可形成形态丰富、功能各异的院落空间，庭院品质向独栋别墅靠近（表1-6）。富有凹凸变化的住栋形态有利于宅间道路及庭院的采光，小区形象更为活跃。

2）减少层数，提高室内使用舒适度

第三代联排住宅的另一个特点是将3层降为2层，这使每层面积增大，垂直交通上下频繁的矛盾得到缓解。此外，一层、二层均设有家庭活动空间及卧室，可根据不同类型的家庭结构灵活分配，对家庭结构变化的适应能力较

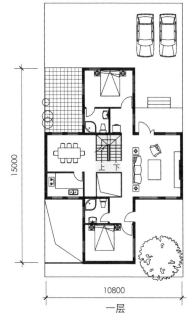

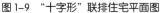

图1-9 "十字形"联排住宅平面图

各代联排住宅住栋平面与庭院形态比较　表1-6

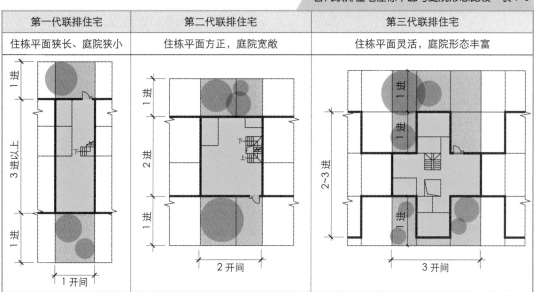

第一代联排住宅	第二代联排住宅	第三代联排住宅
住栋平面狭长、庭院狭小	住栋平面方正，庭院宽敞	住栋平面灵活，庭院形态丰富

强。大面宽保证了室内充足的采光，进深较小处南北双向开窗，通风效果良好，室内舒适度更接近独栋别墅。

第三代联排住宅在追求"别墅感"的同时也带来以下不利情况。第一，由于面宽增大，土地利用效率不高；第二，平面的凹凸进退对开窗构成难度，若设计不当则会产生对视问题；第三，住栋体形复杂，这虽然使通风采光面增加，但却不利于北方地区的节能保温。

三　双拼住宅与叠拼住宅的产生与发展

1. 双拼住宅与叠拼住宅的形成原因与产品特征

双拼住宅和叠拼住宅都是类别墅住宅，前者是由两栋别墅左右相拼而成，后者是由多套别墅式住宅上下叠落组合而成。这两类住宅产品的产生和发展主要是受到国家停止独栋别墅土地供应这一政策的影响。由于被停止审批用地的"别墅"是指独门独院、2~3层楼形式的别墅。而双拼住宅通过将两栋别墅拼合在一起，使两栋住宅虽有一面相连，但另外三面仍保持独立，并拥有三面270°视野的独立院落。通过将两栋别墅"形式上"连上一点，既巧妙地打了政策的"擦边球"，又使住户能最大化的拥有类似独栋别墅的居住环境。然而也因如此，双拼别墅占地仍较大，容积率并不能比独立别墅提高太多，从节地角度来看仍不符合发展趋势。

而叠拼住宅由于是有多套跃层和平层住宅上下拼合，可以做到地上4~5层，其容积率可达1.0~1.2左右，对土地的利用率相对较高，价格也相对便宜，符合住宅市场的需求，因而受到客户的欢迎。除容积率已接近多层住宅外，叠拼住宅的优势还体现在以下两方面：

1）侧墙得到解放

叠拼住宅上下相叠而非左右相连的形式，解放了住栋侧墙面。一梯两户的叠拼住宅具有多层住宅单元套型的特点——各户均可获得三面外墙；单户大平层的套型四面均为外墙，保证了良好的室内采光通风；底层两户并联住户除得三面外墙外还可得三向院落，居住品质大大优于联排住宅。

2）上、中、下层套型差异化

叠拼住宅套型组合灵活，有利于提高市场适应性。从剖面来看，各层套型也采取了不同的设计手法（图1-10）：

a. 中间层设置平层套型。平层套型的缺点是不具备别墅性质的院落或大露台，但优点是面宽大，采光、通风、视野好，室内空间便于分区，私密性可以得到较好的保证。而且大平层套型无上下楼的麻烦，适合有中老年人的家庭。

b. 上下采用局部跃层套型。底层套型可为"一跃二"或一层带地下一层、二层也通过设置独立楼梯直通地下一层；顶层套型可"三跃四"或"四跃五"，增加阁楼或露台。这些做法活化了室内空间，增加了卖点，并能利用上、下两层住宅空间交错相叠，减少了每套套型的面积，满足市场对中小面积的叠拼住宅套型的需求。

叠拼住宅采用上下叠落的组合形式虽具备以上优势，但牺牲了"四有"品质，使得底层住户"有地无天"，顶层住户"有天无地"，中间层住户只能拥有一定面积的阳台。另外，叠拼住宅的中间层、顶层住户需通过外部公共楼梯到达所在层入户，会造成对底层住户庭院面积的占用，并产生视线干扰问题，且户内楼梯

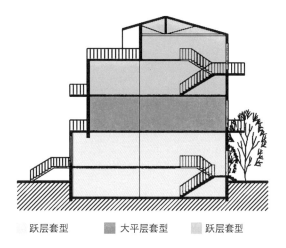

图1-10 叠拼住宅上、中、下套型的设计手法剖面示意图

跃层套型 ■ 大平层套型 ▨ 跃层套型

加上公共楼梯所占用的面积较多，影响了套型的使用率。

2. "9070"政策下"拉高拍低"的组合开发模式

2006年国家"9070"政策出台，政策指出超过90m²的住宅只能占到总体开发建设总面积的30%以下。因此开发商拿地后一旦想建造联排住宅或其他类别墅产品，就要同时建造大批中小套型住宅，作为对70%的90m²以下面积要求的补足。于是住宅项目开发中开始出现"拉高拍低"的现象，即通过"拉高"中小套型产品容积率，来"拍低"类别墅产品的容积率，并通过这种搭配式的开发模式平衡利润率。从产品形式来讲，中小套型部分通常为高层公寓形式，这部分住宅可以满足快销和资金快速回笼的需求；而类别墅产品通常以联排住宅、双拼住宅为主，主要定位于"二改"客户群，由于类别墅产品建造成本相对低，而售价高，可获得较好的利润。因而这一时期的许多住宅项目在规划形态上均呈现出如图1-11所示的，外

图1-11 "拉高拍低"的规划形态：通过周边高层公寓拉高容积率，以平衡中间低密度住宅的容积率

围及北侧为高层、南侧及中心为低层这种高度对比强烈的特征。

四 多层住宅的演进与发展

单元式多层住宅是我国最为常见的集合住宅类型，具有日照通风条件好、容积率适中等特点。早期建设的多层住宅一般不超过6层，这主要是因为我国规范规定6层以上（部分地区为7层以上）住宅需设置电梯。当时电梯造价相对较高，一般的多层住宅为了不配置电梯，通常就做到6~7层为止。但随着城市中土地价格的不断上涨，多层住宅的中低容积率已不能符合城市中心区土地开发强度的需求，因此不得不向城市近郊、远郊发展。而原先七八十年代的普通多层住宅因其规划布局形式死板、楼栋造型单一等问题，与郊区的环境及人们对居住品质的追求不协调，于是除了回迁房、经适

房外，多层住宅产品也逐步开始走向高端化，形成多种多样的产品形式。

1. 普通多层住宅改良形成的现代花园洋房

19世纪末，上海租界区曾出现作为官僚、买办居所的早期花园洋房。2000年前后，花园洋房概念被再次提出并作为一种新型住宅产品流行上市。从层数、配置及容积率方面来看，现代花园洋房是联排住宅与多层住宅之间的中间产品，在景观与居住环境舒适度方面展现出了较普通多层住宅更多的优势：

1）向各户引入大面积绿色空间

20世纪90年代末，我国城市中多数住宅小区由楼栋体形方正、密度较高的多层住宅组成，这些多层住宅除顶层与底层套型具有私家庭院或屋顶露台以外，多数住户在家中很难近距离感受自然。现代花园洋房概念通过向各户引入入户庭院或景观露台，为住户营造了绿色居住环境，改变了城市中单调的楼宇形象，增加了住宅供应市场的结构层次。2002年，万科集团在天津推出了"情景花园"洋房产品，这一产品采用逐层退台的阶梯状住栋形式，为各套型住户创造了形式不同、上下交错的露台空间，成为自然景观的良好载体，是我国现代花园洋房的样板（图1-12）。

2）层数减少、密度降低

现代花园洋房与普通多层住宅相比，层数有所降低，以4~5层为主，即使不设电梯，也不会给住户造成特别大的上下楼困难。随着电梯技术的发展，一些高品质花园洋房中也开始

配置电梯；而土地价格的日益高涨逐渐使电梯配置费用在住宅开发总费用中所占比例变小，花园洋房配置电梯也开始普遍，并能够获得客户较高的认可度。另外，花园洋房层层退台的建筑形式使住区内空间疏朗，绿色点缀其间，与过去的多层高密度住宅小区形成反差，这也使其受到客户的喜爱。

然而经历了一段时期的市场发展后发现，现代花园洋房并不十分适合大范围推广。在我国北方，住宅设计需着重考虑住栋节能保温性能，而现代花园洋房体型凹凸较多、外表面积大，导致体形系数偏高，冬季能耗较大。另外，现代花园洋房虽为多层住宅，但各层面积由下至上逐层缩小，不容易出容积率，在土地价格高昂地区也难以推广。所以在某些北方大中城市近郊地区，许多打着"花园洋房"旗号的住宅产品其实仍是一些没有退台、露台，立面造型缺少虚实变化的多层住宅，仅仅是层数偏低（如4~5层）和配置了电梯。这与"花园洋房"这一产品的概念初衷并不相符。

2. 回归城市生活的都市大平层住宅

近年来，随着人们对别墅产品的认识趋于理性化，加之客群年龄的老化，许多有过别墅生活经历的高端客户开始对"楼上楼下"的频繁蹬爬和与城市繁华生活的隔离感到审美疲劳。特别是在大城市，不少高端客户已不再仅是追求"有天有地"的别墅生活，而更加看重城市中心地段所具有的交通、医疗、文化及商业配套资源。客户希望能在离城市近便的区位居住，回归城市生活，享受一种"大隐隐于市"的感觉。然而大城市的土地供应已开始向远郊发展，

图1-12　逐层退台的"情景花园洋房"

城区内很难再有新的用地，日益高涨的地价也使得优越区位不可能再建设以往的类别墅产品。因而多层或高层的城市型都市大平层产品（又称"平层别墅"）应时而生，其定位正好迎合了部分高端客户的置业需求，开始抢占豪宅市场。

这类都市大平层住宅产品面积一般在150~350m²，通常是整个一层为一户（也有一层两户的形式），从而使套内所有功能都在同一水平层展开。这种套型原先曾出现在叠拼住宅的中间层，或多层、高层公寓中的顶层部分。归纳起来，都市大平层住宅产品的特点有以下两方面：

1）功能集中化，居住舒适化

以往的2~3层的别墅由于各层面积有限，住户的主要生活区安排得较为分散——主卧位于二层或三层，而起居空间则位于首层，每天反复上下楼梯十分不便，不少住户都反映住别墅后"腰酸腿疼"。如遇家中有老人、儿童的情况，则更加担心他们使用楼梯的安全性。而大平层住宅将别墅各层的功能平铺展开，使所有房间都在同一水平层内，既避免了垂直交通安全的问题，节省了楼梯所占的面积，又使空间感受更加连续、通畅。200~300m²的大平层住宅往往让人感觉比同样面积的别墅在使用上方便和舒适得多。

另外，大平层住宅在采光、朝向和视野方面也具有得天独厚的优势。由于每套住宅面积较大，套型占用3~5个面宽，总面宽尺寸在16m以上的情况很普遍。这些面宽可分配给起居室和主卧室，如有更多面宽则有可能分配给书房、餐厅、主卫等等。这使更多的房间有了好的朝向，居住的舒适度和品质大大提高。而且平层住宅多为一梯一户或二户，每套住宅会享有270°甚至360°的景观视野，这在高密度的大城市中也颇为难得。

2）凸显享受型品质，满足高端客户需求

2010年，金地集团在上海推出"金地佘山天境"和"金地天御"大平层别墅住宅项目。

套型产品设计中通过设置局部的室内挑高空间，配置了室内游泳池（图1-13）；部分配置了空中庭院。除保证舒适的私有居住空间之外，项目还通过对社区公共配套设施及景观的投入，来强调其整体的高端品质，例如设置专属的酒店区、露天SPA、宴会厅等。

总而言之，相比于其他低密度高端住宅产品，都市大平层住宅最具优势的就是区位条件，因此项目选址往往位于优越的城市地段，且常常成为"楼王"，具有地标性特点。大平层的产生及回归城市生活的潮流，也受到郊外配套缺失及老龄化等多方面的影响。但是大城市内的土地资源已经难以挖掘，且价格上涨程度已让很多客户难以承受。加之目前城市环境污染问

外观

室内

图1-13　含有室内游泳池的平层别墅住宅产品

题的日趋严重，回归城市生活的梦想也随之破灭。都市大平层住宅产品作为昙花一现，只能为少数人拥有，无法推广和形成趋势。

五　当前低密度住宅产品的发展特征

1. 低总价投资型度假住宅的兴起

最近两三年来，住宅市场特别是豪宅市场已逐步进入饱和状态。过去的高端客群多已历经了数次改善住房的阶段，新晋高端客群则受到限购、限贷政策影响，购买力受到抑制。国家政策的实施和大城市土地供应的远郊化发展趋势，迫使低密度住宅产品步入调整期和转型期。一些大城市远郊开始出现主打休闲度假、投资收藏的低密度住宅产品。与以往的各类住宅产品相比，这类投资型度假住宅产品有以下特点：

1）总价低，以销售为主导

与以往的高端低密度住宅项目相比，总价低、面积小是这类产品的一大特色。不少项目在开发时是按照客户能接受多少总价，就建多大面积产品的思路进行的，从而保证产品的针对性，更好地迎合销售需求。以位于北京密云的龙湖长城原著为例，其中部分住宅产品面积最小仅有 $60m^2$，总价不到一百万。这样的售价对于许多中产家庭甚至年轻夫妇家庭而言都是可以接受的——花不多的价钱即可让全家闲时来享受郊区的好风景、好空气，并能让人获得类似"社会上层人士"的度假生活体验。这一产品定位有效地将以往别墅的客户群扩大了。

2）注重产品的趣味性

为了迎合这类项目所主打的休闲度假理念，开发商更倾向于采用一些造型、空间富有趣味性的产品，以吸引客户。例如很多项目中都采用了"叠院"这一产品类型。"叠院"是指将两至三户住宅上下相叠组合，各户住宅套型形式不同，在剖面上相互交错，从而产生了丰富有趣的空间形式（图 1-14）。通常"叠院"住宅会与地形高差相结合，使每套住宅均可实现"有景有院有平台"。有的项目中还会将多栋住宅围合成院，营造亲切的邻里感。但由于"叠院"产品的套型面积较小（部分套型面积仅 $60\sim100m^2$），也会产生一些功能上的不便。例如有的叠院套型建筑面积总共只有 $80m^2$，但仍设计成复式结构，一层面积较小，仅设置了餐起空间而未设卫生间，日常活动或用餐时若希望如厕必须到二层卧室区，动线较为麻烦，且会影响私密性（图 1-15）。但由于不少客户购入这类住宅仅是作为短时度假使用，虽有不便也能够"忍受"。

图 1-14　"叠院"住宅产品空间造型丰富、有趣

一层

二层

图1-15　"叠院"复式住宅平面图：因一层面积有限未设卫生间，用餐或活动时如厕需上二楼，对使用造成不便

图1-16　早期住宅地下室的使用状况：采光条件有限，住户用作健身房等辅助功能房间

图1-17　近期住宅项目中地下室空间受到重视：设置较大的采光井，作为家庭第二起居空间

2. 地下室空间品质逐渐提升

以往的低密度住宅产品中，地下一层多为赠送给客户的面积，空间品质相对不高，层高及采光条件均有限。住户通常会作为家庭健身房、娱乐室、家务间或储藏间来使用（图1-16）。但近年来，许多低密度住宅项目开始对地下室空间的利用价值重新挖掘。不仅地下室层高有所增加，对于如何改善采光条件也进行了许多尝试。一些项目中设置了较大的采光井，并通过设置下沉庭院等方法，使地下层的采光环境得到很大改善。这与土地价格高涨后，房屋建设费用所占比重逐渐变小有关，开发商不必再"吝惜"为扩大采光井、增加层高而多花费的造价，因其与住宅品质提升后所产生的溢价相比可谓微不足道。因而在近期的项目中，通常会将地下一层作为家庭第二起居室，设置活动厅、书房甚至厨房，成为与首层同等重要的功能空间（图1-17）。

六　低密度住宅产品演进历程带给我们的启示

纵观近十多年来我国低密度住宅产品的发展，可以看出住宅产品的类型及特征是在市场和政策的双重影响之下形成的。本文虽然是按照住宅产品类型来进行分类叙述，但对于各时期住宅政策的阐述也穿插其中。为了从整体角度认识和把握政策演变历程，在此将1998年以来我国各时期出台的重要住宅政策及其对低密度住宅产品的影响总结为表1-7，以供参考。

总而言之，住宅产品的发展和演进与国家政策及地区的经济社会发展水平有着高度的关联性，不可简单的隔离来看。一方面，国家出于节约土地、增加供给等目标而出台的各项调控政策，对住宅市场的引导和发展产生了直接的影响；另一方面，住宅商品化改革让市场成为住宅发展的巨大动力，消费者需求的多样性导致住宅产品类型不断增多，并随着市场需求的变化不断演化出新的产品形式，从而实现了市场结构层次的多元化。

本文的叙述在脉络和动向的把握上是以一线特大城市为基准的。从市场发展规律来看，在一些发达的特大城市率先出现的产品形式，往往在经过几年的时间差之后才会逐步向其他二三线城市扩展。此次梳理和研究低密度住宅产品的发展历程，不仅希望使开发商、设计方对把握市场先机、预测未来住宅产品发展动向供作参考，更是希望相关从业人员能在研发住宅产品的过程中，对国家政策、经济市场发展背景有明晰和敏锐的认识，这样才能做出满足可持续发展需求的好的住宅产品。

我国各时期住宅相关政策对低密度住宅产品发展的影响　表1-7

年份	政策名称及内容	对低密度住宅产品的影响
1998~2002年	• 《国务院关于进一步深化城镇住房制度改革加快住房建设的通知》指出，停止住房实物分配，逐步实行住房分配货币化。	• 住房商品化全面推行，房地产市场开始发展； • 独栋别墅、联排住宅等低密度住宅产品开始在大城市近郊快速发展； • 花园洋房产品开始出现。
2003~2005年	• 国务院发布《关于促进房地产市场持续健康发展的通知》提出"完善住房供应政策，调整住房供应结构，逐步实现多数家庭购买或承租普通商品住房"； • 国土部发布《关于清理各类园区用地加强土地供应调控的紧急通知》，强调停止别墅类用地的土地供应； • 土地"招拍挂"政策发布实施。	• 独栋别墅开发受限，市场存量被迅速消化，别墅投资价值凸显； • 地价、房价开始上涨，市场供应结构以大户型豪宅为主； • 联排住宅品质向独栋别墅靠近，以迎合市场需求； • 市场频打政策"擦边球"，双拼住宅、叠拼住宅得到发展。
2006~2007年	• "国六条"（9070政策）出台，要求90m² 以下住房须占项目总面积70%以上； • 国土部下发《关于当前进一步从严土地管理的紧急通知》，再次重申在全国范围内停止别墅供地，并对别墅进行全面清理。 • 《国务院关于解决城市低收入家庭住房困难的若干意见》出台，重建与强化住房保障体系。	• 小户型成主导，大户型住宅和别墅呈现疯抢局面； • 低密度住宅与中小套型住宅"拉高拍低"的搭配式开发模式开始出现； • 低密度住宅产品（类别墅住宅、多层住宅）向郊区发展。
2008~2010年	• 政府实行宽松货币政策，4万亿元投资计划救市； • "新国十条"出台，提出"限购令"，遏制投机和过度投资； • 国家持续发布"禁墅令"。	• 房地产急速升温，大城市土地价值持续上涨，保障房建设力度加大； • 类别墅住宅向远郊发展，城市型平层别墅产品出现在豪宅市场。
2011~2012年	• "新国八条"、"国五条"出台，加强房地产市场调控； • 国土资源部和国家发改委联合发布相关政策，指出"住宅项目容积率不得低于1.0(含1.0)"。	• 文旅地产快速发展，投资度假型低密度住宅产品（如"叠院"）在大城市远郊开始出现。

我国住宅厨房的发展变迁

厨房的变迁是住宅发展的缩影。透过厨房的演变历程，能够看出不同时期住宅标准及政策的变化，以及社会经济发展水平、居民生活质量和思想观念的发展变革。与此同时，厨房作为住宅中设备密集、操作精细的功能性空间，非常能够体现一个时代的工业和科技发展水平。最先进的工业技术、设备电气的研发，经常能够很快地落实在厨房的设计上。因此可以说，厨房是体现住宅科技水平和先进设计理念的风向标。

本文对新中国成立后至今住宅厨房的发展演变进行了回顾。从国家政策和城市住宅建设的宏观层面出发，分析了不同时期住宅厨房发展呈现出的阶段性特征及其原因，总结了厨房设计存在的问题，并对未来的发展趋势提出了展望。

一 新中国成立初期计划经济背景下的"合用厨房"

新中国成立初期，依托于计划经济的背景，住房成为一种福利制度下的"分配物品"，由国家统一供应，以实物形式分配给职工。在社会经济基础薄弱、生产资料匮乏的情况下，国家提出了"先生产、后生活"的口号。这一阶段城市居民居住水平较低，几代同堂或几家合住的现象较为普遍。

1. 住宅居住标准较低，厨房合用情况普遍

这一时期由于社会大环境的极端困难，国家政策提出的居住目标仅为实现"一人一张床"，因而被称为"睡眠型"住宅。户型面积小，多为一室或带套间的两室，卧室一般兼有起居和用餐功能。

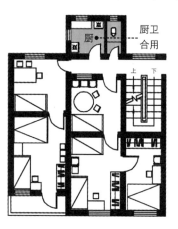

尽管在"一五"期间，部分城市参照苏联经验建设了一部分成套的住宅。但由于其面积标准远远高于中国当时的实际居住水平，因而出现了"合理设计不合理使用"的现象，使得原本为一户使用的带独立厨卫的住宅实际由两三户家庭共同使用，给住户的生活带来很多不便。有些住宅的厨房更是几户合用或每层、每楼集中设置，户均使用面积不足 2m² （图 1-18）。

在老式合院类住宅中也存在同样的情况。本应一户一住的四合院由于多户合住而变成"大杂院"，原本舒适的居住环境变得拥挤不堪，合用厨房或自行搭建、加建厨房的情况十分普遍（图 1-19）。在一些平房中还出现了冬季利用卧室兼作厨房的情况。

图 1-18　20 世纪 50 年代住宅中厨房、卫生间多为两三户合用

到"文革"期间，城市建设发展愈发缓慢，住宅标准再次降低。为解决职工住房困难，工厂、学校建造了一批诸如简易楼、宿舍楼的低标准住宅。这种住宅由走廊将一个个房间连接起来，户内没有厨厕。每层楼设有公用厕所或公用厨房，往往都是十多户合用，被称为"筒子楼"居住条件很差。

2. 厨房设备条件差，安全卫生隐患多

此时期厨房内常见的设备橱具为蜂窝煤炉或煤气炉、水泥砌的洗涤池、案桌以及碗橱等，设施简陋，布置凌乱，卫生条件较差，给使用者带来诸多不便。"合用"造成厨房始终处于超负荷的使用状态中。邻里之间不得不尽量交错时间做饭，避免太过拥挤，但仍旧会引发许多矛盾。

20世纪70年代的一部分筒子楼最初只作为职工的单身宿舍，职工成家后没有条件改善住房，一家人仍旧居住在筒子楼中。狭小的居住空间没有做饭的场所，使得基本的家庭生活难以进行。住户不得不在走廊中摆放煤气炉、案桌，开辟一处做饭空间。由于筒子楼里的走廊本身空间昏暗、通风不良，再加上做饭的油烟气味，使居住环境极为恶劣。除此之外，本应在厨房中存放的杂物（例如蜂窝煤、冬季贮存的菜等）由于厨房拥挤或没有厨房，也都置于走廊、楼梯间等公共交通场所，使通行空间变得十分狭窄，不仅影响卫生，也存在很大的火灾隐患（图1-20）。

3. 小结

在住宅建设投入有限且人口众多的情况下，严格限制住宅的面积标准是缓解住房紧张而不得已采取的措施。在面积额定指标很小的前提下，通过合用厨房从而腾出更多的居住面积是减少建设成本、保证基本居住需求的无奈之举。因此这一时期的住宅大多都采取厨卫共用的形式，厨房环境脏、乱、差，安全隐患多。

图1-19　四合院中居民自行搭建的厨房，设施设备简陋

图1-20　筒子楼的走廊中摆放了煤气炉灶及各种杂物，通行空间狭窄，存在安全隐患

二　改革开放后住宅建设快速发展引发的厨房革命

1979年改革开放以后，邓小平提出"住房要进行商品化"的口号，揭开了我国住房制度改革的序幕。这一期间，随着国民经济的恢复，住房投资建设量大大增加，人民的居住水平得到较大改善。住房投资和建设的方式也由国家统一出资转向以地方和企业为主体筹资。企业、事业单位建房增多，并根据不同的居住对象建立了相应的住宅建设和分配标准，例如50多平方米的两室户和70多平方米的三室户。这为厨房的发展提供了有利条件。

1. 居住标准的提高推动"厨房入户"和"餐寝分离"

20世纪80年代中期，国家政策指出住宅应按照"套型"设计，其后出台的住宅设计规范中规定，住宅每套应设有卧室、厨房、卫生间及储藏空间。至此，"厨房入户"得以逐步推广。80年代中期进行的全国房屋普查中显示，城镇居民有独用厨房的为62.56%[1]。

随着80年代"小方厅"户型的出现，住宅进一步做到了"餐寝分离"（但起居等活动仍与睡眠合用同一空间），实现了功能分室的突破（图1-21）。"餐寝分离"标志着人们对用餐环境的逐渐重视，从中也能看出对提升厨房功能的潜在需求。但在当时人们的思想观念中，厨房仍被视为住宅中次要的辅助空间。

2. 厨房发展仍受到制约

这一阶段的住宅虽然从数量和质量上都比之前有所提升，但迫于面积标准和平面布局的制约，厨房的条件仍不理想，遇到的问题可以概括为以下几点：

1）厨房面积指标跟不上时代的发展

尽管住宅规范[2]中将厨房的面积提升到了3.5m²，但在摆放了水池、燃气灶、案桌等基本的家具设备之后，剩余的操作空间很小。当时社会经济水平提高很快，"新三大件"（电冰箱、洗衣机、电视机）的普及使冰箱逐渐进入家庭。可是由于厨房面积有限，设计时也没有预留相应的电源插座，冰箱往往难以入厨而不得不放在餐厅或过道中，造成通行和用餐空间拥挤（图1-22）。而当时住宅主要为砖混结构，以墙承重，因而使得厨房的面积难以扩大，也对后期更新改造设置了瓶颈。

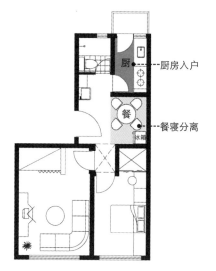

厨房入户
餐寝分离

图1-21　小方厅住宅实现了"厨房入户"和"餐寝分离"

1　吕俊华.中国现代城市住宅：1840-2000.北京：清华大学出版社，2002.
2　《住宅建筑设计规范》（GBJ96-86）第2.3.1条中提到，采用管道燃气、液化石油气为燃料的厨房不应小于3.50m²。

2）燃料、排烟方式落后，油烟污染严重

长期以来，我国住宅厨房一直处于杂乱、拥挤、布满烟尘的状态。这与我国城镇民用燃料低劣及传统烹饪习惯有关。尽管蜂窝煤被液化石油气、管道燃气取代后，厨房的卫生条件有所改观，但烹饪过程中产生的油烟气仍没有有效的排除方法。从最初的自由排放，到利用排风扇向室外排出，再到楼房中出现排烟道，油烟对住户的困扰始终存在。为了节约面宽、节省用地，又保证厨房能对外开窗，一些住宅设计将厨房的窗开向内天井，导致做饭的油烟气朝向天井排放。住户厨房之间串味严重，形成交叉污染。（在之后 2003 年的 SARS 期间，这一形式造成的交叉污染后果进一步得到验证。）20 世纪 90 年代初，吸油烟机的出现使得厨房油烟污染有所改观。但由于排烟道设计的缺陷，油烟排放不畅、油烟倒灌的现象频频发生。

3）设计建造水平较低，管线设备布置混乱

20 世纪 90 年代前后，由于经济的原因，我国的住宅多为粗装修标准。厨房在设计时只考虑设置一个磨石面铁架灶台、一个白瓷水池和一个放置调料的简易吊架，粉刷的墙面和顶棚易沾油污、易剥落，卫生条件差。设备和厨具均随土建同时施工，建造水平低，其尺寸和质量往往不能满足用户的使用要求（图 1-23）。

管线设备布置混乱是影响厨房使用功能的另一大原因。当时政府在住宅建造管理上条块分割，相关政策"政出多门"，建造时各工种缺乏配合，导致管线、设备的布置缺乏统一协调，造成有限的厨房面积中橱具布置困难，操作动线不顺，并形成许多不宜清扫的卫生死角。

图 1-22 冰箱难以入厨，只能摆在餐厅中　图 1-23 厨房设备条件已不能满足住户使用要求

3. 住房制度改革驱动下人们对厨房认识的转变

20 世纪 90 年代初期是我国住房政策改革的重要推进时期，住房逐渐成为一种商品，走向市场消费的领域。人们的生活水平和居住质量都比 80 年代有着显著的提高。"一户一套房"成为新的居住标准。在居住条件逐步得到改善的情况下，人们对住宅的要求也开始从单纯注重数量向数量与质量并重转化。

这一时期住宅设计的重要变革是实现了"居寝分离"，使住宅面积标准进一步增加，人们有条件重视住宅的空间分工，对厨房的需求也随之提高。随着生活的富裕，家庭聚会等娱乐活动逐渐增多，人们从思想观念上开始将厨房作为住宅中重要的空间场所给予重视。厨房不再被认为是单纯的"食品加工车间"，而应该是做饭、吃饭、全家能聚在一起的空间。这为下一阶段厨房的蓬勃发展埋下了伏笔。

4. 小结

改革开放之后住房建设快速发展，住宅厨房条件有所改善，"厨房入户"得以广泛推行。但受限于住宅面积标准，厨房的形式难以有所突破。"新三大件"中冰箱的普及更加暴露出厨房面积和功能的欠缺。随着住房商品化改革的深入，住宅设计的重心由供给导向转向需求导向，人们开始注重住宅的使用功能。而生活水平的提高和思想观念的转变，也促使人们对厨房空间提出更高的要求。厨房开始向更多样化的方向发展。

三　住房商品化带来厨房形式的多样化发展

1998 年 6 月，国家宣布终止福利分房，代之以货币化分配，住宅商品化全面推行。个人成为商品住房的消费主体，拥有了自主选择的权利。多元化的需求促使住宅建设由政府主导转向市场主导，房地产业快速发展。多层次的住房体系开始形成，从别墅、Townhouse 和花园洋房到中高层、高层住宅，百花齐放，居住面积从 40m² 到 200m² 以上，层级丰富。这为厨房的多样化发展创造了条件。

1. 大户型促使厨房面积相应提高

住房商品化的改革放松了对住房面积标准的限制，设计的重心更偏重于住宅的使用功能。居住目标变为"一人一间房"，并实现了餐、居、寝的分离。大户型逐渐增多使得厨房面积由 4~5m² 逐渐提高至 6m²，随后又上升为 7~8m²，并开始重视服务阳台和家务间等附属空间（图 1-24，图 1-25）。

2. 住宅设备的现代化使厨房走向洁净化

20 世纪 90 年代中后期，国家提出要"全面发展住宅产业，走产业现代化的道路"。随着住

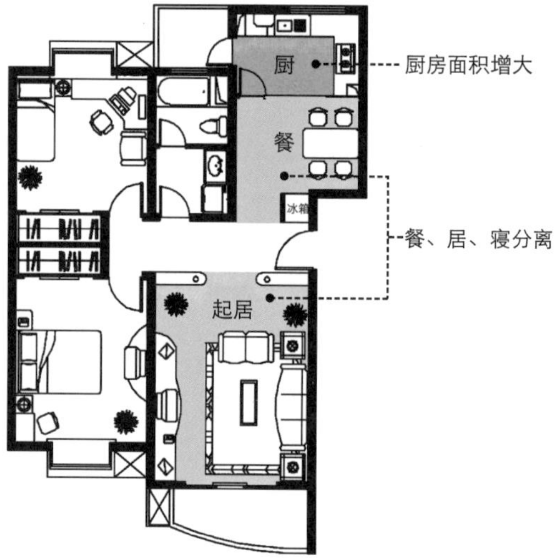

图 1-24　住宅实现"居寝分离"，厨房面积相应扩大（左）

图 1-25　大户型开始出现服务阳台、家务间等辅助空间（右）

宅科技的不断进步，厨房的设施设备开始向现代化发展。一方面，电饭锅、微波炉等现代化厨用家电、设备的普及使厨房的油烟量大幅度降低；另一方面，传统的排风扇、煤气灶被吸油烟机、天然气炉灶等设备逐渐取代，住宅风道设计得到改进，有效地加速了厨房内油烟气的排除。烹饪操作的洁净化颠覆了厨房的传统形象。进入21世纪后，厨房装修逐渐走向橱柜化。厨房厨具不再是由一件件分散的案桌、灶台、碗橱等拼凑而成，而是通过工厂统一加工地柜、吊柜，并将水池、炉灶、吸油烟机等设备整合在一起。橱柜成为厨房各类家电、设备用具的载体，承担起洗涤、烹饪、储藏等多种功能。厨房采用整体橱柜进行装修开始成为主流，并成为住宅装修时的重点空间（图1-26）。以往厨房墙面、顶棚沾满油污的情景已经很难见到。厨房空间终于脱离了脏、乱、差的传统形象。

图1-26 厨房步入整体橱柜式装修时代

3. 市场化成熟期厨房品质全面提升

社会生活模式的多样化、厨用设备的现代化等等都使厨房的形式愈发丰富。基本生活需求的转变，社交活动的增多使得起居室作为家庭团聚、交往娱乐等活动的场所已经独立出来。厨房空间也进一步加大。种种变化让厨房设计终于从诸多枷锁中解脱出来，在品质上实现了全面提升。

1）生活方式的变化使厨房地位上升

家庭结构和思想观念的变化对家务劳动的方式产生了一定影响。由于我国长期推行的计划生育政策在城市的有效落实，使核心家庭增多、家庭人口减少，原先由妇女独立承担的烹饪劳动逐渐转变为家人协同承担。很多家庭由于夫妻双方都在外工作，就餐时间不固定，平日往往选择在外就餐或简单就餐。只有周末时一家人才有空闲时间共同享受烹饪的愉快。到了节假日，子女看望父母或亲戚、朋友聚会时，一家人在厨房中共同准备饭菜，边唠家常边做家务的场面比较多见。以往由于厨房空间小，操作者在厨房工作时转不开身，其他家庭成员也难于相助。如今随着厨房面积的增大，厨房不再只是主妇一个人的家务工作间，还成为全家人共同劳动、展开交流的空间。

2）大面积套型的出现催生"双厨"

2003年后，随着大户型住宅的逐渐增多，富足、新型的生活方式对厨房空间布局也产生新的要求。在一些别墅、豪宅中出现了"双厨"的设计，厨房被分为中式厨房和西式厨房两个空间。这一方面是别墅、豪宅的发展向西方学习的结果，另一方面也是人们生活节奏加快、用餐习惯西化的体现。由于成品、半成品食料的增多，烹饪热炒加工逐渐简化，对主副食品的储存需求增加。热炒间被隔出后，备餐区域可与餐厅合并，并向起居室敞开，成为住宅的"第二起居空间"。住户装修时不仅考虑实用，还会注意橱柜、灶具及其他厨房设备的美观问题。"DK型"、"LDK型"[1]（图1-27）的开敞式厨房开始被人们接受。厨房的展示性和娱乐性逐渐提升。

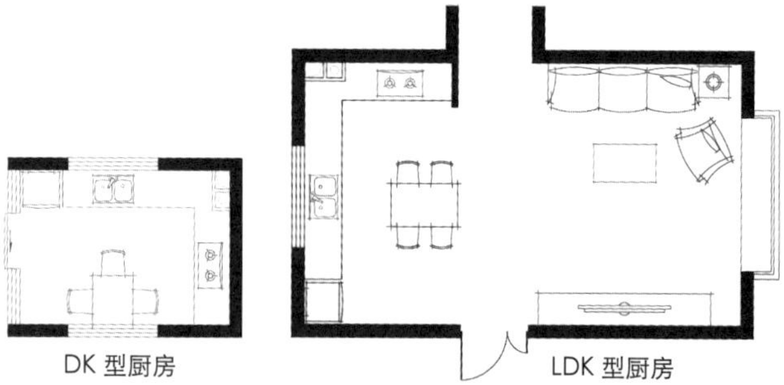

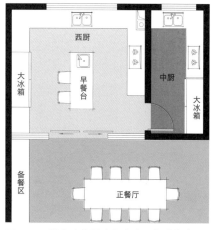

图1-27　随着厨房烹饪的洁净化，DK型、LDK型厨房开始被人们接受

图1-28　豪宅中的厨房具有中西餐操作空间，早餐台与正餐厅分离，具有良好的使用功能和展示效果

图1-29　小户型的电厨房空间采用开敞式，并与餐厅合一，实现空间的流通和集约

4. 小结

住房商品化为我国住宅发展带来了质的突破，厨房产业现代化也随之进一步提高。设备和设施的电气化使烹饪操作更加洁净，厨房逐渐开始成为住宅户型设计和室内装修的重点，并向更高层次的品质迈进。而人们生活方式和思想观念的变化，也为厨房设计注入新的养分，平面布局向着透明化和开敞化的趋势发展。厨房逐渐成为住宅重要的"家居中心"。

四　现阶段厨房发展的特征及问题

1. 厨房发展呈现"两极化"特征

厨房所呈现的"两极化"是指：一方面，经历了市场化成熟期的探索与创新，我国现阶段厨房功能更加多样化和复合化，适用性更强，一些大户型的厨房甚至向"奢华"发展（图1-28）。而另一方面，2006年"国六条"[2]政策出台之后，中小户型大量推行，2007年后国家对于保障房的建设逐步加强，小户型、保障房的推广使得一部分厨房又向精简化发展。厨房的面积有所下降。对于一些住户而言，利用现代化电气设备（如微波炉、电磁炉灶等）实现"无油烟"操作，将厨房设计成开敞或半开敞的形式，使小面积住宅户型空间流通、功能更加集约成为可能（图1-29）。

1　DK型厨房，即餐室厨房（Kitchen with Dining），指同时具有操作厨房和用餐功能的独立空间；LDK厨房，即起居餐室厨房（Kitchen with Dining and Living），指同时具有操作厨房和用餐以及起居功能的独立空间。
2　2006年5月，国务院常务会议决定出台6条措施（俗称"国六条"），其中要求90m²以下住房须占项目总面积70%以上。

2. 毛坯房问题日趋暴露，精装修逐步推广

1998 年以前，住宅建设属于粗装修阶段；1998 年住宅商品化以后很长一段时期毛坯房成为主流，这在一定程度上带动了个性化的橱柜生产和装修市场。2006 年以后的房地产市场中，毛坯房依然占据着主角位置。虽然毛坯房为住户个性化的装修提供了发挥的空间，但面对厨房等设备繁多、功能质量要求较高的部分，难免会出现许多问题。由于缺乏专业人员的指导，普通百姓在自行处理厨房中的复杂管线，协调水、暖、电、气等各设备工种时，承担着很大的风险，反复拆改现象频频发生。又因装修设计水平良莠不齐，橱柜产业化不成熟，质量不过关，最终导致既消耗了住户的精力和财力，又浪费了社会资源的问题。毛坯房的弊端大大高于其优越性。

随着房价的上涨和生活节奏的加快，人们无论是从财力上还是时间上都很难应付烦琐复杂的装修工程，精装修的需求愈发明显。在北京、上海、广州等大城市中，精装修住宅所占的比重逐渐增多。而厨卫空间往往是最受到重视的精装部分。

精装修对于厨房空间品质的提升具有很大作用。一方面可以在设计阶段就将室内装修与建筑、结构、水暖电设计综合考虑，由专业设计人员整体协调并设计，避免了自装修时对管线进行整改的麻烦。另一方面可以促进装修产业的发展，淘汰一部分不成熟的装修公司。对于住宅中对质量和设计水平要求最高的厨房而言，精装修也能促进电气设备、橱柜等相关产业的发展。大批量生产可以使产品成本降低。

然而这段时期厨房精装修仍存在一定问题。一些房地产商不愿付出更多的财力和精力，在装修时偷工减料，或采用品质较差的橱柜、设备，达不到住户的要求。住户搬入时，不得不把已有的橱柜全部打掉重新改装，形成二次装修，造成对社会资源的严重浪费。也有一些设计者由于缺乏对生活的理解，过分追求装饰效果，导致美观有余、实用不足。一些橱柜生产厂家对橱柜产品设计与人体尺度研究不够，使得住户使用时不方便、效率低。

3. 厨房设计的标准化受到重视

长期以来，由于我国的住宅厨房在建设过程中没有严格的标准，以及土建环节的施工误差，各类管线布局不合理等，在很大程度上导致了厨房橱柜的生产和安装成本增加。厨房内的各类管线排布随意性大，破坏了厨房入户后橱柜的完整性，电源插座等设计不合理，影响了使用功能。

2009 年 6 月，厨房新国标[1]的发布在一定程度上推动了厨房设计标准化的实施。新"国标"强调了厨房在建筑设计、施工和橱柜产品之间的衔接问题，并鼓励将煤气、水、电管线、表具统一安排在集中的管线区，使管线不埋地、埋墙。这对推动橱柜工业化、标准化生产起到了促进作用，也利于厨房日后的更新改造，对实现"百年建筑"以及节能减排具有重要的意义（图 1-30）。

1　新厨房国标即《住宅厨房及相关设备基本参数（GB/T 11228—2008）》。

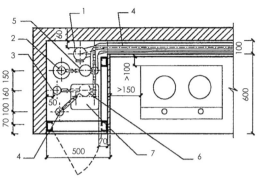

图1-30　新厨房国标中的厨房平面对水、电、气管线进行了统一安排

1—排水管　2—热水管　3—冷水管　4—燃气管
5—热水表　6—冷水表　7—燃气表

2. 实现真正的整体化厨房

"整体化"的概念不仅是指厨房的橱柜和设备由厂家整体加工和安装，还包含在住宅建筑设计及室内设计阶段就将最终使用者的需求考虑进去的思想。这需要做到在建筑设计阶段确定厨房开间和进深尺寸时，应同时考虑室内装修时橱柜、设备的排布及水、暖、电、气等管线的布局，进行统一协调，避免各工种之间相互影响或产生矛盾。这对实现住宅标准化和产业化具有重要意义。

五　对厨房未来发展的几点建议

1. 追求精细化和人性化的设计

厨房是体现住宅质量和使用性能的关键部位，需要更为精细化和人性化的设计。例如年轻人和中、老年人的生活习惯存在差异，年轻人饮食习惯西化，因而厨房内的新型小家电较多；老年人喜欢囤积食品，对储藏量的要求可能更大，并要求方便拿取。设计时应从不同人群的使用要求和烹饪习惯来考虑，使设备布局及橱柜更为适用，并符合人体工学的要求。

3. 走向信息化、智能化

随着科学技术的不断发展，住宅家居信息化、智能化将成为必然趋势。而厨房作为住宅中技术密集度最高的部位，更是智能化的重要体现部分。例如在厨房配备智能化设备，使电器可以受计算机系统控制，能及时发现安全隐患。厨房的智能化和信息化不仅体现在其自身的智能控制，还体现在人在厨房内能对整套住宅进行全面掌控，包括对住宅中水、电、气等资源能源消耗状况的记录和分析。未来厨房将成为控制和管理住宅的核心中枢，承担起更加重要的角色。

我国住宅卫生间的发展变迁

对于卫生间的认识从某种程度上反映了一个社会的经济状况及其文明程度。由于社会发展水平存在差距，发达国家与发展中国家对于卫生间的认识也不尽相同。早先人们只将卫生间看成如厕、洗浴等行为的场所，而随着生活质量和文明程度的提高，卫生间已经超越了满足简单生存需求的层面，变为舒适、美观甚至享受的功能空间。同时，卫生间作为各类设施设备聚集的场所，也十分能够反映出住宅技术的进步。

本文在回顾我国新中国成立以来住宅卫生间发展历程的基础上，总结了住宅卫生间在发展过程中的经验教训，并提出了对未来卫生间的发展展望。

一 我国住宅卫生间的三个发展阶段

在我国，由于受政策背景及经济体制的影响，住宅卫生间在很长的一段时期内没有得到应有的重视，使这一功能空间的发展相对滞后于住宅整体的发展。

1. 居住标准受限下的厕所合用阶段

从新中国成立初期到 70 年代末这 30 年来，我国城市住宅发展的核心目标是控制造价和缓解住房紧缺。受福利分配体制及整体经济条件的制约，城市住宅的居住面积标准受到严格限制。在这一情况下，住宅设计通常采用廊式、一梯 4~8 户、合用厨厕等平面使用系数较高的形式[1]。住宅楼中多户合用厕所，甚至在室外使用旱厕的情况十分普遍。

1）合用厕所面积小，设备简陋

为了提高居室面积的比值[2]，厕所、厨房等辅助空间的面积往往被过分压缩，导致使用上的不合理。从这一时期的住宅平面中可看出，每个楼层合用厕所的使用面积仅约 1m²，功能上仅考虑一人如厕需求（图 1-31）。为了压低造价，厕所通常只设有蹲坑。

1　吕俊华. 中国现代城市住宅：1840—2000. 北京：清华大学出版社, 2002.
2　在新中国成立初期相当长的一段时期内，我国的住宅面积标准使用"人均居住面积"的概念进行控制。"人均居住面积"主要是指住宅的居室面积，而厨房、卫生间、走道等则称为辅助面积，并不包括在内。这就体现出卫生间等辅助空间并未受到足够重视。

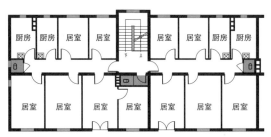

图 1-31　居住标准较低的 303 住宅平面设计图：每层楼设有 3 间厕所，每间厕所使用面积约 1m²，为 3~4 户合用

图 1-32　住户通常在合用厨房中盥洗、洗衣

2）盥洗、洗浴功能并未纳入厕所中

由于厕所空间狭小，设备、卫生条件较差，被认为是较"脏"的地方，住户难以在其中进行盥洗等活动，洗脸、刷牙、洗衣等都在合用厨房中进行（图 1-32）。同时因为住宅中没有热水供应，人们通常在单位的职工澡堂或社区的公共澡堂洗澡，在家中使用澡盆自烧热水洗澡的情况也十分常见。

3）厕所独用难以实现

从 50 年代末开始，一些学者就提出"合理分户"问题，提倡每户都要有自己的厕所、

厨房，并产生了 2m² 集约型厨厕设计，但始终未能得到广泛推行[1]。到了"文革"时期，人均居住面积标准进一步降低，厕所合用的现象仍很普遍。

2. 住宅成套化后卫生间地位的确立阶段

从"文革"后期到改革开放初期，住宅标准有所提升，并由控制"居住面积"改为控制"建筑面积"，改变了以居住面积系数衡量住宅优劣的片面方式，一定程度上反映出对厨房、厕所等辅助空间的重视。1985 年颁布的城市住宅建设技术政策规定，住宅要按照"套型"设计，每套应有独用的厨房、卫生间及相应设备。随之出台的《住宅建筑设计规范》（GBJ 96-86）规定，每套住宅"必须是独门独户，并应设有卧室、厨房、卫生间及贮藏空间"，并对"卫生间"这一概念进行了解释，即"设有大便器、洗浴卫生设备或预留洗浴设备位置的空间"。至此，卫生间在住宅套型里的地位正式确立。

1）卫生间逐步纳入盥洗、洗浴功能

改革开放使人们的居住水平和生活质量明显提高，并直接反映在对居住卫生要求的提升上。住户在卫生间内自行增设洗脸、洗浴设备的情况越来越多[2]。随着热水器进入家庭，卫生间内设置淋浴器的情况更加普遍，但也带来了新的问题。由于需要使用管道煤气，热水器通常设置在厨房里，住户往往需要自行加设热水管线到达卫生间，有的甚至要穿越其他空间，十分不便。因此设计师在进行套型设计时，常

1　吕俊华. 中国现代城市住宅：1840—2000. 北京：清华大学出版社，2002.
2　赵冠谦. 2000 年的住宅. 北京：中国建筑工业出版社，1991.

会尽量将厨、卫邻近布置，以达到缩短管线的目的（图 1-33）。

2）洗衣机难以进入卫生间

洗衣机是 80 年代的"三大件"之一，一些家庭已经开始用上双缸洗衣机，然而其摆放位置却是居民生活中的一大难题。为便于接上下水，洗衣机最好能放置在卫生间内，然而从实际情况来看，往往未能"入卫"。其原因一是受卫生间面积所限（七八十年代建成的住宅中，卫生间面积通常只有 2m² 左右），二是设计时没有提供电源插座和预留给、排水设施。即便卫生间能够容纳洗衣机，也有住户担心淋浴时使其受潮损坏。因此不少住户只能将洗衣机放在餐厅、卧室内（图 1-34），使用时将其挪至卫生间门外，将进水管接至水龙头、排水管插入地漏后才能使用。而当卫生间没有地漏或地面较高时，还需将洗衣机架高以便将废水排入蹲坑或盆中，十分麻烦。

3. 住房商品化时期卫生间的全面发展阶段

1998 年住房商品化改革后，住宅设计从严格按标准建设转向由市场需求驱动，催生出从二十多平方米到两三百平方米不等的丰富的住宅类型。生活水平的提高、卫生意识的增强，使卫生间、厨房等辅助空间相应得到了快速的发展。与此同时，人们的思想观念也在发生转变，对于卫生间的要求不仅仅限于"卫生、专用"，而更向着"健康、舒适、美观"发展。

1）卫生间面积标准的提高

90 年代末住宅规范进行了全面修订，在当时新颁布的《住宅设计规范》（GB50096-1999）中，对于卫生间的面积要求作了较大的调整。首先是提出每套住宅至少应配置三件卫生洁具，其次是按照所配置的卫生洁具种类和数量，对卫生间的面积指标进行了规定。从表 1-8 可看出，卫生间的面积标准普遍提升。

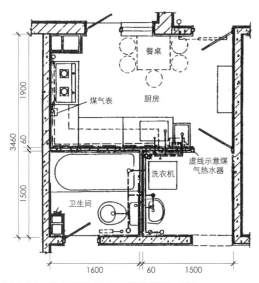

图 1-33　住宅套型中厨卫邻近设置的示例

图 1-34　由于卫生间面积有限，洗衣机只能放在起居空间

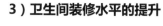

1986 年与 1999 年的住宅规范中对于卫生间最低面积要求的比较   表 1-8

《住宅建筑设计规范》GBJ 96-86		《住宅设计规范》GB50096-1999	
（没有对卫生洁具的配置提出要求）		每套住宅至少应配置三件卫生洁具	
内开门的卫生间	2m²	设便器、洗浴器（浴缸或喷淋）、洗面器三件卫生洁具的卫生间	3m²
外开门的卫生间	1.8m²	设便器、洗浴器二件卫生洁具的卫生间	2.5m²
内开门的厕所	1.3m²	设便器、洗面器二件卫生洁具的卫生间	2m²
外开门的厕所	1.1m²	单设便器的卫生间	1.1m²

2）卫浴设备的健康化、多样化发展

福利分房时期由于国家投资有限，卫生间设备的配置标准较低，通常设蹲便器，不利于老人使用，而且便器水箱漏水问题十分常见。在住宅商品化后的十多年间，卫浴设备无论是在质量还是种类上都得到了飞速的发展。卫生间内配备便器、洗手池、淋浴器"三件套"，或增加浴缸后的"四件套"，成为非常普遍的现象。值得一提的是，热水器的快速发展极大地提升了卫生间的功能和舒适度，燃气热水器的改良，电热水器、即热式热水器等新式设备的出现有效解决了以往"洗澡难"的问题。此外，人们开始更多关注卫浴设备的健康性和舒适性，浴霸、按摩浴缸、智能便器等先进设备逐渐走入家庭。

3）卫生间装修水平的提升

90 年代前后就有住户开始对卫生间进行简单装修，例如刷油漆、铺瓷砖等等。住房商品化改革后，住宅产权归个人所有，住户自行装修的情况明显增多。而卫生间则成为装修中的重点。安装吊顶，铺瓷砖，定做盥洗柜、淋浴房等装修手法开始流行。这进一步推动了建材、洁具市场的繁荣。卫生间的墙、地瓷砖花样翻新，种类繁多，色彩美观；卫浴洁具造型丰富，风格多样。卫生间装修逐步向"居室化"迈进，其空间布局、色彩搭配、灯光处理与住宅其他空间一样受到重视。而在一些比较时尚的设计中，更是将卫生间的部分墙体替换为玻璃隔断或艺术玻璃，使空间更开敞化、透明化。至此，卫生间已经完成从功能化的辅助空间向兼具美学功能的展示空间的蜕变（图 1-35）。

图 1-35 住户在装修卫生间时更加注重美观

4）卫生间数量的增加

过去的住宅由于面积标准低，普遍每套只设置一个卫生间。然而在日常生活中，一个卫生间往往存在拥挤和使用冲突的现象，特别是对于人口较多的家庭。我国《2000年小康型城乡住宅科技产业工程城市示范小区规划设计导则》中提出："大套型住宅宜设双卫生间，占有两层以上的套型住宅应分层设置卫生间。"这在一定程度上促进了我国双卫生间的发展。随着居住水平的提高和套型面积的加大，很多住宅中开始出现设置两个或两个以上卫生间的情况，市场上较为常见的是三居室开始配置两个卫生间，也有"两室两卫"的套型。这大大方便了住户的使用，提高了居住舒适度。

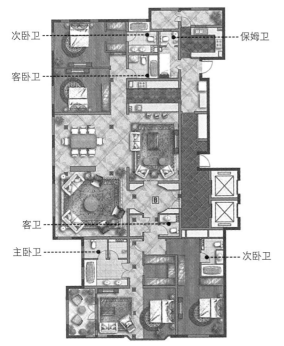

次卧卫

客卧卫

客卫

主卧卫

保姆卫

次卧卫

图1-36　豪宅套型中的每个卫生间分工明确

5）卫生间功能的延展与分化

2003年左右，大面积套型和豪宅的蓬勃发展进一步推动了卫生间的发展，卫生间占住宅套型的面积比例不断增加，功能也在不断分化和拓展。一方面体现在卫生间的专属性增强，例如许多豪宅在设计时会为每个卧室都配置专用的卫生间，还同时设置客卫、保姆卫（图1-36），而主卧卫生间也出现了设置双水池、双坐便器、小便器等设计手法。另一方面，卫生间功能内涵逐渐丰富化，增加了女性化妆功能、置物功能、家务功能等，由此产生了化妆间、水吧、家务洗涤间等个性化空间。卫生间已经成为体现住宅品质的重要部分。

二　住宅卫生间发展过程中的经验教训

1. 传统的管道敷设方式存在诸多弊端

长期以来，我国住宅卫生间的排水方式一直沿用将卫生洁具的排水管穿楼板，在下层房间上部横向接入立管的方法。这种传统的敷设方式带来了诸多问题：

1）卫生间地面渗漏的问题

管道穿越楼板时，其套管处与地面之间极易因为密封不严而产生漏水、渗水，是地面防水的薄弱部位。楼上住户的卫生间地面渗漏，导致楼下住户的卫生间顶部被浸泡、发生滴水现象，进而波及相邻多个住户的情况屡见不鲜（图1-37）。漏水问题既对住户的正常生活构成影响，又给人以不洁的心理感受。维修时需要多户协商，维修后往往难以杜绝，由此引发的住户之间的矛盾纠纷更是不计其数，对住户造成极大困扰。

2）管道不易检修更换的问题

一方面，上层住户的卫生间管道位于下层，出现问题或检修时往往要影响到下层住户，十分不便；另一方面，一些老旧住宅卫生间多数采用露明铸铁管，其使用寿命有限（约 30 年左右），且小于建筑结构寿命（50 年），管道老化需要更换时，施工过程会十分麻烦。

3）卫生间难以改造的问题

随着生活水平的提高，许多住户希望更换或增加一些卫浴设备，但由于卫生间管道与楼板相接，不能够灵活移动或随意增加，导致卫生洁具（特别是坐便器）的布置受限，住户的改造需求难以满足。此外，管道跨层敷设还造成了上层住户冲水噪声对下层住户干扰、房屋产权区分不清等问题。目前我国大部分住宅仍

旧沿用传统的管道敷设方式，这将难以适应时代发展的需求。

2. 建造水平粗糙，标准化进程缓慢

目前为止，我国住宅市场仍以供应毛坯房为主，精装修房比例较低，土建施工和室内装修不能实现统一管理、统一设计、统一施工，这造成住宅建设水平仍停留在较为粗放的阶段。而卫生间内设备管线繁多，空间又相对狭小，成为问题的集中体现之处。

1）管线、风道位置不合理

目前国家在卫生间管线布置方面没有严格要求，设计者对此又不够重视，导致各工种缺乏协调配合，各类管线的配置随意性较大，很容易出现设备的预设位置不当、管线排布混乱等问题，从而造成卫生间空间的浪费。住户不得不在装修时自行整改，造成很大麻烦（图 1-38）。

2）标准化体系不健全

我国住宅发展至今，已从"解决数量紧缺"转变到"追求居住品质"的时代，厨卫设计和建造的标准化势在必行。然而长期以来，卫生间产品缺乏规格化、系列化和配套化，产品规格尺寸任意性较大，接口配件不配套，难以实现规模化的生产和安装，无法保证施工效率和质量。目前正值保障房大批量建设的时期，住宅套型总面积的紧缩使得卫生间设计也要向集约化、实用性方面发展，因此更加需要标准化、模数化的推行，以达到大量节省建材和人力，方便卫生间设备产品的工业化生产、便捷安装和更换的目的。

图 1-37　楼上卫生间地面与管道衔接处渗漏影响下层卫生间

图 1-38　卫生间内管线混乱

3. 没有考虑精细化、可持续化设计

卫生间的空间面积和洁具设备虽然在不断改善，但开发者和设计者对于住户的许多真实需求却始终缺乏认真细致的考虑。

1）对物品存储问题缺乏重视

生活中需要存放在卫生间内的用品数量和种类很多，且各类用品的储藏量在不断上升。但目前针对卫生间物品存放空间的设计、分类不够细致。例如：洗手池附近缺乏台面放置洗漱、化妆用品；整包卫生纸、大容量清洁剂没有相应的储藏位置，只能存放在卫生间外，取用时不便；拖把、盆、桶等各类清洁工具没有隐蔽的位置存放，使卫生间看起来很凌乱（图1-39）。住户经常要通过自行钉挂五金挂件、摆放置物架等方式来解决置物问题，而钉挂过程又很容易造成瓷砖破碎，影响美观。而目前市场上的一些卫生间储物产品也往往更注重形式，并未从细节功能上进行更多推敲。

2）空间难以进行改造

在住宅紧缺时期，由于面积指标和结构、设备条件有限，往往难以顾及今后对空间的改造问题，造成住宅的适应性较差。例如在部分老旧住宅中，卫生间地面存在一步高差（安装蹲便器时需将地面抬高），而目前这些住宅中大部分居住者是老人，因此就存在安全隐患。又如卫生间周围墙体为承重墙，空间难以改造扩大，致使轮椅使用者难以进出。

然而在新建住宅中，卫生间仍没有考虑到长远的使用要求。目前商品住宅数量庞大，且高层住宅建设数量多，拆除重建并非可行

图1-39　卫生间内缺乏妥善的物品存放空间

之策。我们应当在设计时更加注重住宅结构、套型空间、设备管线的可持续性，避免重蹈覆辙。这样才能更好地适应老龄社会的时代需求。

三　对未来住宅卫生间的发展展望

1. 加强标准化、整体化设计

住宅建设走向标准化、工业化是必然趋势。卫生间作为住宅中功能属性明确的组成模块，应通过整体化设计，来实现空间尺寸、产品布局、设备管线等的统一协调、设计和施工，从而解决当前施工不规范、工程质量难以确保等问题。同时，整体化设计施工可为卫生间产品的标准化装修创造条件。例如便器排水口距墙的距离应标准化，以提高产品的互换性、适应性，方便设计、施工及住户选用。

2. 注重设备产品的创新设计

卫生间的发展离不开设备产品的进步，而卫生间空间需求及形式的变化也应及时反馈到设备产品的设计中。例如近年来正值保障房的大量建设时期，$40m^2$ 以下的小面积套型中，卫生间面积十分有限，应对相应部品进行改良和创新设计，例如生产一些适合面积较小的卫生间使用的设备产品，如小洗手池、进深长度略短的坐便器等，以保证在有限的空间内仍充分满足使用功能。

3. 考虑适老化的潜伏设计

我国正处于老龄化的快速发展时期，应大力提倡在新建住宅的卫生间中考虑适老化的潜伏设计。从以往对老人居住需求的调研来看，卫生间是住宅中最需要做到适老化的空间，但往往也是老旧住宅中最难于改造的部分。在未来的住宅设计中，应充分考虑到卫生间的适老化需求，加强空间的灵活性和可变性，预留出扩大空间、加装扶手、调整设备设施布局的条件，使之能够满足老龄社会阶段的居住要求。

我国集合住宅阳台的发展历程

　　阳台是住宅功能空间的重要组成部分，在人们生活中起到的作用一直备受重视。随着我国集合住宅的发展，阳台的角色在不断转变，从最初的存放杂物、晾晒衣服，到种植花草、休闲纳凉，阳台承担的功能越来越丰富，对住宅套内空间的适用性和舒适性有很大促进作用。然而多年来，阳台面积的计算方法始终区别于住宅套内其他空间，这对阳台的设计产生了一定程度的不利影响，例如不少开发商利用阳台作为"偷面积"的手段，实际住房中阳台空间出现面积减少、功能变化甚至消失的现象。不仅对住宅的舒适性产生影响，也引起了商品房销售市场的混乱。

　　本文对新中国成立以来不同时期集合住宅阳台的发展历程进行了回顾，分析了各时期住宅政策及相关规范对阳台发展的影响，从而展现出阳台在人们生活中功能的转变，并对现行阳台相关政策提出了建议。限于研究资料所限，本文所探讨的阳台发展状况多以北京地区为例。

一　福利分房时期的小面积开敞阳台

1. 阳台发展处于萌芽期

　　从新中国成立初期到改革开放之前的福利分房时期，集合住宅的阳台发展基本上处于萌芽阶段。当时我国引进了苏联的建筑标准及设计方法，出现了多层行列式集合住宅形式。但由于以前住平房或大杂院的居民较多，加之新建小区室外场地宽敞、楼栋层数不高，晾晒衣物与休闲活动等一般都在室外进行。住户对阳台的概念比较模糊。

　　这段时期的住宅居住标准较低，多数住宅没有阳台。在住宅设计上国家也没有对阳台作具体规定。但在一些探索性的新型住宅单元标准设计中，已经开始出现南向阳台或北向阳台，例如北京幸福村街坊中，部分住宅套型设计了阳台（图1-40），以供住户晒衣服。但此时期有无阳台往往是从立面装饰的角度考虑得更多，并非每一户都有阳台，因此很多住户需在室外的院落里设立晒衣绳架。

2. 造型统一的开敞阳台逐渐形成

　　20世纪70年代后期，住宅标准开始有所提高，居住功能开始趋于完善。同时住宅的立面设计也更加从功能角度出发，阳台不再是可有可无或立面的装饰。随着生活需求的发展，住宅阳台空间逐渐成为每户住宅的必要组成部分之一。在设置阳台的住宅方案中，基本上可以做到每户都有阳台。

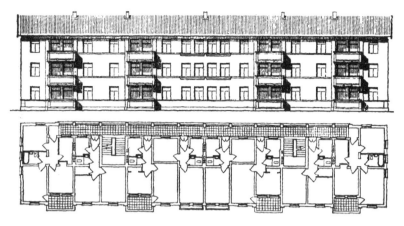

图1-40　北京幸福村街坊的住宅中，部分套型已设计了阳台

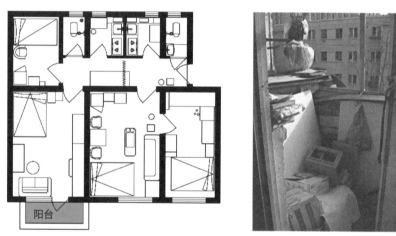

图1-41　住宅阳台面积较小且没有封闭，被住户堆放了很多杂物

服务阳台

图1-42　住宅北侧设计了服务阳台

这一时期受面积标准及造价控制，住宅阳台面积通常不超过 $4m^2$，一般设置在南向。由于结构技术所限，阳台出挑较小，进深尺寸通常都在 1.2m 以内，面宽小于 3.3m（与相连的居室面宽相同），而且平面形状基本为矩形。其立面造型也比较统一：采用开敞式，栏板高 900mm，材料为实体砖墙或局部镂空砖墙。

由于住宅室内面积紧张，阳台一般用来堆放杂物，储存劳动工具、煤等物品，同时兼顾晾晒衣物的功能。但因阳台采用开敞的形式，且北方地区尘土较大，阳台的整体环境往往比较杂乱（图1-41）。

二　改革开放时期各种形式的自封阳台

改革开放初期，住宅建设以追求数量，缓解住房极度紧缺矛盾为主要发展方向。80 年代中期，住宅"套型"设计的概念逐步推广，阳台空间也逐渐成为城市住宅套型的必要组成部分。1985 年的《住宅建筑设计规范》中指出："每套住宅宜设阳台或平台，严寒地区宜设封闭阳台。"这使阳台的功能和地位逐渐得到明确。

1. 产生服务阳台和生活阳台的概念

在这一时期的住宅中阳台的功能已开始细化，逐步区分出生活阳台和服务阳台的概念。生活阳台通常设在南侧，与主卧室或客厅相连，阳台和室内通过门联窗分隔，可以晾晒衣物；而服务阳台一般设在套型北侧，与厨房相连，面积相对较小，主要用于存放蔬果、杂物等（图 1-42）。

与此同时，住宅建设量的增大和土地资源的有限，导致住宅层数逐渐增加，高层住宅增长速度加快，住宅的接地性呈下降趋势。原先由于住宅层数一般较低，居民在户外场地进行活动较为方便。但随着集合住宅高度的不断增加，住户下楼活动不再像以往那样方便，与室外环境隔绝的感受越来越明显。此时阳台与外部空间的交流作用开始受到重视。作为室内外的过渡空间，阳台为住户提供了和自然环境接触的可能性。阳台空间开始受到住户的喜爱，功能需求有一定发展：除了晾晒衣物外，还用来养植花草、观光远眺，或进行饭后休闲和夏季纳凉等活动，为住户增加了生活情趣。

2. 住户自行封闭阳台开始出现

自封阳台是我国这一时期住宅发展的特殊现象，是在住宅面积标准严格限定的背景下，住户尝试进行住宅空间的扩大以及居住条件的改善的自发行为，以北方地区更为多见（图1-43）。由于此时期阳台面积计算的特殊性（不计入住宅套型面积），一些单位住房特别是干部住房，也开始利用多建阳台、统一改造阳台等方式，来作为提升干部职工福利，改善居住条件的手段。住户入住后都自行封闭阳台，使阳台成为扩展室内功能空间的重要场所。

自封阳台的主要方式有两种（图1-44），一种是将服务阳台封闭做厨房，形成DK（餐厅——厨房连通）式厨房；一种是封闭生活阳台，并将阳台和客厅等相邻空间的门去掉，增加室内空间面积，或是作为家庭第二起居空间使用。

这些自封阳台的方式虽然提高了套内空间的使用度，但也带来了许多新问题：首先，阳台在建造时没有按照室内使用空间设计，其外墙或栏板多数没有做保温构造，而此时期住户自封阳台所采用的窗材多为木窗、钢窗，其保温性和耐久性较差，如果将阳台与室内空间打通，则会影响室内的温度；其次，每个住户用材、封闭方式不统一，造成住宅立面杂乱；再者，一些住户将阳台封闭作为室内房间后，常会通过加垫水泥将阳台地面与室内做平，并将室内门联窗的墙体拆除，这从结构安全角度来讲也会构成一定的隐患。

图1-43 某20世纪80年代住宅南侧的生活阳台（设计时均为开敞，后来住户自行封闭使用）

北侧服务阳台封闭后作为烹饪间

南侧生活阳台封闭后与室内连通

图1-44 住户将阳台自行封闭后的改造方式

三 商品房时期形式面积各异的封闭阳台

1. 北方阳台呈统一封闭趋势

20 世纪 90 年代中后期，国家住房改革力度持续加大，以商品房、经济适用房等为主的多层次住房体系开始形成。阳台也随着居住水平的提高和住宅功能的增加而丰富发展起来。随着生活需求增多，封闭阳台在北方地区逐渐兴起，有些住宅在开始设计时就按全封闭阳台考虑。

虽然封闭式阳台会比开敞阳台的建设造价高，但是按照当时的国家规定，封闭阳台按水平投影全部计算建筑面积[1]，这部分面积销售后所获的利润远远超过建造时封闭阳台所投入的费用；而且阳台统一封闭对于北方地区隔离灰尘、保温隔热都有较好的帮助，使住宅室内的使用环境更好。因此无论是商品房还是福利房在设计时都倾向于设置封闭阳台。此时由于房价并不是很高，购房者对于阳台面积的大小是否会对住宅价格有所影响并无特别关注，只要总价比较合适就愿意购买。

同时随着住宅窗材料的发展和制造工艺的提升，全封闭落地玻璃窗阳台开始出现，并逐渐替代了实体栏板阳台。住宅市场开始注重楼盘的档次和新意，对整个小区园林景观也很重视，在楼盘中已有出现 270° 三面弧形窗户的全封闭阳台。

2. 阳台的功能日趋丰富

随着住宅的商品化特征越来越明显，套型设计呈现多样化的趋势。从"健康住宅"、"绿色住宅"、"生态住宅"到"亲情住宅"、"另类住宅"、"第二居"，新概念层出不穷，居住的舒适性、健康性和文化性受到普遍关注。住宅市场竞争空前激烈，各商家大肆宣扬楼盘卖点。阳台也作为住宅功能和立面的销售卖点，发展蓬勃。高档住宅的阳台形式更是变化丰富，从面积和数量上都迅速增加，功能也逐渐扩展，出现了休闲阳台、工作阳台、生态阳台等新概念。

SARS 过后，住宅健康性成了购房者考虑的重要因素之一。北京作为试点的健康住宅小区分别为北京奥林匹克花园、三环新城和金地·格林小镇。三个项目中阳台都被赋予健康概念。奥林匹克花园在套型设计上提出"会呼吸的住宅"的概念，具体表现在居室有充足的阳光、南北通透、空气流通，有宽敞的阳台、门窗和庭院，室内外连通性强，房间都能直接采光通风（图 1-45）；三环新城在临街面做外廊和封闭阳台，达到隔声减震的要求；金地·格林小镇套内有较多的阳光室，用落地玻璃窗封闭的阳台和开敞的一步阳台（图 1-46），可进行户外观赏活动，增加住户与自然的接触机会。但因一步阳台的进深仅有几十厘米，其实用性并不高，且由于空间开敞，还容易成为小偷盗窃的通道，儿童玩耍时也存在一定的安全隐患。

---

1 国家经委［1982］经基字 58 号文件《建筑面积计算规则》中规定，"封闭式阳台、挑廊，按其水平投影面积计算建筑面积。凹阳台、挑阳台按其水平投影面积的一半计算建筑面积。"国家质量技术监督局制定《房产测量规范》（GB/T 17986-2000）中计算方法与之相同，都是按阳台封闭与否分别计算面积。

四 中小套型及保障房政策背景下处境尴尬的阳台

1. "国六条"政策下,阳台开始作为"偷面积"的手段

随着城市化进程不断加快,城市用地日益紧缺,土地价格上升,商品房价格随之迅猛上涨,大套型因能快速回收成本实现盈利,备受开发商青睐,相比之下中小套型开发比例呈下降趋势,导致住房供给结构失调,许多中低收入购房者买不起房。针对这些现象,2006年国家发布实施了"国六条"政策,将调控重点转向了提倡小面积住房,从而控制住房总价在中低收入家庭的可承受范围之内。这有效促进了中小套型的良性发展,市场上出现了不少面积小但比较适用的中小套型。

此时期,阳台面积的计算方法也有所改变。2005年发布的《建筑工程建筑面积计算规范》中作了相应规定,建筑物的阳台均应按其水平投影面积的1/2计算。

套型面积的压缩对阳台空间设置产生较大影响。在中小套型政策下,由于套型面积控制严格,为了增强室内功能的适用性,阳台空间作为一个较为灵活的辅助空间开始成了很多设计师及开发商研究的焦点。有些套型将这部分面积合入室内,不设置阳台空间,以满足室内功能的完整性。还有些套型利用阳台建筑面积计算标准的空隙"偷面积"。一般有以下三种做法:一是利用低于"2.2m以下空间不计入建筑面积"的规定,采用落地凸窗赠送面积;二是利用开敞阳台面积减半计算,设计大阳台或"户内花园",住户入住后封闭作为房间用(图1-47),

图1-45 套型中设计了入户阳台和宽敞的南向阳台,具有较好的室内外连通性

图1-46 套型除了设有南北向阳台外,还设计了开敞式的一步阳台,丰富了住宅立面

a. 设计和销售时作为"空中花园"

b. 住户购房后可改造为卧室

c. 设计时在阳台外"预留"花池

d. 住户购房后可将花池变为阳台，卧室面积则亦相应扩大

图1-47　利用阳台"偷面积"的方法示意

算作赠送一半阳台面积；还有一种是根据无顶阳台不算面积，做错层阳台，以赠送阳台面积。南方地区各种"偷面积"手段尤其丰富，也由此形成一些造型独特的住宅立面形式。

因套型面积所限，这一时期的阳台功能有弱化的趋势，出现了相当一部分无阳台的楼盘。许多购房者在买房时考虑总价合适选择了无阳台的住宅，但实际居住后相应的问题也显露出来，例如因没有了北向服务阳台，杂物或储备的蔬果无处存放；因缺少生活阳台，无处晾晒衣物等等。而且北方寒冷地区的住宅如不设阳台，不利于室内物理环境的调节和防风防尘，会使居住舒适度大大下降。但是由于房价持续增长，住户短期之内往往没有能力再置换一套住房，就只能这样长期忍受生活上的诸多麻烦与不便。

2. 保障性住房政策下的阳台空间难以保证

保障性住房建设是解决中低收入人群的居住问题的重要举措。近年来政府不断增强保障性住房政策的实施力度，并明确了各类型保障房的建设标准。2007 年国家出台的《国务院关于解决城市低收入家庭住房困难的若干意见》中，经济适用房面积将调整到 60m² 左右，公租房和廉租房的建筑面积分别控制在 60m² 和 50m² 以内。2011 年国务院又发布相关要求，指出公租房要以小户型为主，单套建筑面积以 40m² 为主。

较低的面积标准虽然在一定的建设量下增多了住房套数，但是由于面积限定得过低，使住宅阳台这一有益空间经常处于"尴尬"的境

地——是保证阳台的设置，还是要将这部分面积腾给卧室、起居等套内空间？特别是在公租房、廉租房等小套型住宅中，常会出现因面积不足而不设阳台的情况。但从实际入户调研的情况来看，住户对于没有阳台抱怨较多，主要问题体现在晾晒衣物的不便。一些住户在过道或起居的靠窗位置支起晾衣架，使本就紧张的套内空间更加拥挤，严重影响了通行和日常活动的开展。

五　现行阳台相关政策中存在的问题

1. 不同规范中阳台面积计算规定"不交圈"

住宅套型中关于阳台面积的计算有明确规定，但是不同部门的规定有所不同。新中国成立以来阳台面积主要有以下几种计算方法，具体详见表 1-9。

表格中的各类规范开始实施的年代不同，发布部门不同存在阳台面积计算规则"不交圈"的现象。例如，《房产测量规范》中，一直是按阳台封闭与否分别计算面积，而其他规范中阳台面积有的是按结构底板投影面积，有的是按与主体结构的关系。加之部分地区规划部门还会有自己的计算规则（例如北京市的《容积率计算规则》中阳台算全面积）。不同部门的政策法规并存，但其内容不统一，影响了政策执行的公平性、合理性，也给设计者、开发商和住户带来很多不便。另外，种种问题还导致设计者和开发商将全部精力放在如何争取利益最大化方面，而忽略阳台在居住生活中存在的作用，

新中国成立以来不同时期住宅面积计算规定中对阳台面积计算方法的要求　表1-9

发布时间	相关规定名称	面积计算方法	是否仍实行
1982 年	《建筑面积计算规则》	封闭式阳台、挑廊，按其水平投影面积计算建筑面积。凹阳台、挑阳台按其水平投影面积的一半计算面积	否，已废止
1984 年	国家计委、城乡建设环境保护部关于贯彻执行《国务院关于严格控制城镇住宅标准的规定》的若干意见	一、二、三类住宅，每户可设一个阳台；四类住宅每户可设两个阳台（包括凹阳台、挑阳台以及封闭阳台）。但每个阳台的水平投影面积不得超过 $4m^2$。符合上述规定的阳台，其面积可不计入《规定》中所定的各类住宅建筑面积之内	否，已废止
1995 年	《全国统一建筑工程预算工程量计算规则》	建筑物外有围护结构的阳台按其围护结构外围水平面积计算建筑面积；无围护结构的凹阳台、挑阳台，按其水平面积一般计算建筑面积	否，已废止
1999 年	《住宅设计规范》	套型阳台面积等于套内各阳台结构底板投影净面积之和；阳台面积应按结构底板投影面积单独计算，不计入每套使用面积或建筑面积内	否，已废止
2000 年	《房产测量规范》	套内阳台建筑面积均按阳台外围与房屋外墙之间的水平投影面积计算。其中封闭的阳台按水平投影全部计算建筑面积，未封闭的阳台按水平投影的一半计算建筑面积	是
2003 年	《住宅设计规范》	套型阳台面积等于套内各阳台结构底板投影净面积之和；阳台面积应按结构底板投影面积单独计算，不计入每套使用面积或建筑面积内	否，已废止
2005 年	《建筑工程建筑面积计算规范》	建筑物的阳台均应按其水平投影面积的 1/2 计算	否，已废止
2011 年	《住宅设计规范》	套型阳台面积应等于套内各阳台的面积之和；阳台的面积均应按其结构底板投影净面积的一半计算	是
2013 年	《建筑工程建筑面积计算规范》	在主体结构内的阳台，应按其结构外围水平面积计算全面积；在主体结构外的阳台，应按其结构底板水平投影面积计算 1/2 面积	是

这一问题还使有些居住区无形中增大隐性容积率，也使一些楼盘在售房后引起产权纠纷。

2. 阳台面积计算精细化不够

这主要是指政策在各地区、各类型住房阳台面积计算上"一刀切"的不合理性。为方便管理控制，国家关于阳台面积的计算规定是统一的，但各地区气候条件和生活习惯不同，尤其是南北地区阳台本身形式、面积需求不同，"一刀切"的面积政策规定过于笼统。例如，北方地区因为外墙要做外保温，而面积计算是从外保温材料的外表面算起，使套内面积稍小些，而且阳台空间封闭要计算全面积，所以相同容积率要求下，北方地区出房率比南方地区低，存在不公平因素。

另外如前所述，目前保障房套型面积和商品房差别很大，但是阳台面积计算规则完全相同，为了在限制的面积范围内充分挖掘室内功能空间，完成基本生活要求，保障房的阳台面积都很小或根本不考虑。这既不利于居住者的使用，也不利于实现房屋居住的可持续性。

3. 缺乏住宅公共部分阳台的相关规定

我国住宅楼栋公共部分的阳台设计一直以来没有受到重视。在高昂的房价面前，公摊部分面积越小越吸引购买人群，于是楼梯、

公共走廊、楼电梯前室都是尽量满足防火规范的最低值，以提高得房率。高昂的地价和房价也使大多数购房者倾向于购买这类公摊面积最小的住宅。但是随着住宅楼层的增高，住户与外界环境及住户之间的交流都日趋减少。在高层住宅中设置阳台、露台这一类的公共空间，并通过绿化种植等方式加以美化，有利于缓解高层住宅与室外环境的隔离感，促进住户之间的交流（目前我国对于集合住宅中公共交流空间的考虑并不是很周到，这受到建造费用及经济状况的影响。但是应该从可持续发展的角度认真分析绿色健康住宅的真正含义，对公共部分阳台作一定的规定，以促进社会良性的发展）。

六　对我国集合住宅阳台发展的建议

综上所述，我国集合住宅阳台的发展与住宅政策的更替与引导息息相关，同时也在随着住户生活需求导向的转变而不断变化。在未来的集合住宅建设中，阳台的作用应当被给予更多重视。

从政策制定的角度来讲，首先不应使阳台成为调节住宅面积的"蓄水池"，应避免一些中小套型因受面积因素的影响而牺牲阳台空间；其次，在政策规范中可对阳台面积的计算方法给予更加灵活的考虑，避免使阳台成为住宅建设中各方利益相互博弈的"灰色空间"，或对住宅阳台的多样化发展构成约束。

从居住需求的角度来说，阳台起到了对住宅生活空间的弹性调节作用，是住宅中不可或缺的空间。今后在住宅阳台的设计中，一方面要加强实用性和精细化设计，例如在阳台实现洗晾衣功能一体化，整合家务动线，或安排用餐、娱乐、家庭交流、休息等相对弹性的功能；另一方面，还应重视阳台与住宅立面的关系，将阳台与窗、空调外机布位及设计等进行综合考虑，做到内外兼修。特别是在绿色住宅的发展理念下，阳台设计更应重视与技术的发展相协调及配合，兼顾节能及可持续发展的要求，使住宅的生命周期更长。

第二篇 住宅设计

CHAP.2 HOUSING DESIGN

针对不同客户群需求的住宅套型配置研究

1998 年住房制度改革后，我国的住宅建设取得了重大进展，房地产市场迎来了前所未有的增长高峰。商品房销售态势良好，住宅开发量和开发速度都不断攀升。在这一过程中，由于市场"供不应求"，房地产开发商更追求"量"的突破，对于住宅品质并没有给予过多重视。许多住宅在套型设计方面缺乏仔细推敲，而客户在选房购房时也缺乏经验，往往更容易被空间面积大、装饰豪华的住宅所吸引，而对于什么是真正的好住宅还没有形成充分的认识。

近年来，房地产市场趋于稳定，住宅建设量在逐步放缓。与此同时，由于生活水平的不断提升，人们对于居住品质方面的要求也在升高。以往"走量不走质"的住宅已愈发难于适应购房者对住宅品质日益增多的需求。市场上许多购房者已经有过商品房购置经历和实际居住体会，对自身的购房需求有较为准确和理性的认识，并形成了一定的经验，更加注重住宅空间舒适度和适用性。住宅设计品质的优劣开始成为房地产开发商竞争的核心。

在这样的市场背景下，越来越多的开发商不再仅仅追求开发总量和速度，而是开始重视以"客户群需求"为核心的住宅产品配置研究，从而提高产品竞争力。多年来，我们与许多房地产公司合作开展了相关的研发工作。工作主要包含两方面内容：一是在项目前期策划过程中，通过调研进行客户定位，并对目标客户群的需求进行分析，从而指导相应的套型设计；二是进行以客户群分类为基础的住宅套型产品库建设，梳理各类套型的面积、尺寸等特征，形成适应不同客户群的标准化产品系列。

在研发过程中，通过对客户生活的实地调研和对大量住宅套型的搜集整理，我们得以接触和了解到许多一线市场经验。下面我们将针对不同客户群的套型配置研究中有代表性的内容进行总结，以供相关从业人员参考。

需要特别说明的是，本文研究成果仅限于当前大中城市主流客户群的基本情况。在各地不同类别的住宅研发中，尚需根据具体客户群进行具体分析。

一　住宅市场中的四类主要客户群

目前住宅市场中购置房屋的客户群主要有以下四类：①青年夫妇家庭；②青年核心家庭；③中年核心家庭；④多代同堂家庭。对于这四类客户群的住宅套型配置研究通常从三个方面展开——生活状况描述、套型结构分析、空间要点梳理。

生活状况描述是对客户群的家庭结构、日常生活特点进行的概述，以作为后续研究的基础；套型结构分析根据客户群的生活状况，对适应其居住特点的套型结构特征进行说明，比如需要配置哪

客户群分类	套型建筑面积区间 (m^2)	主要套型结构	套型主要定位
青年夫妇家庭	60~90	两室两厅一卫	首次置业——经济型
青年核心家庭	90~120	（小）三室两厅两卫	首次置业——舒适型
中年核心家庭	120~140	（大）三室两厅两卫	二次置业——改善型
多代同堂家庭	140~170	四室三厅三卫	多次置业——改善型

四类主要客户群及其套型配置基本特点　表 2-1

些空间，空间的相对关系和大小等等；空间要点梳理是对每个空间细部，家具、设备配置要点进行的总结。

根据既有的研究成果，我们将这四类客户群及其套型配置特点初步总结为表 2-1，后文将依序逐一展开详细说明。

二　青年夫妇家庭

1. 生活状况描述

本类客户主要是指准备结婚或刚刚结婚的青年夫妇。部分家庭在一段时间内没有要生小孩的计划，或打算几年后再要孩子。他们的父母偶尔会来看望、短住（图 2-1）。

从当前普遍情况来看，由于青年人刚刚步入社会，事业处于起步期，他们的工作较为忙碌，时常会加班。多数青年人往往晚上在外用餐后才回家。平日在家中进行的休闲活动主要围绕电脑进行。周末可能会在外聚会娱乐，偶尔也会在家招待亲朋。

2. 套型结构分析

青年夫妇客户大多是首次置业，虽然他们经济实力有限，买不起较大面积的住宅，但在当前市场"限购"的压力下，他们仍希望在能力允许范围内，努力争取购买两室户。这是因为当青年夫妇有小孩后，其中一方的父母很可能要来共同居住，帮助照顾小孩，家庭人口必然会增加，而一居室难以适应这样的居住人数变化。因此部分家庭为求"一步到位"，他们会直接购置两室户，而不会选择一室户。在控制总价的基础上，他们多会选择建筑面积在 90m^2 以下的两室两厅一卫。

下面我们从套型研究实例中，选取了符合青年夫妇家庭生活特点的两种常见套型，并对套型基本配置进行分析（图 2-2）。

除上述基本空间配置外，套型内还可考虑增加"半卫"，或将卫生间设计为分离式，即盥洗和如厕、洗浴功能分开布置在两个空间。这样就能更好地满足家庭人口突然增多时对卫生间的使用需求。

3. 空间要点梳理

在青年夫妇生活状况描述及套型结构分析的基础上，我们梳理出了适合于他们生活需求的各空间设计要点（图 2-3）。

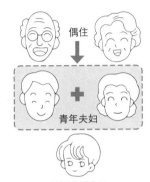

图 2-1　青年夫妇家庭结构图

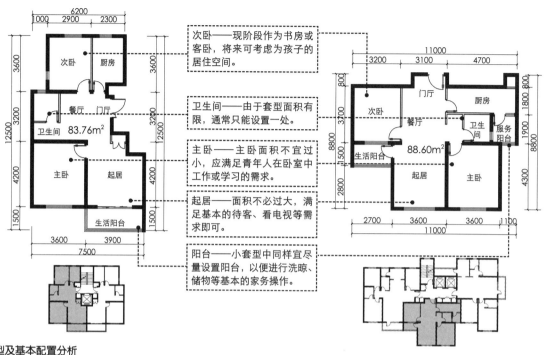

次卧——现阶段作为书房或客卧，将来可考虑为孩子的居住空间。

卫生间——由于套型面积有限，通常只能设置一处。

主卧——主卧面积不宜过小，应满足青年人在卧室中工作或学习的需求。

起居——面积不必过大，满足基本的待客、看电视等需求即可。

阳台——小套型中同样宜尽量设置阳台，以便进行洗晾、储物等基本的家务操作。

图 2-2 常见青年夫妇家庭套型及基本配置分析

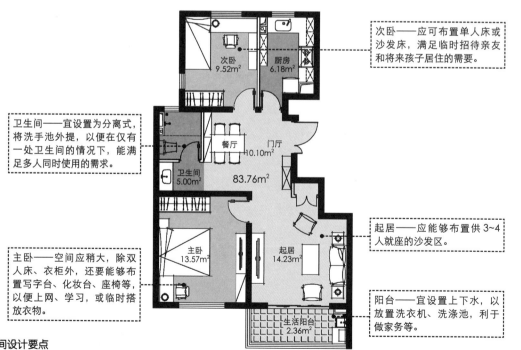

次卧——应可布置单人床或沙发床，满足临时招待亲友和将来孩子居住的需要。

卫生间——宜设置为分离式，将洗手池外提，以便在仅有一处卫生间的情况下，能满足多人同时使用的需求。

起居——应能够布置供3~4人就座的沙发区。

主卧——空间应稍大，除双人床、衣柜外，还要能够布置写字台、化妆台、座椅等，以便上网、学习，或临时搭放衣物。

阳台——宜设置上下水，以放置洗衣机、洗涤池，利于做家务等。

图 2-3 青年夫妇家庭套型各空间设计要点

三 青年核心家庭

1. 生活状况描述

本类客户家庭由步入生育期的青年夫妇和他们的幼年或少年子女组成（图2-4）。从子女出生到幼儿、学龄期这些年间，多会请老人或保姆来家中帮忙照看孩子，家庭常住人数较多。

孩子将成为整个家庭的中心。在孩子年幼时，常需要与父母同屋居住，以便照看。孩子上小学后，则会需要一个相对独立、安静的学习空间。

由于孩子的出生，家中对于儿童玩具、衣物等的储藏空间需求增多。

2. 套型结构分析

本类客户购置住宅时同样多为首次置业，但其经济方面通常已有一定积蓄，而家庭结构较前述青年夫妇客户来说略加复杂，因此有能力且有需求购买相对大一些的住宅。为满足三口人以上的居住需求，他们通常会选择套型面积在90~120m²的小三室。在套型结构上需要增强空间分区和灵活性的考虑。下面是适合于青年核心家庭的套型实例（图2-5）。

3. 空间要点梳理

针对青年核心家庭生活状况描述及套型结构分析，其套型各空间的设计要点如图2-6。

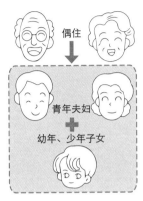

图2-4 青年核心家庭结构图

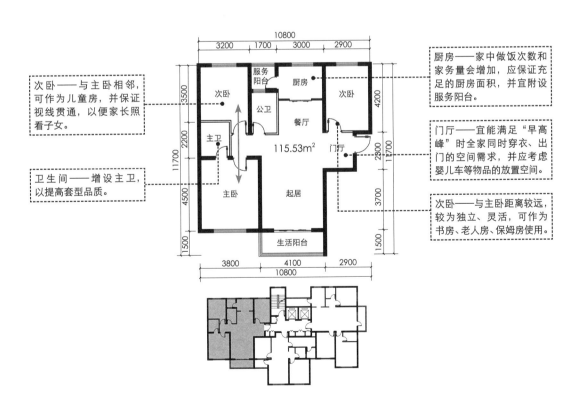

次卧——与主卧相邻，可作为儿童房，并保证视线贯通，以便家长照看子女。

卫生间——增设主卫，以提高套型品质。

厨房——家中做饭次数和家务量会增加，应保证充足的厨房面积，并宜附设服务阳台。

门厅——宜能满足"早高峰"时全家同时穿衣、出门的空间需求，并应考虑婴儿车等物品的放置空间。

次卧——与主卧距离较远，较为独立、灵活，可作为书房、老人房、保姆房使用。

图2-5 常见青年核心家庭套型及基本配置分析

51

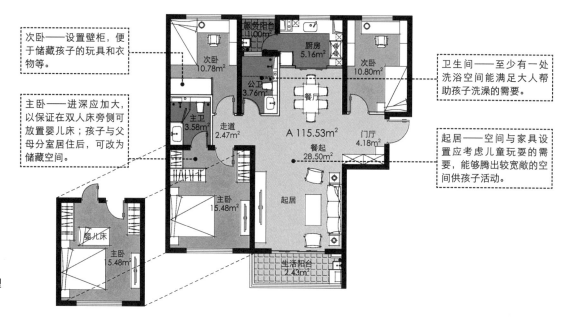

次卧——设置壁柜，便于储藏孩子的玩具和衣物等。

主卧——进深应加大，以保证在双人床旁侧可放置婴儿床；孩子与父母分室居住后，可改为储藏空间。

卫生间——至少有一处洗浴空间能满足大人帮助孩子洗澡的需要。

起居——空间与家具设置应考虑儿童玩耍的需要，能够腾出较宽敞的空间供孩子活动。

图 2-6　青年核心家庭套型各空间设计要点

四　中年核心家庭

1. 生活状况描述

本类客户家庭是由中年夫妇，和其上大学或刚刚参加工作的子女共同构成。子女可能因为上学或工作的原因而不常在家居住。而中年夫妇的父母有时会被接至家中居住（图 2-7）。因此，家庭常住人口会呈现出一定变化：家中有时只有中年夫妇二人，有时又会是全家三代共同居住在一起。

中年购房者多已有一定事业基础和经济实力。且随着年龄的增大，对居住的舒适性、安全性等要求逐渐提高。伴随着子女的成年和独立，中年夫妇逐渐回归二人生活，在家的闲适时间会逐渐增多，对于发展个人兴趣爱好的需求也会增加。

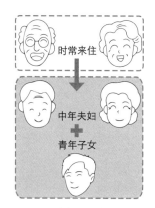

图 2-7　中年核心家庭结构图

2. 套型结构分析

中年核心家庭购置住宅多为二次置业，以改善居住的舒适性为主要目的，因此更加注重居住环境和空间品质。这类客户常会选择套型结构为大三室的住宅，套型面积基本在 120~140m²。除基本的功能配置外，套型主卧配套功能会增强，家务、储藏等辅助空间的面积会增大。适合于中年核心家庭的套型实例如图 2-8。

为进一步增强套型品质，套型中还可设置专门的家政间，或增设露台、空中花园等室外休闲空间，还可考虑采用独立电梯入户等方式，以提升住宅的品质。

3. 空间要点梳理

针对上述中年核心家庭生活状况描述及套型结构分析，其套型中各空间的设计要点如图 2-9。

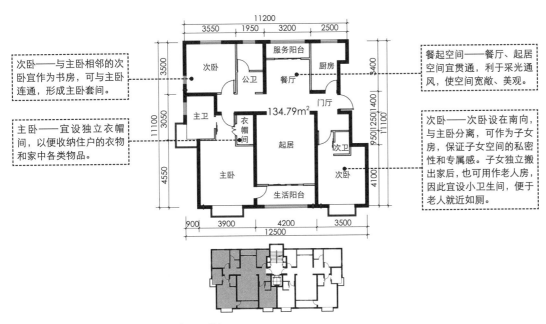

左侧标注：
次卧——与主卧相邻的次卧宜作为书房，可与主卧连通，形成主卧套间。

主卧——宜设独立衣帽间，以便收纳住户的衣物和家中各类物品。

右侧标注：
餐起空间——餐厅、起居空间宜贯通，利于采光通风，使空间宽敞、美观。

次卧——次卧设在南向，与主卧分离，可作为子女房，保证子女空间的私密性和专属感。子女独立搬出家后，也可用作老人房，因此宜设小卫生间，便于老人就近如厕。

图2-8　常见中年核心家庭套型及基本配置分析

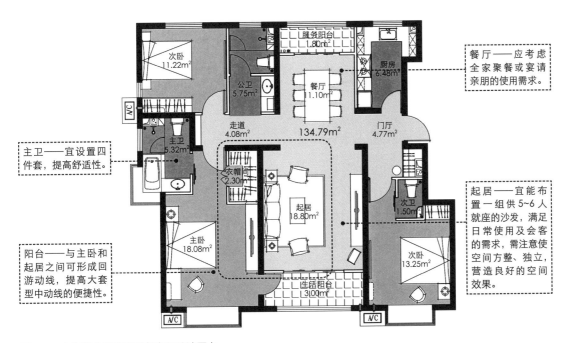

右上标注：
餐厅——应考虑全家聚餐或宴请亲朋的使用需求。

左侧标注：
主卫——宜设置四件套，提高舒适性。

阳台——与主卧和起居之间可形成回游动线，提高大套型中动线的便捷性。

右侧标注：
起居——宜能布置一组供5~6人就座的沙发，满足日常使用及会客的需求，需注意使空间方整、独立，营造良好的空间效果。

图2-9　中年核心家庭套型各空间设计要点

五　多代同堂家庭

1. 生活状况描述

本类客户家庭结构在这四类客户中最为复杂，是中年夫妇及其子女，还有夫妇一方或双方的父母共同生活在一起。有时还需要请保姆，并可能会住在家中（图2-10）。

在家庭人口较多的情况下，家人之间希望在增进交流的同时，又能避免相互干扰。家中的老人可能白天独自在家，因此应注意老人居住的安全性和便利性，以及在必要时为护理老人提供居住条件。

图2-10　三代同堂家庭结构图

2. 套型结构分析

本类客户的家庭居住人数较多，适合于他们的套型面积基本在140m²以上，套型结构以四室三厅三卫为主。套型应有明确的功能分区：厨房、服务阳台、家务间或保姆空间等形成服务区域；起居、餐厅、家庭厅、书房等形成公共区域；各卧室及其配套空间形成私密区域。适合于多代同堂家庭的套型实例如图2-11。

3. 空间要点梳理

针对上述多代同堂家庭生活状况描述及套型结构分析，其套型中各空间的设计要点如图2-12。

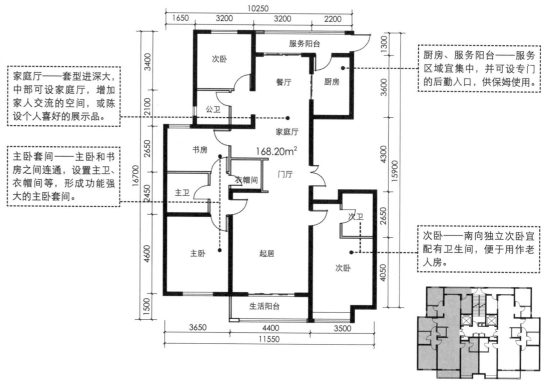

图2-11　常见多代同堂家庭套型结构及基本配置分析

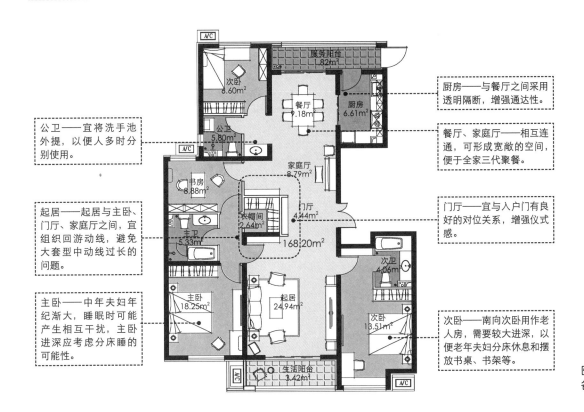

公卫——宜将洗手池外提，以便人多时分别使用。

起居——起居与主卧、门厅、家庭厅之间，宜组织回游动线，避免大套型中动线过长的问题。

主卧——中年夫妇年纪渐大，睡眠时可能产生相互干扰，主卧进深应考虑分床睡的可能性。

厨房——与餐厅之间采用透明隔断，增强通达性。

餐厅、家庭厅——相互连通，可形成宽敞的空间，便于全家三代聚餐。

门厅——宜与入户门有良好的对位关系，增强仪式感。

次卧——南向次卧用作老人房，需要较大进深，以便老年夫妇分床休息和摆放书桌、书架等。

图 2-12　多代同堂家庭套型各空间设计要点

六　住宅套型的空间尺寸规律特征

1. 各类客户群对应套型的空间尺寸总结

通过分析上述四类客户群所适应的住宅套型配置，结合实践经验可以看出，目前市场上四类客户群所对应的套型空间尺寸呈现了一定的规律，具体见表2-2。

2. 对套型空间发展趋势的几点思考

1）起居面宽逐渐回归理性

一直以来，起居空间的面宽和面积大小被认为是反映套型品质的重要指标，起居宽敞阔气在样板间展示时会给购房者"眼前一亮"的感觉，因此在住宅设计时常会分配给起居较多的面积和面宽，由此可能使卧室、餐厅等其他房间的面积被挤压得偏小。

然而近年来对于住宅套型起居的认识已逐步回归理性，从表2-2数据可以看出，即便是大面积套型，起居面宽也通常控制在4.0~4.4m，而没有出现5m以上的超大面宽。这与人们生活需求的变化以及高房价等时代因素是紧密相关的。一方面，电脑网络时代的到来改变了现代人的生活模式，家庭成员的活动呈分散化、独立化，更重视个人专属空间，起居功能在现代家庭生活中有所减弱，很多活动（例如上网、看电视）并非需要在起居中进行；另一方面，高房价促使购房者更关注套型的实用性，而不是盲目追求空间的阔气，特别是对居住

四类客户群套型的主要空间尺寸总结　表2-2

	青年夫妇家庭	青年核心家庭	中年核心家庭	多代同堂家庭
套型建筑面积区间（m²）	60~90	90~120	120~140	140~170
起居面宽（m）	3.4~3.9	3.8~4.2	4.0~4.4	
主卧面宽（m）	3.2~3.6		3.6~4.0	
主卧使用面积（m²）	12.0~14.0	14.0~16.0	16.0~22.0	
厨房使用面积（m²）	4.5~6.5		6.0 以上	
主卫使用面积（m²）	—	3.5~4.5	4.5 以上	
公卫使用面积（m²）	3.0~4.5		4.0 以上	

注：1. 上表结合近期多项调研及研究成果提炼而来；
　　2. 对于上述指标，一线城市由于用地紧张、房价高等原因可能取值偏小，而三四线城市会相对偏大；
　　3. 主卫指的是含有洗手池、坐便器、淋浴间、浴缸的四件套卫生间；
　　4. 公卫指的是含有洗手池、坐便器、淋浴间三件套及洗衣机的卫生间；
　　5. 主卧面积不含主卫。

人口较多的家庭，相比于起居是否宽敞，卧室的数量和面积以及餐厅、厨卫是否适用会更加重要。

2）厨卫的品质要求逐渐凸显

厨卫空间在过去常被认为是住宅中的附属空间，但这一观念早已发生改变。从客户群需求调研和入户访谈来看，近年来购房者对厨卫品质的要求不断提升。这不仅是因为人们对个人卫生的要求提高了，也是因为对生活品质的要求更加细致。调研中，一些家庭表示希望套型中再增加卫生间，这样既能缓解使用高峰，也能灵活适应居住人数的变化，还可以满足家务劳动的需要。而目前种类繁多的电器设备、家务清洁工具，也对卫生间、厨房面积提出了更高要求。

3）对储藏空间有全面的认识

现今人们的生活相比于十几年前，在物质方面已经步入较丰裕的时代。家中物品数量多、种类多，对储藏空间的要求在不断增加。特别是随着物质生活日益丰富，一个家庭中需要储存的东西不仅仅是生活基本用品，还会有个人爱好用品、休闲娱乐用品，以及日积月累留下来的纪念物品。这些物品有时不仅是需要"储"和"藏"，还可能会有展示的需求。因此，对于储藏空间设计的认识也需要随时代而不断更新。

以客户群分类为基础的套型配置研究是住宅研究中的基础工作之一，是相关的套型产品库建设、套内空间标准化研究、住宅精细化专项研究等工作的基石。本次仅作浅议，希望帮助开发商和设计人员提高对客户群需求的认识，并在未来的住宅开发和设计工作中继续探索，从而提高住宅套型设计品质，使人们的居住生活更加舒适。

* 注：本文部分内容来源于与上海朗诗建筑科技有限公司和北京首都开发股份有限公司合作的研发项目成果。

套型产品库建设中的套型优化设计研究

目前，许多房地产开发企业均向大规模、区域化发展，其项目遍及全国各地，每个项目从拿地、建造到销售，开发周期很紧张。我们接触到的一些开发商反映，由于项目整体进度所致，需要他们在产品定位、住宅套型配置上作出快速的反应和决断。然而对于很多企业来说，虽然开发过不少项目，积累了一些住宅套型产品，但因为缺少系统地梳理和分类研究，导致在后续项目开发时，并不能有效利用。相继也带来许多问题：例如项目前期照搬照抄其他同类套型，缺乏仔细推敲，套型设计不符合客户群需求，后期需要反复修改调整，导致项目进度无法保障等等。

为此，许多企业开始重视住宅套型产品库的建设，希望通过梳理产品线，建立一套成熟、标准的住宅产品体系，从而在保证开发速度、提高效率的基础上，确保产品定位的准确性和设计质量，使产品可直接应用于实际项目，以适应快节奏的开发模式。

套型产品库的建设是一个长期、系统化的工作。而套型优化则是产品库建设过程中的重要一环，是决定套型品质、套型实用性和可适应性的基础。下面我们将结合实践心得，先简要介绍我们在套型产品库建设中的经验做法，进而再选取若干套型实例，对其优化设计过程进行详细分析。

一 套型产品库建设的工作流程

以我们为开发商进行的产品库研发工作来看，套型产品库的建设主要分为"筛选——优化——总结"三个阶段，每个阶段进行的具体工作如下：

①筛选阶段：调研 + 优选

这一阶段的主要目的是充分了解开发商已有的套型产品种类，找出现有套型的设计问题。通常我们希望开发商提供入户调研或样板间调研的机会，以便直观了解客户需求和套型空间的使用状况、问题等。同时，通过与开发商的沟通探讨，结合市场当前状况，我们会在已有的套型产品中，优选出一些受客户欢迎、具有代表性的、本身条件较好的套型，为下一阶段的优化工作做准备。

②优化阶段：分类 + 优化

这一阶段是承上启下的重要环节。它是对优选套型的进一步完善，也是产品库建设的基础。通常会从不同客户群和地域特征的角度对筛选出来的套型进行分类，确定优化方向。具体的优化过程包含对套型单元平面轮廓的总体调整，协调管线布置要求，优化面宽、进深及空间配置，细化套内空间设计等。

③总结阶段：整理 + 分析

这一阶段是对上述工作成果的梳理归纳，根据不同的产品等级、客户需求，对所有优化后套型进行分类整理、编排，形成初步的套型产品库。在此基础上，对已优化的套型展开更详细地总结和分析，包括空间尺寸、面积呈现的规律，厨房、卫生间等空间模块的总结。这样可便于在设计中进行灵活把控和选择，也为产品库后续的补充和完善打下基础。

二　套型优化实例分析

如前所述，套型优化工作是产品库建设的重要一步。套型优化的目的不仅仅是单纯的提升产品质量，更是从产品定位、客户群需求及人性化使用的角度，对其进行完善。同时还要考虑套型的适应性，保证在不同项目中能够灵活应用。

下面我们从以往的套型优化实例中，选取了三个套型单元。这些套型在楼栋类型、套型结构方面具有较好的涵盖性，可分别适用于多层、中高层、高层住宅，有两居室、三居室和四居室，面积在 80~140m² 左右。下面通过图解对比的形式，详细讲述其优化过程。

1. 套型优化实例一

1）基本信息

本实例为一个北方地区 11 层的一梯两户楼栋单元，套型结构为四室两厅两卫，面积约为 130m²，主要定位于中年核心家庭，属于整体品质较高的改善型住宅产品。

2）原套型问题分析

原套型单元整体布局紧凑集中，进深较大相对节地，南向起居、主卧面宽适当，总体看来没有太大问题。但细致分析发现还有以下不足（图 2-13）：

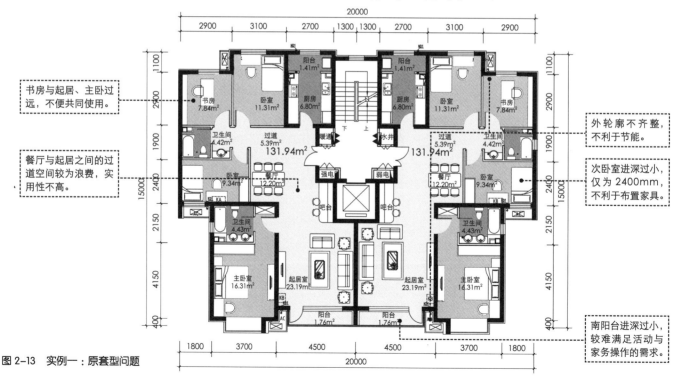

书房与起居、主卧过远，不便共同使用。

餐厅与起居之间的过道空间较为浪费，实用性不高。

外轮廓不齐整，不利于节能。

次卧室进深过小，仅为 2400mm，不利于布置家具。

南阳台进深过小，较难满足活动与家务操作的需求。

图 2-13　实例一：原套型问题

• 餐起空间位置关系不佳

餐厅的位置设在套型中部，虽然相对独立，但采光、通风条件较差，并且与厨房、起居的连通性不佳，动线稍显曲折。同时，餐厅与起居间的过道空间较为浪费，不得不通过设置吧台来过渡，利用价值不高。

• 次卧布局形式欠妥

套型设有三间次卧（含一间书房），其中南向次卧进深过小，且为横长形，不便于家具布置。北向次卧作为书房，其位置过于靠内，与主卧、起居等空间距离过远，不便于家人共同使用。

• 南向阳台过小

套型南向阳台进深偏小，不能满足晾晒衣物、休憩等使用需求。起居与阳台之间为门联窗，空间连通性欠佳。

3）套型整体优化分析

基于上述问题，我们对套型进行了优化修改（图2-14）。主要包括：①调整餐厅位置，使餐起空间连通，改善餐厅的通风、采光条件；②调整次卧和公共卫生间布局，将公卫和书房移至靠近套型公共区一侧，便于共同使用；③适当增大两间次卧面积，并使房间形状方整，增强空间实用性；④扩大南阳台进深，并将单元南北主要墙体轮廓拉齐，使结构整齐。

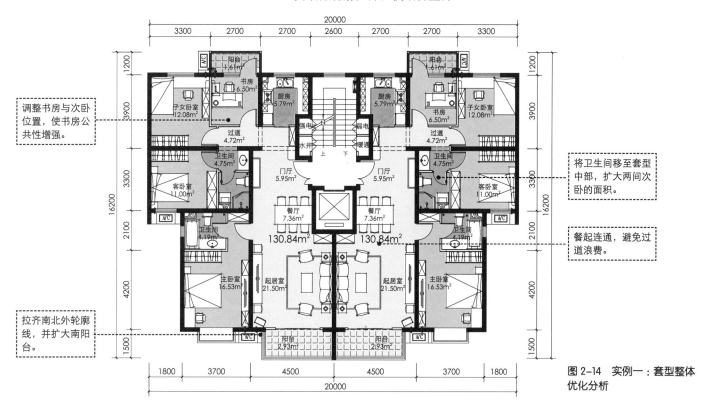

图2-14 实例一：套型整体优化分析

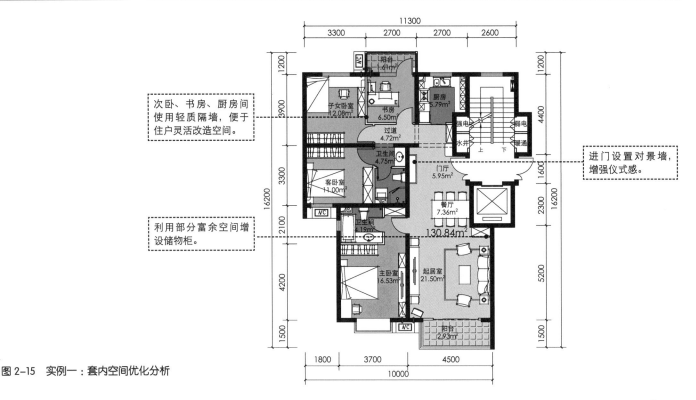

次卧、书房、厨房间使用轻质隔墙，便于住户灵活改造空间。

进门设置对景墙，增强仪式感。

利用部分富余空间增设储物柜。

图 2-15 实例一：套内空间优化分析

调整后，楼栋单元和套型建筑面积均有所缩小，而套型空间的实用性和品质得到增强。

4）套内空间优化分析

在整体优化基础之上，我们进一步对套内空间细部尺寸、家具布局等进行了深入修改（图 2-15）。包括：加强门厅空间的稳定性，入户门对面设置门厅柜，形成对景，增强仪式感；次卧、书房、公卫等部分墙体采用轻质隔墙，便于空间的灵活改造等等。

2. 套型优化实例二

1）基本信息

本实例为一个北方地区 18 层的高层一梯三户楼栋单元，套型结构为两室户和三室户。

其中，纯南向两室户套型面积约为 88m²，适合青年夫妇或青年核心家庭居住；两个三室户套型面积在 120m² 左右，是市场上较为常见的舒适、紧凑型住宅，可适应的客户群范围较广，主要面向青年核心家庭或中年核心家庭。

2）原套型问题分析

大体来看，此楼栋单元中各个套型面积分配比较合理。但不难发现，每个套型在空间配置、功能布局方面都还存在较多问题（图 2-16）。

- **套型配置的均衡性不佳**

将三个套型的功能配置、各空间使用面积进行比较后发现，套型设计在对三者品质均衡性的把握上还有缺陷。例如，厨房面积分配不合理——纯南二居室套型 B 的厨房面积达到了

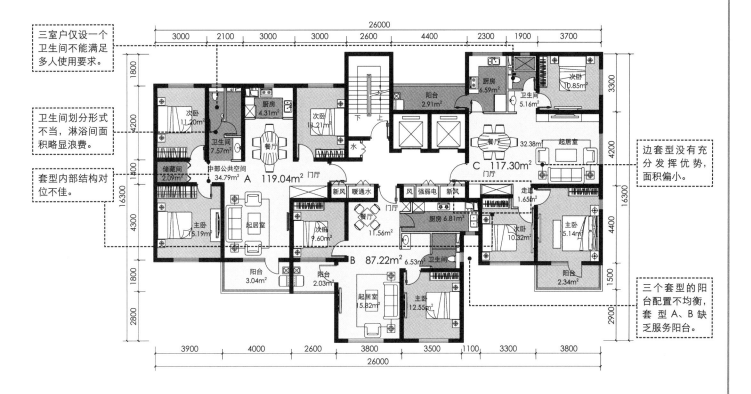

三室户仅设一个卫生间不能满足多人使用要求。

卫生间划分形式不当，淋浴间面积略显浪费。

套型内部结构对位不佳。

边套型没有充分发挥优势，面积偏小。

三个套型的阳台配置不均衡，套型A、B缺乏服务阳台。

图2-16 实例二：原套型问题

6.8m²，比其他两个三室户都要大，而总面积最大的三室户套型A其厨房面积反而是三个套型中最小的，只有4.3m²。又如，阳台设置欠妥——三个套型中有两个都没有配置服务阳台，而套型C却设置了面积很大的服务阳台。这样的设计显得过于随意且没有道理。

• 三室户仅设一个卫生间使品质偏低

从目前市场主流产品的规律来看，120m²左右的三室户套型通常都会设置两卫。然而本案例中三室户仅设了一个卫生间，这不利于家庭人数较多或高峰时间的使用，使套型品质下降。在套型A中，虽然卫生间设计为"三分离"的形式，希望能兼顾多人使用，但内部划分不够合理，面积略显浪费。

• 边套型没有充分利用端户优势

通常，楼栋单元中的端部套型因具有三面采光、视野好等优质条件，往往具有卖高价的潜力。在设计时也会注意提升端户品质，以扩大其优势。而本实例中，三室户套型C虽为端户，但在面积比例分配上反而小于另一套三室户型A，且对于采光面增多这一有利条件也没有充分利用，从一定程度来讲降低了套型品质及其整体价值。

3）套型整体优化分析

从优化套型功能配置、发挥端户优势的角度，我们对本实例进行了如下调整（图2-17）：①在总面积不作过多调整的基础上，为三室户

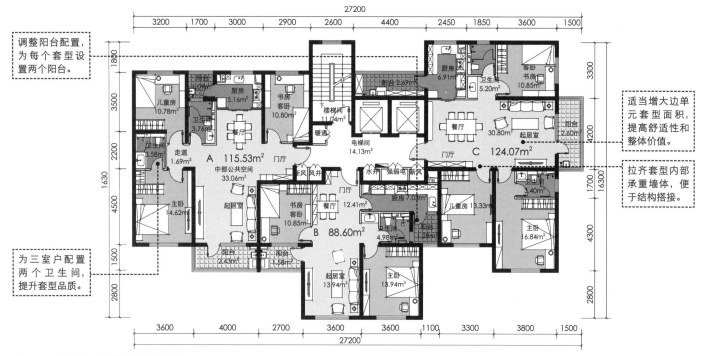

图 2-17 实例二：套型整体优化分析

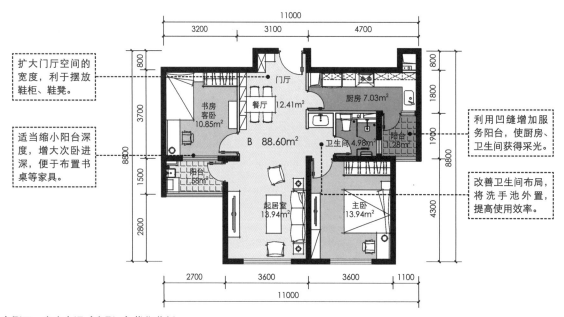

图 2-18 实例二：套内空间（套型 B）优化分析

在主卧旁增加一个明卫；②调整面积分配，使端部三室户稍大，并通过加大主卧面积、增加与起居相连的阳台等方式，提升端户品质；③均衡套型功能配置，为每个套型都设置了生活阳台和服务阳台。

4）套内空间优化分析

以套型 B 为例，我们对其进行了一些细节上的优化调整（图 2-18）。主要包括：利用增加的服务阳台，实现厨房、卫生间共同采光；适当增大入户门厅空间，使之有稳定的位置摆放鞋柜、衣柜。同时，还注意了室内承重墙体的对位。

3. 套型优化实例三

1）基本信息

本实例为南方地区 18 层以上的高层住宅楼栋，是一个较为紧凑的一梯四户单元，套型均为两室户，且面积都在 90m² 上下，主要面向首次置业的青年客户群。

2）原套型问题分析

首先从平面来看，此楼栋单元结构及外轮廓对位较为规整，但不难看出，为了在有限的面宽内满足房间采光需求，楼栋南向设置了三条狭窄且较深的凹缝（图 2-19）。虽然能够满足内部空间的开窗要求，但有限的进光量和实际感受会很差。

其次，四个套型均为中小套型，但有两套的建筑面积超过了 90m²，在实际项目应用中，可能会因国家"9070"政策的限制而降低适用性。

3）套型整体优化分析

基于以上出发点，我们确定的优化目标是：尽量改善凹缝对采光的影响，提升套内空间舒适度，并将各套型面积控制在 90m² 以内（图 2-20）。具体的优化方法为：

• **调整凹缝尺寸，使两端套型向北退让**

调整中部套型空间布局，使南向中间的凹缝宽度有所增大。通过增设服务阳台，使厨房和卫生间都利用凹缝实现了采光。同时，通过将楼栋两端的套型向北收缩，使两侧的凹缝深度大大缩小，凹缝中次卧的采光条件得到极大改善。

• **调整交通核布局，改善采光条件**

将交通核由横置改为竖置，这样一方面能够使候梯厅实现自然采光，改善公共交通空间环境；另一方面，由于节约出部分北向面宽，能够使两端套型的卫生间获得开窗的机会。

通过上述优化后，四个套型面积均能调整在 90m² 之内，且每个套型的卫生间都实现了自然采光。

4）套内空间优化分析

以套型 A 为例，对套内空间的优化调整包括：增大厨房面积和面宽，从而可形成 U 形台面布局，增加了台面长度和储藏量；扩大入口门厅宽度，留出墙面以便布置鞋柜，等等。

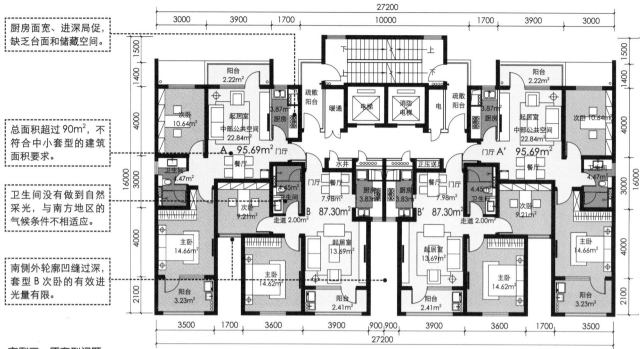

厨房面宽、进深局促，缺乏台面和储藏空间。

总面积超过 90m²，不符合中小套型的建筑面积要求。

卫生间没有做到自然采光，与南方地区的气候条件不相适应。

南侧外轮廓凹缝过深，套型 B 次卧的有效进光量有限。

图 2-19 实例三：原套型问题

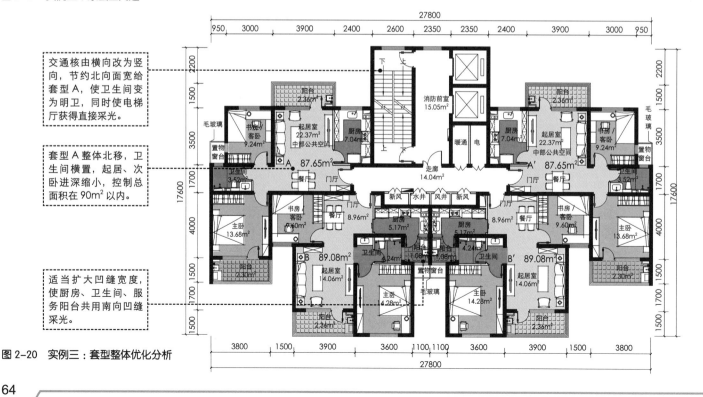

交通核由横向改为竖向，节约北向面宽给套型 A，使卫生间变为明卫，同时使电梯厅获得直接采光。

套型 A 整体北移，卫生间横置，起居、次卧进深缩小，控制总面积在 90m² 以内。

适当扩大凹缝宽度，使厨房、卫生间、服务阳台共用南向凹缝采光。

图 2-20 实例三：套型整体优化分析

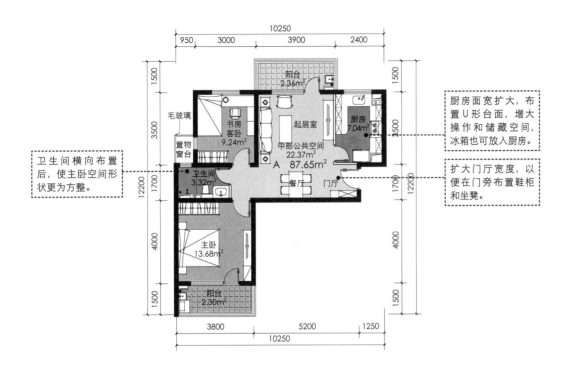

卫生间横向布置后，使主卧空间形状更为方整。

厨房面宽扩大，布置U形台面，增大操作和储藏空间，冰箱也可放入厨房。

扩大门厅宽度，以便在门旁布置鞋柜和坐凳。

图 2-21 实例三：套内空间（套型 A）优化分析

三 套型优化设计的心得体会

通过对三个优化案例的详细阐述，我们可以看出，套型优化的基本出发点是让住宅空间更加舒适、实用和人性化，而且往往需要协调多方面因素，例如总面积、面宽、进深限制，各空间面积分配等。在很多情况下，许多条件往往不能兼顾，这时就面临如何排序和取舍的问题。例如在实例三中，交通核横置或竖置各有优缺点，横置时虽然候梯厅采光通风不佳，但楼栋中部的纯南套型可以通过疏散楼梯的门窗实现间接通风；而竖置后，候梯厅采光通风

得到较大改善，但纯南套型无法再与楼梯间形成间接通风，然而又考虑到，交通核竖置后还可带来各户均为明卫的好处，因此最终选择交通核竖置的方案。由此可以看出，在实际优化工作中需要综合考虑诸多因素，在平衡中找到相对更优的解决方案。

综上所述，套型优化是套型产品库建设中不可或缺的一步工作，保证套型的通用性、适应性是套型优化的核心。我们还应认识到，由于不同地区、不同时期房地产政策的调整和市场需求的变化，套型产品库必然需要进行相应的更新和完善。因此套型优化工作也要"与时俱进"，这样才能保证住宅产品符合时代发展需求。

* 注：本文部分内容来源于与上海朗诗建筑科技有限公司和北京首都开发股份有限公司合作的研发项目成果。

住宅厨卫门窗设计要点

在入户调研及住宅样板间参观中发现，厨房和卫生间的门窗设计常常出现问题。究其原因，一方面是由于厨卫空间有限，设备器具密集，容易与门窗发生矛盾；另一方面则是因为很多设计者缺少对使用需求的深刻理解和切身的生活体会，在设计时没有仔细考虑门窗与人体活动和设备布置的关系，加之在绘制建筑设计和室内设计图纸时，并不需要表现出门窗的开启情况，因而难以发现建成使用后门窗与人和设备间的冲突。为此，我们从调研中发现的一些普遍问题出发，总结出厨卫门窗设计时需要注意的细部要点，希望大家在设计时加以细致考虑。

一　厨房门的设计要点

1. 注意门的位置和开启范围

备餐过程中，人们出入厨房较为频繁，为了避免开启和关闭门扇过程中对厨房内人员的操作造成干扰，设计时需注意厨房门的开设位置和开启范围。

1）厨房门尽量采用推拉门

厨房门常见的开启方式为平开式和推拉式。相较而言，平开门开启过程中会占用较多的空间，在小面积的厨房中，容易阻碍人员操作和通行，而推拉门则影响较小。因而设计时应尽量使厨房门洞一侧留出足够长度的墙面，以便设置推拉门（图 2-22）。

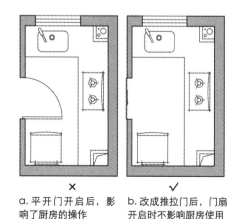

× a. 平开门开启后，影响了厨房的操作　　✓ b. 改成推拉门后，门扇开启时不影响厨房使用

图 2-22　厨房门开启形式的优劣比较

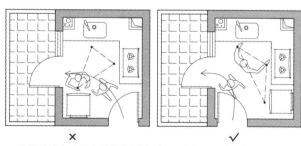

× a. 穿行动线会对厨房的操作活动造成一定影响　　✓ b. 厨房门和阳台门相邻布置，穿行动线对操作影响较小

图 2-23　厨房门与阳台门位置关系的优劣比较

2）注意厨房门和服务阳台门的位置关系

当厨房外接服务阳台时，去向服务阳台的动线需要穿过厨房，可能会对正在厨房中进行家务操作的人产生干扰，也会使通行不畅。因而在设计时应注意阳台门与厨房门的位置关系，缩短两者之间的距离，使穿行动线不会影响洗涤池、炉灶和冰箱三者之间形成的操作动线（图2-23）。

3）厨房门的开启范围避开主要操作区

厨房平开门的开启范围应避开炉灶、水池前的操作区域，以免门扇开启时影响操作者。例如图2-24，当开启门扇时，炉灶前的操作者必须避让，不注意时门扇就会打到他人。因此建议对厨房门的位置进行调整，虽然牺牲了部分储藏空间，但能够更加确保人的安全。

2. 考虑门的位置与橱柜、设备的布置关系

1）确定门的位置时考虑能较多地布置橱柜

如图2-25所示，当厨房门洞开设于墙面中部时，橱柜和操作台面可呈"U"形布置，从而使空间得到更充分地利用，门侧留出600mm以上墙面，即可增加出放置冰箱的空间。留出300~450mm，则可增设辅助台面或橱柜，供放置微波炉、电饭煲等小件电器设备（图2-26）。

2）尽量避免厨房门后布置冰箱位

在一些厨房空间布局中，常出现将冰箱布置于门后的情况，导致从冰箱拿取物品时必须先反身关门，给使用带来不便（图2-27）。建议在条件允许的情况下，改变门或冰箱的位置，或改用推拉门。

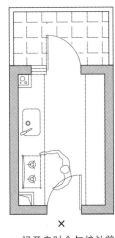 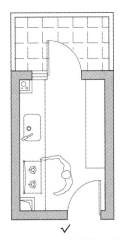

a. 门开启时会与炉灶前的操作者发生碰撞

b. 门洞位置适当侧移，保证开启时不会影响炉灶前的操作空间

图2-24 厨房门与烹饪操作区关系的优劣比较

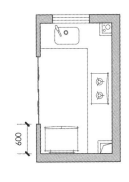 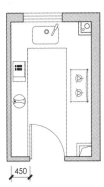 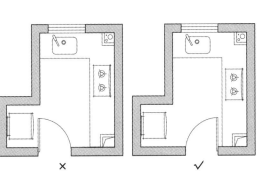

图2-25 厨房门侧留出600mm，可增设冰箱位

图2-26 厨房门侧留出450mm，可增加辅助台面放置小型电器和杂物

图2-27 厨房门与冰箱的布置关系优劣比较

3. 考虑厨房操作时照看家人的需要

在进行居住需求调研时，很多住户反映在厨房内长时间操作时，往往希望可同时照看在起居、餐厅活动的老人或小孩。我们在设计时可从以下两方面进行考虑。

图 2-28　厨房门上设玻璃或作透明推拉门，使视线可以通达

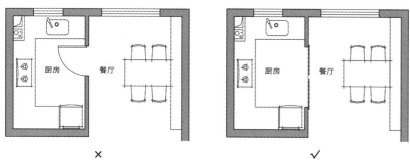

×　　　　　✓

图 2-29　将平开门改为透明推拉门，加强厨餐空间的视线沟通，扩大空间感

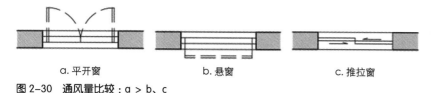

a. 平开窗　　　b. 悬窗　　　c. 推拉窗

图 2-30　通风量比较：a > b、c

1　参见《住宅设计规范》（GB50096-2011）第 7.2.4 条。

1）使门扇透明化，形成视线交流

厨房的门扇透明化有助于视线交流，方便家庭成员相互了解厨房内外的情况，同时还可有效防止门内和门外的人相撞（图 2-28）。

2）增强厨房与餐起空间的联系

条件允许时，可加大厨房与餐起空间的通透性和连接面（图 2-29），使两个空间之间的视线和语言交流更为容易。

二　厨房窗的设计要点

1. 保证通风采光需求

1）开启形式应保证有效通风量

中国家庭做饭较多喜欢"煎、炒、烹、炸"，烹饪过程中产生的油烟较大，除了使用抽油烟机之外，有时需要开窗辅助通风换气。住宅规范中要求，厨房的通风开口面积不应小于该房间地板面积的 1/10[1]。经统计，一般住宅的厨房面积通常为 4~7m²，因此平开窗开启扇 600mm（宽）×1200~1500mm（高），即可满足规范要求。但窗户的不同开启形式对于厨房的通风量有较大影响。在相同窗洞尺寸下，平开窗可以完全开启，而悬窗和推拉窗的有效开启面积要更小（图 2-30），应在设计时加以注意。

2）通风量应可调控

人们在厨房操作时，往往既希望开窗换气，同时又要防止强风灌入室内。采用推拉窗相对容易控制通风量，而采用平开窗时，应增加风

撑固定窗户开启的角度（图 2-31）。

3）窗洞位置宜接近洗涤操作区

根据规范要求，厨房窗户面积应符合窗地比要求，比值不应小于 1/7，以保证足够的采光量。考虑窗洞位置时，应优先考虑接近主要操作区域，例如洗涤池附近，为白天的操作活动提供足够的光线。

2. 保证开启和关闭的便利

1）操作台前的窗户不宜向外开启

调研中常常看到，厨房窗户位于操作台前，同时窗户向外开启的情况。这给住户开关窗户带来了很大不便——因为人们身体隔着操作台面，伸手难以够到窗户把手（图 2-32）。因而这种情况下，窗户宜向内开启或采用推拉窗。

2）平开窗窗扇宽度不宜过大

平开窗窗扇宽度较大时，人们开启窗户的动作幅度也相应增大，特别是关窗时，常需踮脚探身去够，给老人开启窗户带来一定的不便；同时较大的窗扇开启后，也更容易和周围的设备家具发生冲突（图 2-33），因此平开窗的窗扇以不超过 600mm 为宜。

其他窗扇的开启形式与平开窗相比，开启角度和范围有限，因此窗扇宽度可相对略大。

3）开启扇把手不宜过高

窗户把手的高度应在人们容易操作的范围内。平开窗扇为了窗框受力均匀，把手往往位于整个开启扇高度的中部，窗户选型时需要特别注意窗把手距离地面的高度。同时还应注意操作台面会影响人接近窗户（图 2-34），因此操作台前的窗把手高度应有所降低。

3. 注意窗户与设备家具的关系

厨房中安装各种设施设备会占用墙面和空间，确定窗户的位置和尺寸时应考虑与设施设备的关系，避免发生矛盾。

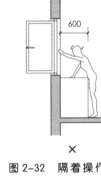

×

图 2-32 隔着操作台面，外开的平开窗难以收回

图 2-31 平开窗可增加风撑，便于控制通风量

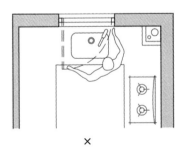

×

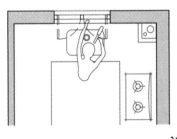

✓

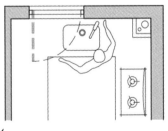

图 2-33 平开窗窗扇过大时，人开启窗户的动作幅度大，且影响台面操作，可改为两扇对开的形式，或调整窗的位置

×

图 2-34 操作台前的窗把手应有所降低，否则不易够到

1）预留窗户上部的吊顶空间

设计时应注意检查管道最低位与窗洞上沿的高度关系，避免吊顶后顶棚面低于窗户上沿（图 2-35），影响到窗户开启和采光。

2）预留开窗一侧墙面安装吊柜、热水器的位置

吊柜是厨房中十分重要的储藏家具，在确定窗户的位置时，应注意预留足够的墙垛宽度保证吊柜的安装。按照一般吊柜进深 300~350mm 考虑，留出 350~400mm 的墙垛较为合适（图 2-36）。

由于燃气热水器对外强排的需要，热水器安装位置宜接近外墙，因而很有可能临近窗户。

开设窗洞时也应考虑热水器的位置，避免窗扇与热水器发生矛盾（图 2-37）。

3）避免在炉灶附近开设窗洞

窗户不宜与炉灶过近，以免风将炉火吹灭发生危险，而且窗户也会影响炉灶上方吸油烟机安装（图 2-38）。

4）洗涤池附近的窗扇下部可设固定窗扇

目前厨房中常采用的洗涤池水龙头具有一定的高度，当窗户朝内开时，容易被水龙头挡住，导致无法完全开启。考虑到这个问题，可以在窗户下部设置约 300mm 高的固定窗扇，使开启扇位于水龙头高度上方（图 2-39）。

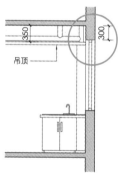

图 2-35　厨房吊顶后，顶棚面会低于窗上沿高度，影响采光和开窗

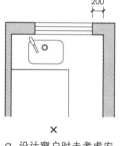
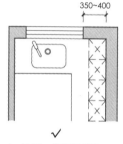

a. 设计窗户时未考虑安装吊柜的位置，导致发生矛盾

b. 吊柜一般进深 300mm，可预留 ≥ 350mm 的安装墙面

图 2-36　窗户位置与吊柜安装的关系优劣比较

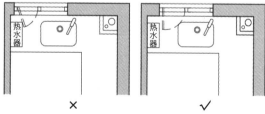

图 2-37　应调整开启扇的位置和方向，避开与热水器位置冲突

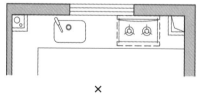
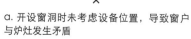
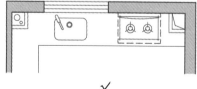

a. 开设窗洞时未考虑设备位置，导致窗户与炉灶发生矛盾

b. 窗洞适当左移至洗涤池前，避开炉灶

图 2-38　窗洞与炉灶位置关系的优劣比较

5）避免开启扇阻碍连续的烹饪操作

考虑到家务操作的动线关系，厨房洗涤池与炉灶间应有连续的台面。若开启扇位于连续台面之上，当窗扇开启后容易妨碍台面上洗、切、炒的连续操作，或影响台面置物，因而在设计时应注意避免出现这种情况（图2-40）。

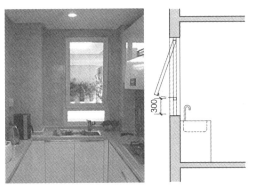

图2-39 开启扇下部设300mm的固定窗扇

4. 综合考虑窗户的模数尺寸

厨房常见模数窗户的开启方式优劣比较如表2-3所示。

a. 窗扇开启后打断了炉灶和洗涤池间的连续台面

b. 调整开启扇位置后，方便水池与炉灶间的操作

图2-40 窗户开启扇位置与台面关系的优劣比较

常见模数窗户的开启方式优劣比较（窗台高900mm） 表2-3

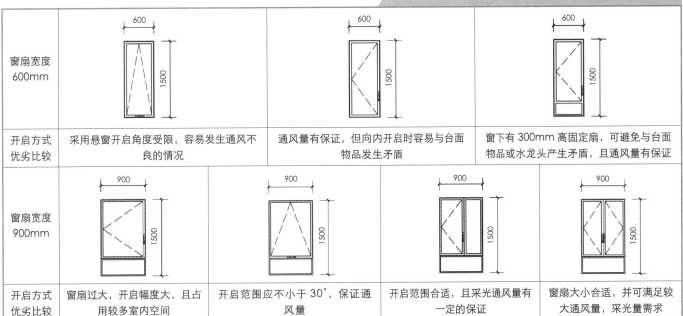

窗扇宽度 600mm	600 / 1500	600 / 1500	600 / 1500
开启方式优劣比较	采用悬窗开启角度受限，容易发生通风不良的情况	通风量有保证，但向内开启时容易与台面物品发生矛盾	窗下有300mm高固定扇，可避免与台面物品或水龙头产生矛盾，且通风量有保证
窗扇宽度 900mm	900 / 1500	900 / 1500	900 / 1500	900 / 1500
开启方式优劣比较	窗扇过大，开启幅度大，且占用较多室内空间	开启范围应不小于30°，保证通风量	开启范围合适，且采光通风量有一定的保证	窗扇大小合适，并可满足较大通风量，采光量需求

71

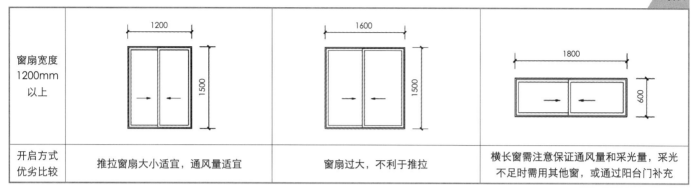

窗扇宽度 1200mm 以上			
开启方式优劣比较	推拉窗扇大小适宜，通风量适宜	窗扇过大，不利于推拉	横长窗需注意保证通风量和采光量，采光不足时需用其他窗，或通过阳台门补充

图 2-41 卫生间门上设透光磨砂玻璃

图 2-42 老人如厕时倒地将门挡住，无法从外部施救

三 卫生间门的设计要点

1. 保证使用安全

人们在卫生间内如厕、洗浴时发生跌倒、晕厥的现象屡见不鲜，对于老人而言尤其如此。卫生间门作为联系内外空间的途径，应在设计中从使用安全的角度加以充分考虑。

1）卫生间门扇宜局部透光，以便了解使用情况

门扇局部宜设透光不透影的玻璃，方便人们通过灯光的透射了解内部使用情况（图2-41），同时也利于及时察觉到卫生间内的突发事故。

2）门可向外开启，利于紧急救助

卫生间内空间狭小，人倒地后身体可能妨碍门扇向内开启（图2-42）。从便于急救的角度上来说，卫生间的门最好为外开式或推拉式。有时因使用习惯或受套型空间所限，卫生间只能采用内开门时，可将门扇的下部做成能局部打开或拆下的形式，使紧急情况下救助人员能

够进入施救。目前，市场上也出现了里外均可开启的门扇，可以依需要选用。

3）设置门吸，防止与易碎物品碰撞

卫生间内的玻璃淋浴隔断等属于易碎品，为了防止门扇开启时与淋浴隔断相撞，建议设置门吸，以控制门的开启范围。须注意门吸应设在墙边地面等相对隐蔽的位置，避免人经过时绊倒或挂碰（图 2-43）。

4）注意推拉门导轨的安装，避免绊脚

卫生间采用推拉门时，应注意对地面导轨的处理，尽量使导轨与地面材料齐平，或将门槛（导轨）与地面的高差控制在 15mm 以下，防止老人如厕时绊倒，也便于轮椅顺利通过。也可采用上导轨的推拉门。

2. 考虑门与设备物品的布置关系

1）宜朝向使用频率高的设备开启

与其他设备相比，洗手池在卫生间内使用频率最高，而且单独使用时往往不会关门。因而卫生间门开启时应便于人进门后接近和使用洗手池。以图 2-44a 为例，当门的开启方向背对着洗手池时，进入卫生间后必须半关门才能使用洗手池，这样容易被无意识进来的人推门撞到。因此最好将门扇的开启方向调整为图2-44b。

2）不宜正对坐便器开启

卫生间门若正对坐便器布置，会影响室内美观和卫生间的私密性。特别是正对入口大门时，有时会出现尴尬的局面（图 2-45）。

3）充分考虑利用门后空间

在确定门洞开设位置时，可考虑在卫生间门后墙垛留出一定的宽度，争取在墙面上布置更多的设备或物品。例如当门后留有 100~200mm墙垛时，可设挂衣钩方便洗澡更衣时挂置衣物，也可在门后布置暖气设备（图 2-46）。

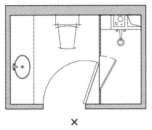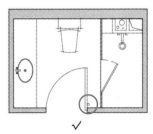

图 2-43　注意设置门吸，防止门与易碎物品相撞

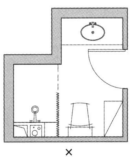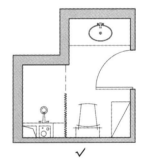

a. 洗手池位于门后，使用不便且易发生冲撞危险

b. 调整门的开启方向，使动线更为便捷

图 2-44　门扇开启方向与洗手池位置关系的优劣比较

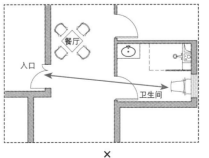

图 2-45　卫生间的门不宜与坐便器正对开启

73

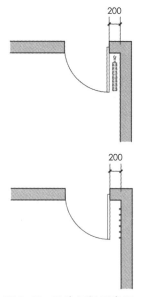

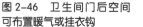

图 2-46　卫生间门后空间可布置暖气或挂衣钩

图 2-47　卫生间洗手池墙面上段设置为玻璃，给暗卫提供间接采光

3. 促进通风和排除湿气

卫生间内空气潮湿，门扇需留有通风位置，以便形成空气对流，排出湿气和异味。门下缘距地可留出 30mm 的缝隙[1]，既可以使卫生间保持通风，又能很好地避免门下部由于潮湿或浸水而腐坏。也可在门上设置百叶或通风小扇。

四　卫生间窗的设计要点

1. 满足通风采光需求

卫生间应争取直接对外开窗，以便及时排除湿气，防止细菌滋生；同时白天可获得自然光线，对节能和使用安全均有利。

1) 通过空气微循环装置实现换气

条件允许时，可在窗扇或外墙上设置小型的动力通风器，以便在冬季不开窗的情况下能够引导室内空气循环，既可实现通风换气又不会使室温骤降。

2) 设置户内高窗实现间接采光

当住宅卫生间无法直接对外采光时，可考虑在墙面上方设置固定窗扇或玻璃，从周围空间引入光线（图 2-47），以解决一定的采光需求，从而不必完全依赖人工照明。

2. 保证卫生间的私密性

从保护私密性的角度出发，人们通常会设置窗帘，或采用透光不透影的玻璃来隔绝外部视线。但当窗户处于开启状态时则成为薄弱环节。我们应从建筑设计的角度注意以下问题。

1) 注意不与其他户形成对视

卫生间窗处于楼栋平面的凹缝中时，往往会与相邻或对面户的开窗位置较近，从而形成对视或受到来自斜上方住户的视线干扰。设计时应注意避免这种情况的发生，特别是要避免与其他户的起居室、阳台等人们喜欢向外张望的空间形成对视（图 2-48）。

2) 采用合适的窗户开启形式

从图 2-49 中比较可知，平开窗、推拉窗由于缺少有效遮挡，外来视线较容易看进卫生间

---

1 参见《住宅设计规范》（GB50096-2011）第 5.8.6 条。

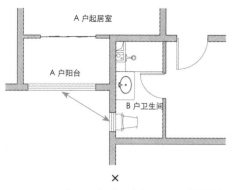

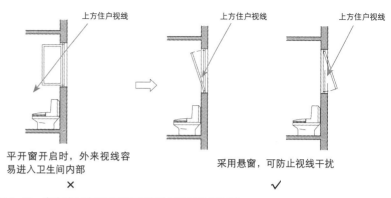

图2-48　卫生间开窗时，注意不要面对其他户的阳台、起居室等空间

图2-49　窗户的开启形式对于私密性保护的优劣比较

平开窗开启时，外来视线容易进入卫生间内部　×

采用悬窗，可防止视线干扰　√

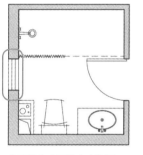

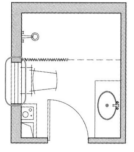

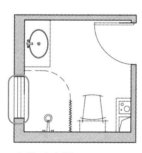

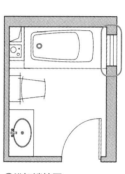

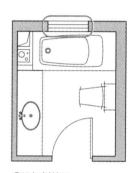

①无设备布置的自由墙面　②坐便器后墙面　③淋浴间侧墙面　④浴缸端墙面　⑤浴缸侧墙面

图2-50　卫生间开窗位置的优选排序：①＞②＞③＞④＞⑤

内部；而采用悬窗，同时注意开启方向和角度，可较好地避免外来视线的干扰。

3. 考虑窗户与设施设备的关系

1）注意开启扇位置的优选顺序

考虑到方便开闭窗扇，以及避免更衣、洗浴时缝隙风的侵扰，卫生间开窗位置的选择顺序从好到差依次为：①无设备布置的自由墙面；②坐便器后墙面；③淋浴间侧墙面；④浴缸端墙面；⑤浴缸侧墙面（图2-50）。

2）防止窗扇与淋浴间门冲突

由于淋浴间通常空间较小，当窗户布置在淋浴间时，应注意采用较小的窗扇或推拉窗、悬窗，避免淋浴间的门开启后与其发生冲突（图2-51）。

3）防止坐便器上方窗扇撞头

当平开窗位于坐便器后方墙面时，应注意窗扇的高度和开启范围，防止人从坐便器起身时磕碰到窗扇，发生事故。

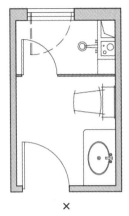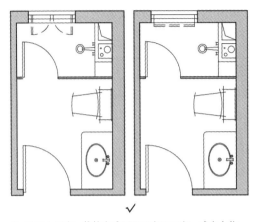

总之，住宅中的门窗设计应考虑三个层面要素：一是要满足通风、采光要求，二是要注意不影响人的正常操作活动，三是要考虑与设备电器、家具产品、吊顶装修设施的关系，避免发生冲突。在设计时，一方面应在图纸设计上将门窗开启位置、范围予以充分表达，另一方面还要运用"动态"思维，将自己代入实际的使用环境中，仔细去想使用者的每一个动作、行为，这样才能减少设计中的差错。

×

√

a. 一般卫生间单扇平开窗宽 600mm，打开后会占据较多的室内空间，而且易与淋浴间门产生冲突

b. 可用上悬窗、推拉窗或采用双扇平开窗，减少占位

图 2-51　淋浴间门与开窗方式的优劣比较

厨房储藏设计要点

厨房中所进行的家务劳动是比较占时间且辛苦的。厨房物品放置与储藏位置合理与否会从很大程度上影响家务劳动的强度大小，也会影响空间的利用效率。调研中发现，厨房置物台面不足，物品存放位置离操作位置远，橱柜柜格大小不合适，橱柜里的物品查找和取用不便等问题十分常见。目前国内市场上的橱柜产品虽比以前在质量和美观方面有较多提高，但对于人性化的使用需求，以及对橱柜操作尺度的合理性和细节处理等方面仍有提升空间。

人性化的储藏设计可以节约劳动时间和降低劳动强度，使人们在厨房操作时感到愉悦和轻松。国外对此已展开了很多研究。下面，我们将通过对厨房物品储藏需求的分析，从人体工学、操作流程的角度，对厨房储藏的形式及设计要点展开说明，希望增加人们对于储藏设计的认识，从而对我国厨房产品的研发、设计、生产有所助益。

一　厨房常见的储藏形式

厨房中最主要的储藏功能是由目前市场广泛销售的整体橱柜所承担的。它不仅包含了厨房中大部分的储藏空间，还结合水池、炉灶等厨房设备，形成集烹饪、洗涤、储藏等功能为一体的操作空间。橱柜在厨房中的布局与厨房的平面形状、尺寸以及门窗的位置相关。橱柜的常见布局形式总结见表2-4。

橱柜的各个组成部分可分为地柜、中部柜、吊柜和高柜，其使用高度和使用特点各有不同（图2-52）。

橱柜常见的布局形式　表2-4

	单排型橱柜	双排型橱柜	L形橱柜	U形橱柜
平面示意				

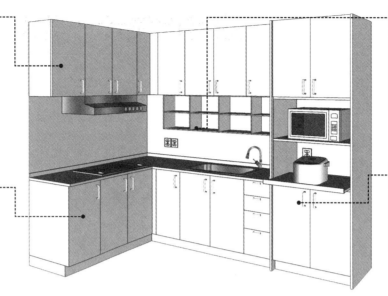

吊柜：
通常用于储藏重量较轻的备用物品，例如干货食品、收纳盒／罐等。其底面标高最低不宜低于1400mm，顶面标高宜为2200mm。

中部柜／架：
位于操作台面和吊柜之间，高度约为1200~1550mm，因在人伸手最容易拿取的位置，故宜放置使用频率最高的小件物品。如日常使用的碗、碟、盘、杯等餐具，以及小型炊具和调料。

地柜：
一般储藏较重、较大，和使用频率较高的物品，如大型锅具、餐具、粮食、洗剂、塑料桶／盆等。地柜高度（含操作台面）通常为800~850mm。

高柜：
独立、通高的储物柜。其进深、容量较大，可有效增加储藏量。上部宜放置不常用的、轻质的物品，中部可设抽板或隔板，放置微波炉、电饭煲等电器。

图2-52　橱柜的各个组成部分及使用特点

二　厨房物品分类及储藏要求

厨房中需要储藏的物品主要包括厨具、食材和辅助类物品三类，设计时应充分考虑其储藏量和储藏要求（表2-5）。

三　符合人体工学的厨房储藏设计要点

1. 重视中部区域的利用

中部区域指距地600~1800mm的范围，这是以人在正常站立时的肩膀为轴，手臂上下稍作伸展可够到的区域，不需要垫脚、下蹲或深度弯腰，是存取物品最方便，且视线最易看到的范围。

中部区域一般包括了中部柜、吊柜的下部区域，以及地柜的上部区域。在进行厨房储藏

设计时，应将常用碗盘、调料等使用频率较高的物品放置在这个区域，方便看清和拿取（图2-53）。

2. 注意防止吊柜碰头和遮挡视线

吊柜柜体过深或过低容易造成碰头和视线遮挡。建议吊柜深度以280~350mm为宜，距地高度在1500mm左右（图2-54）。当设置中部柜时，吊柜底面标高还可适当升高至1550~1600mm，使中部柜的高度在350mm左右，保证中部区域的有效储藏量。

3. 选择恰当的柜门形式

柜门的开启形式、位置选择等应根据人体尺度、活动范围来确定。常见的柜门形式有平开门、上开门、推拉门等。

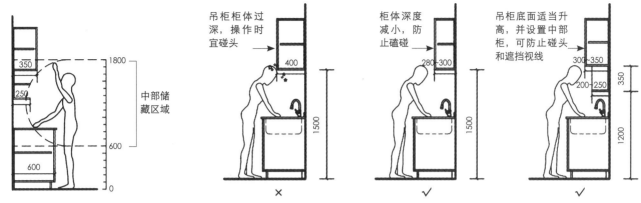

图 2-53　中部储藏区域应放置最常用的物品　图 2-54　吊柜设置形式的正误对比

厨房的物品储藏要求及储藏示例　表 2-5

分类	储藏物品	储藏要求	储藏示例	
厨具	锅具	我国锅具种类很多，形状大小差异较大，且部分锅底容易沾染油污，难以做到完全清洁。因而在存放时不能直接摞放，需要占用的储藏空间较多。		部分锅具需要平放，不能直接摞放
	碗、盘等餐具，杯具	这些物品在家庭中的储藏量较大，且多为易碎材质，储藏位置不宜过高。常用餐具可就近洗涤池存放，便于清洗、沥水。除保证常用餐具的存放外，还需考虑备用餐具的储藏需求。		常用餐具存放于洗涤池上方的沥水架上
	铲勺、刀具、菜板及开瓶器等小工具	厨房小工具的特点是数量较多，体积往往不大，储藏时应注意巧妙利用零碎空间，并注意空间分隔要便于分类和拿取。刀具的储藏应注意安全性，尤其是对于有小孩的家庭。		厨房小工具可挂放在台面上方

分类	储藏物品	储藏要求	储藏示例
食材	调料	调料包含存放盐、糖、味精等小瓶调料，醋、酱油等中瓶调料，以及食用油等大瓶调料。常用调料宜放置在灶台附近可顺手拿取的位置，例如中部柜的调料架上，或地柜的拉篮上层	常用调料可放置在炉灶附近的拉篮中
	短期存放类食物	新鲜蔬菜、水果、肉类、奶制品等食物大多可存放于冰箱中。除常见的单开门冰箱外，一些家庭可能会购置更大的双开门冰箱。应考虑放置冰箱的空间和以后冰箱换代升级的可能	厨房宜考虑双开门冰箱的放置空间
	长期储备类食物	米、面等粮食由于其重量沉、体积大，适合放置在尺寸较大的地柜中。并注意避开潮湿处，以防霉变或生虫。干货、发货等相对较轻，可存放于吊柜下层或食品柜中	大米存放在地柜中，且地柜底部不设板，便于直接推放
其他	清洁用品	清洁用品应放置在水池附近。这些物品通常较为潮湿，以挂晾为宜，所以应注意在洗涤池附近设置适合的挂晾架	清洁用品可置于洗涤池附近的挂晾架上
	垃圾处理用品	厨房的许多垃圾产生于处理食材、处理剩菜的过程中，所以垃圾桶最好就近洗涤池设置，避免带水的垃圾滴湿地面	洗涤池附近设置垃圾袋架
	其他杂物	如保鲜盒、保鲜膜、碗夹等小件物品，这类物品较为常用，但相对零散，宜分类收存在地柜上层的抽屉中	小件杂物可分类置于地柜上层抽屉中

1）平开门的门扇尺寸不宜过大

平开门造价便宜，形式简单，适合设置于不同高度的各类柜体。需注意平开门的门扇宽度不应过大，避免造成开启时人向后躲闪幅度过大（图2-55）。地柜门宽度一般为450mm，吊柜门宜为350~450mm。

2）上开门不应设置在吊柜上部区域

当上开门设置在吊柜上部区域时，门扇开启后位置升高，关闭时需要踮脚够高，既费力又容易发生危险。因此上开门更适合设置于吊柜下部或中部柜。柜门上开后应能自行固定，以免需要占用一只手保持柜门开启，影响拿取物品的方便性（图2-56）。

3）中部柜可不设柜门

中部柜通常可不设柜门，便于查看拿取物品，也可根据需要设置玻璃推拉柜门。

4. 合理设置抽屉

抽屉具有取物和检视方便等特点，且高度分隔较为灵活，适合分类存放零散的常用小件物品。但抽屉的制作和对五金件的要求相比于一般柜体要复杂一些，因而造价较高，不宜盲目设置过多。

设置抽屉时应使其上下排列成组，这样便于统一安装，从柜体受力来讲也更加合理。抽屉的宽度不宜过大，通常可为300~600mm。且不应将过重的物体放在抽屉中，以免造成五金件变形损坏（图2-57）。

5. 考虑老人等特殊人群的操作尺度

老人和残疾人坐姿操作时，手能够到的高度和弯腰的程度有限，因而更应充分地利用中部区域来设计储藏空间，尽量设置中部柜，或适当降低吊柜高度。地柜则应局部留空，便于乘轮椅者腿部插入，接近操作台面（图2-58）。

× ×

图 2-55 吊柜门尺寸过大，造成使用不便（左）

图 2-56 吊柜上部区域设置上开门，使用不便（右）

× ✓

抽屉内不宜放置大量盘、碗等较沉、易碎物品，可存放保鲜袋、收纳盒等较轻物品

图 2-57 抽屉内置物类别的正误比较

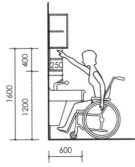 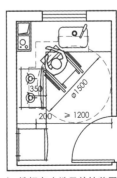

a. 充分利用中部区域设置储藏空间

b. 地柜在水池及炉灶范围内应局部留空

图 2-58 考虑乘轮椅者操作尺度的储藏设计

四　厨房物品储藏位置的分配建议

厨房储藏设计除考虑物品储藏要求、人体工学尺寸外，还应充分考虑到烹饪操作的流程，将操作中需要取用的物品就近放置，从而减轻劳动强度。综合上述因素，我们以单排型橱柜为例，给出了厨房物品储藏位置的分配建议（图 2-59）。

五　橱柜设计的关键要素

以下介绍一些较为实用和先进的橱柜设计经验和技巧，供设计人员参考。

1. 地柜

1）设置窄形拉篮，充分利用储藏空间

地柜柜体的分隔受到炉灶、洗涤池、管井位置，以及厨房空间尺寸等影响，遇到边缘部位可能会出现一些不好利用的窄长状空间。可利用这部分空间设置窄形拉篮，排列放置一些常用的物品，例如调料、刀具等（图 2-60）。

2）抽屉分隔宜"上小下大"，便于查看和取用物品

划分上下格抽屉的尺寸时，由于上格拉屉距离人视线更近，适合放置小件物品便于查看，

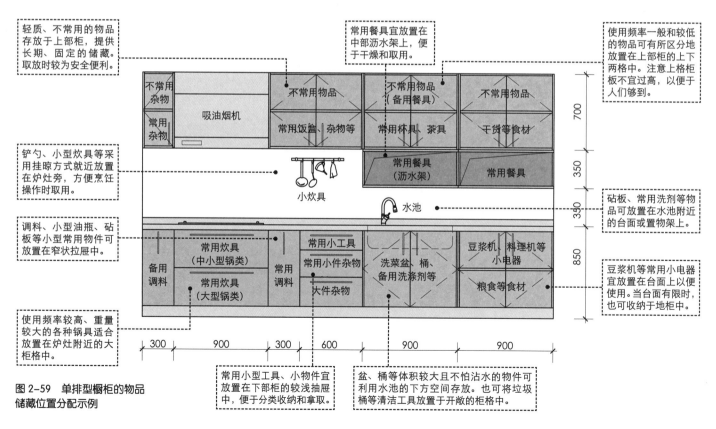

图 2-59　单排型橱柜的物品储藏位置分配示例

抽屉高度不宜过大；而下格适宜放置大件，也可避免人拿取物品时弯腰过深（图2-61）。在日本的橱柜抽屉设计中，为了更好地顺应人的视线和拿取物品的角度，抽屉面板设计为可向外掰开的形式（图2-62）。

3）将电器设置在地柜中，以留出操作台面

电饭煲、餐具消毒柜、烤箱等电器可考虑利用地柜设置，或作整体化设计，以便节约操作台面。可在柜内就近设置插座。下部柜收纳电饭煲等电器时，由于使用时需要向上揭开盖，应作成可向外拉出的抽板形式，以方便操作（图2-63）。

4）利用地柜面板做储物空间

目前日本橱柜设计中，常将洗涤池、炉灶下部柜外侧面板内100mm左右的空间设计为可向外开启的形式，使这些空间也能用于储存一些小物品、小工具（图2-64）。

图2-60　利用炉灶侧边的窄长空间设置拉篮

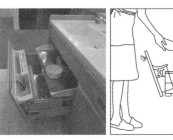

图2-61　抽屉宜设置为"上小下大"

图2-62　抽屉面板可向外倾斜的示例

a. 消毒柜与地柜整体设计

图2-63　电器设置在地柜中，以留出操作台面

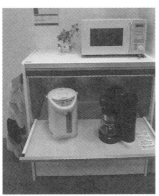

b. 将小电器置于可抽出式的柜格中

图2-64　将洗涤池地柜上部的前面板，设置成向外开启的形式，放置常用小物品

5）垃圾桶纳入地柜位置，节约过道空间

厨房中垃圾桶应就近洗涤池设置，有利于随时处理厨余垃圾，防止污染地面。因而可考虑将水池附近的地柜部分开敞化，留出空间设置垃圾桶或垃圾推车，节约过道空间（图2-65）。

6）地柜下部留出空间配合坐姿操作

考虑到坐姿操作的需求，设计地柜时可适当将下部空间留空，便于坐姿操作时腿部插入（图2-66）。同时留空部分可放置储物小推车，从而使地柜留空区域得到灵活利用。

2. 中部柜／架

1）中部架采用沥水架的形式，便于干燥物品

可在水池上方中部高度采用沥水架，或在炉灶旁设置吊杆、挂钩，便于就近沥水、干燥常用餐具、清洁海绵等物品，防止细菌滋生（图2-67）。

2）设置中部台面，增加操作空间

中部架可作为辅助台面，方便在烹调或者洗菜时顺手放置餐盘等物品，有效增加操作空间。

3. 吊柜

1）内部设升降滑轨，便于降下置物架拿取物品

吊柜位于头顶以上的高度，不太便于取放物品，可通过采用升降滑轨，使吊柜中的置物架下降到便于取物的位置。但是这种方式存在造价高、制作难度大等问题，可根据需求酌情少量采用（图2-68）。

2）吊柜底部宜增设局部照明

厨房设置射灯类顶部照明时，灯具下射的光线易因操作者自身遮挡而在操作台面上形成阴影，从而导致操作时光线条件不佳。因此可在吊柜下部安装灯具，作为补充照明，照亮操作台面（图2-69）。

图2-65　地柜留出部分开敞位置，设置垃圾桶推车

图2-66　地柜下部留空以满足坐姿操作需求

图2-67　中部架设置为沥水架，就近沥水、干燥常用餐具、杯具

图2-68　吊柜内部设升降滑轨，便于取放物品

图2-69　吊柜下部增设照明灯具

4. 高柜

1）隔板可根据置物需求灵活调节位置

　　高柜的分隔应便于取放物品，不遮挡视线。中部范围内的柜格容易看清，宜分隔小格，放置取用频繁或小件的物品（图2-70）。中部高度范围之外宜设置大格。建议高柜中的部分隔板做成可调节式，每隔30mm预留一排层板钉孔，以便于根据不同的储藏需求调节层板高度。

　　高柜中部可采用抽屉或抽出式隔板，有利于取用内部深处的物品，节约层间高度，且有利于分类收纳。

2）门后空间可增加储藏架加以利用

　　柜门内侧可增加置物架，利用门后空间放置一些轻质的小物件，方便取用（图2-71）。注意相应的柜体内隔板应退让一定的距离，避免置物架与隔板发生冲突。

5. 转角柜

　　转角柜会出现在L、A形布局的橱柜中。转角空间往往取物不便、难以利用，因而是设计中的难点。

1）转角柜及操作台面宜采用A形转角的形式

　　转角柜可处理成L形与A形两种形式（图2-72）。目前市面上L形转角更为常见，这种形式更易于生产和安装，但站在角部操作时略感局促；相较而言，A形转角操作台面更为连续，便于人们面向台面操作，方便操作者兼顾水池和炉灶。

图 2-70　高柜中部划分为小格，且可灵活调节层间高度（左）

图 2-71　高柜柜门内侧设置置物架，充分利用空间储物（右）

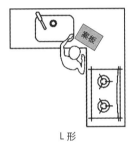
L 形
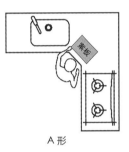
A 形

图 2-72　转角柜的两种形式（L形与A形）示例

2）注意转角柜的设计形式，方便取用转角深处的物品

　　为使转角柜柜体深处得到充分利用，可采用以下几种设计形式：

　　如图2-73a所示，L形转角柜的柜门选用对开门形式，并取消地柜外侧支撑竖挺，以便增大柜门洞口的取物范围。柜内空间可直接放置大件物品，例如成箱饮料、米、面等，也可配合旋转拉篮、储物推车等收纳形式。地柜宜不设底板，以便于推车出入。

　　图2-73b中，L形转角柜一侧地柜下部留空，一方面是作为转角地柜内侧设置的抽屉的拉出空间，另一方面当抽屉推进后，又可作为垃圾车暂放的空间，和坐姿操作时腿部插入的空间，一举多得。

a　　　　　　　　　　　b　　　　　　　　　　　c

图 2-73　转角地柜的三种设
计形式

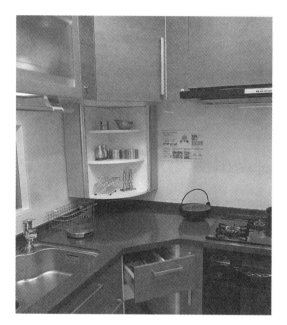

图 2-74　利用转角处较深的
空间设置大容量中部柜

图 2-73c 中，A 形转角柜地柜采用抽屉的
储藏形式，以便于拉出和拿取存放在内侧深处
的物品。

3）利用转角空间中部，增设置物柜

可利用转角处较深的空间，设置进深、容
量较大的中部柜。由于不会产生碰头和视线遮
挡的问题，中部柜底面可下降至与台面相接近
的位置（图 2-74）。

厨房的储藏设计是体现生活智慧的一面，
方便、适用、美观的储藏形式能够帮助人们减
轻家务劳动强度，并使在厨房中的操作获得更
多乐趣。希望设计者能够仔细体会使用者的需
求，并从中获得更多设计灵感，为人们创造更
加富有生活情趣的储藏空间。

卫生间储藏设计要点

卫生间是住宅中重要的功能空间，不仅要满足如厕、洗浴、盥洗需求，还要兼顾洗衣等家务清洁需求。特别是在中小套型中，由于住宅中辅助空间的不足（如缺少阳台、家务间），卫生间所要承担的功能就更多。因此卫生间中的物品往往种类繁杂、细碎，且多带水（图 2-75）。

目前国内的卫生间设计对储藏仍没有给予足够的重视，例如卫生间缺少足够的置物台面，没有适当、隐蔽的位置存放清扫工具和清洁用品等。这既造成了住户使用上的不便，又会使卫生间看起来比较凌乱，并容易形成一些难于清扫的卫生死角。

但卫生间空间一般都比较狭小，能利用的空间非常有限，这就需要我们细致地考虑各项储物需求，充分的利用有限的空间来设计卫生间内的储藏空间。下面我们将通过分析卫生间中可利用的储藏位置，以及常用物品的储藏需求，总结出卫生间适合的储藏形式及设计要点。

一　卫生间内可利用的储藏位置

卫生间内可以利用的储藏位置有：洗手池台面及上下方空间、坐便器后方空间、门后空间等。除此之外，一些零散的边角空间也可以作为储藏空间，例如管井中的夹缝位置和盥洗柜接近地面的位置等。图 2-76 给出了两种典型卫生间布置形式下的常见储藏位置示意。

图 2-75　卫生间承担多种功能，所需储藏的物品多种多样

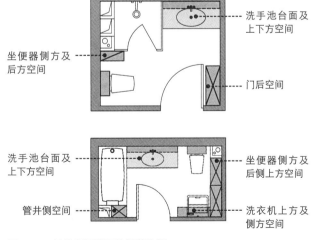

图 2-76　卫生间可利用的储藏位置

二　卫生间物品分类及储藏要求

卫生间中的常见物品可以按照盥洗、洗浴、清洁等不同的行为来进行分类（表2-6），设计时应根据相应需求就近提供储藏位置。

三　盥洗区储藏空间设计要点

1. 盥洗区的储藏形式

盥洗区是卫生间中使用频率最高的区域，同时又有摆放、储存多种类物品的需求，因此应当重点利用盥洗台周边空间进行储物设计。

常见的储藏形式包括：盥洗台下部柜，镜箱，盥洗台侧边柜等（图2-77）。

2. 镜箱的设计要点

1）镜箱底部离地面的高度不宜过高

镜箱距地面的高度在1000~1100mm为宜，保证镜子能照到站立时人的上半身，且儿童和坐姿操作者也能照到，同时又使洗手时的水不容易溅到镜面上（图2-78）。

2）镜箱柜门的宽度不宜过宽

镜箱柜门开启宽度不宜过宽，柜门过宽会导致人在拿取物品时向后退让过多，应保证单

卫生间的物品储藏要求及储藏示例　表2-6

分类	储藏物品	储藏要求	储藏示例
盥洗用品	牙膏、牙刷等洗漱用品，梳子，护肤清洁用品	洗漱、护肤用品使用频率较高，一般在洗手池附近和镜子前面使用，因此宜放在盥洗台面上或镜箱内等拿取方便的位置	常用洗漱用品放在洗手池上方的搁架上
	吹风机、剃须刀等小电器	应就近盥洗区域存放，便于拿取，且应靠近插座和镜子	
	毛巾	常用毛巾需要挂放在洗手池附近，以便就近拿取和晾干	
如厕卫生用品	手纸	常用手纸应设置在坐便器侧前方的手纸架或台面上，便于伸手拿取；备用手纸通常整包存放，需要较大的空间来储藏	如厕卫生用品储存在坐便器侧边柜中
	女性卫生用品等	可存放在如厕区域附近的柜子中，伸手可取	

分类	储藏物品	储藏要求	储藏示例
洗浴用品	洗发水等洗护用品	应在沐浴区设置置物架或台面来放置常用的洗护用品，其高度及形式应方便拿取和摁压泵头。备用洗护用品可存放于储物柜中，保持阴凉干燥	 常用洗浴用品存放在沐浴区的置物架上
	浴花、浴帽等沐浴用品	应存放在淋浴区附近，且便于沥水和晾干的位置	
	浴巾、换洗衣物	应放置在淋浴区附近不易被水溅湿的位置，例如淋浴间外的浴巾架上，或利用盥洗台的部分台面。 脏衣服可在洗衣机附近设置脏衣筐暂时存放	
清洁用品	扫帚、拖把、马桶刷等工具	此类物品属于污物，应放置在不易直接看到的角落空间以免影响美观，同时还要保证便于清洁，避免来回移动	 清洁剂存放在洗手池下方柜中
	洁厕剂、消毒剂等	应注意放置在儿童不易触碰的隐蔽处	
洗衣用品	洗衣粉、洗涤剂、消毒液等	应在洗衣机附近设置储物架或储物柜存放，部分大容量洗涤剂较重，不宜放在过高处	 洗衣机和洗涤池旁设置储物柜，存放洗衣用品
	晾衣架、洗衣袋等小工具	待使用的衣架宜放置在横杆上，方便取用，并可挂晾小物件	
其他	塑料盆、桶等	洗脚、洗衣、打扫卫生会用到的盆、桶等，宜分类摆放，可置于盥洗台下方或置物架上	 塑料盆摆放于置物架上
	体重秤	应放置在方便、稳定的地方，并注意避免受潮	

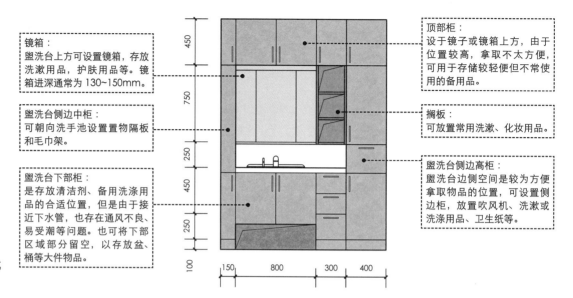

镜箱：
盥洗台上方可设置镜箱，存放洗漱用品，护肤用品等。镜箱进深通常为130~150mm。

盥洗台侧边中柜：
可朝向洗手池设置置物隔板和毛巾架。

盥洗台下部柜：
是存放清洁剂、备用洗涤用品的合适位置，但是由于接近下水管，也存在通风不良、易受潮等问题。也可将下部区域部分留空，以存放盆、桶等大件物品。

顶部柜：
设于镜子或镜箱上方，由于位置较高，拿取不太方便，可用于存储较轻便但不常使用的备用品。

搁板：
可放置常用洗漱、化妆用品。

盥洗台侧边高柜：
盥洗台边侧空间是较为方便拿取物品的位置，可设置侧边柜，放置吹风机、洗漱或洗涤用品、卫生纸等。

图2-77　盥洗区的储藏形式及物品储藏位置分配示例

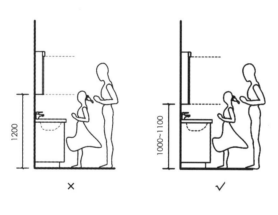

图2-78　镜箱安装高度的正误比较

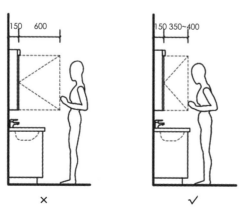

图2-79　镜箱柜门开启宽度的正误比较

扇柜门的宽度不超过450mm为宜（图2-79）。一些镜箱在设计时将门做成中间对式，虽然每扇门开启宽度减小了，但在使用时门缝正对脸部，影响了照镜梳妆（图2-80）。所以当镜箱整体宽度较大时，可将柜门设置成子母扇的形式，也可采用推拉门，节约开启空间（图2-81）。或将镜箱两侧设计为置物明格，减少镜门宽度，从而方便开启。

3）设置部分开敞柜格或搁板

在保证镜面宽度的情况下，可在镜箱侧面或下部设置隔板或明格，作为洗面奶、牙具、护手霜等小件常用物品的放置空间（图2-82）。

3. 盥洗台下部柜的设计要点

1）可采用抽屉和拉门相结合的形式

盥洗台下部柜可采用拉门与抽屉结合的形式：拉门柜体中可容纳更多的大物件，例如大瓶的洗衣液、消毒液等，方便拿取；抽屉适合存放小件物品，例如备用洗漱品、毛巾等零碎小物。这样能够将物品分类收纳，保持卫生间整洁、美观。

2）可将柜体下部局部留空

盥洗台下部柜可采用局部留空的形式，使下部空间利用更加充分和灵活，例如放置盆、体重秤等物品（图2-83）。

4. 盥洗台侧边柜的设计要点

1）侧边柜分格高度可采用中部小、上下大的形式

侧边柜的划分形式应从人体工学的角度来考虑。相比于顶部和底部区域，侧边柜的中部区域拿取物品最方便，视线也容易看清，因此分隔可小些，放置小型常用物品；而顶部和底部的柜格尺寸可略大于中间柜格划分的高度（图2-84）。

2）侧边柜上部区域可设置开敞柜格

侧边柜的上部可设计为向盥洗池开敞的搁架形式，方便拿取护肤品、牙刷、化妆品、吹风机、刮胡刀等常用物品（图2-85）。当没有条件设置侧边柜时，也可利用侧方墙面设置搁架（图2-86）。

3）侧边柜下部区域可设置拉屉或网篮

侧边柜下部柜体面宽较窄时，可设置为拉屉，放置洗衣液、柔顺剂等洗衣用品或清洁消毒剂等；下部柜较宽时，可以考虑设置可抽拉式网篮,存放浴巾、浴衣和待洗衣物等（图2-87）。

× ✓

图2-80 镜箱门设计形式的正误比较

图2-81 推拉式镜箱门（左）
图2-82 镜箱两侧设置开敞柜格（右）

图2-83 盥洗台下部柜局部留空的示例

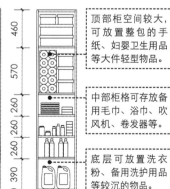

顶部柜空间较大，可放置整包的手纸、妇婴卫生用品等大件轻型物品。

中部柜格可存放备用毛巾、浴巾、吹风机、卷发器等。

底层可放置洗衣粉、备用洗护用品等较沉的物品。

图2-84 侧边柜的分格高度示意

图 2-85　侧边柜上部设计为开敞柜格（左）

图 2-86　利用洗手池侧墙面设置搁架（右）

图 2-87　侧边柜下部设计为拉屉或网篮的示例

×

a. 毛巾环置于盥洗台前方，使用时需弯腰，且水易滴湿地面

√

b. 毛巾杆设在盥洗台侧方，使用方便

图 2-88　毛巾杆就近设置的正误对比

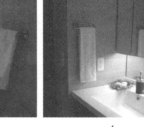

×

a. 毛巾杆偏低，毛巾挂放时底部会碰到盥洗台

√

b. 毛巾杆与插座、盥洗台的位置适宜

图 2-89　毛巾杆与其他设备位置关系正误对比

5. 毛巾杆的设计要点

1）毛巾挂放位置应就近洗手池

洗手池周围应留有毛巾挂放的位置，例如可将毛巾杆设置在盥洗台侧墙面或侧边柜上，便于人们洗漱洗脸后就近使用毛巾擦干，避免滴水弄湿地面（图 2-88）。

2）注意避免与其他设备设施相冲突

在调研许多样板间时，发现毛巾杆的设置位置容易产生两个问题：一是与插座、开关位置相冲突，毛巾杆位置设在开关、插座正上方，挂放毛巾后会影响其使用；二是毛巾杆高度偏低，毛巾垂直搭放后，底部会碰到盥洗台，既不美观也不卫生（图 2-89）。

四　如厕区储藏空间设计要点

1. 如厕区的储藏形式

如厕区需要储存的物品包括手纸、女性卫生用品等如厕用品，以及马桶刷等清洁用品。目前国内卫生间主要利用坐便器上方设置搁架或毛巾架，但并不能满足储藏需求，一些清洁用具也不适宜存放在高处，因此应在坐便器附近考虑更为充足的储藏空间，例如设置后部置物架、侧边柜等（图 2-90）。

1）坐便器后方设置置物架

可在坐便器后方设置开敞的置物架。与吊柜相比，置物架更便于安装和清洁，拿取物品更为方便（图 2-91）。开敞化设计也有利于散去潮气。

2）坐便器侧方设置开敞柜格

可利用坐便器侧面空间设置储物柜或开敞柜格，提供放置卫生纸、书籍和垃圾桶的储藏空间（图 2-92）。

3）利用管井空间设储物隔板

在管井壁上做出柜门，利用管井间空隙存放一些小件物品、清洁用具等（图 2-93）。柜门同时也作为检修口，方便检修和查看水表。

2. 坐便器侧边柜的设计要点

1）侧边柜距离坐便器不宜过近

坐便器和侧边柜的距离不宜过近，通常柜体距坐便器中线 350~400mm 左右较为合适，以保证不会影响如厕行为（图 2-94）。

2）侧边柜功能集中化

日本如厕区侧边柜通常将手纸架、垃圾桶放置区、小型洗手池等集约为一体（图 2-95），用户可以根据需要进行选择和组合。

3）保证侧边柜深处的取物方便性

坐便器侧边的柜体往往因离坐便器近，柜门无法全部打开。可通过留空、采用推拉门等方式解决（图 2-96）。留空处还可作为放置垃圾桶、马桶刷的位置。

4）侧边柜台面高度应便于置物和撑扶

坐便器侧边柜台面高度宜为 700~800mm，既可临时放置书、手机等物品，还可为人们从坐便器起身时提供撑扶（图 2-97）。

图 2-90 坐便器后方及侧方设置置物架

图 2-91 坐便器后方设置置物架　　图 2-92 利用盥洗池下部柜侧面空间设置开敞柜格　　图 2-93 利用管井空间设置储物隔板

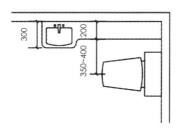

图 2-94 坐便器与侧边柜距离不宜过近　　图 2-95 日本如厕区储藏集约化设计

下拉式抽屉
储藏私密用品 ▶

特殊柜门设计
深处柜门可开启 ▶

a. 采用特殊柜门形式便于取物

b. 侧边柜深处留空放垃圾桶

图 2-96　侧边柜深处的设计示例

图 2-97　侧边柜台面高度示意

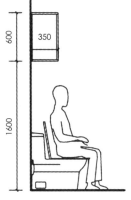

图 2-98　坐便器后部吊柜
高度及深度示意（左）

图 2-99　坐便器后部柜示
例（右）

3. 坐便器后部柜的设计要点

1）坐便器后部吊柜高度及深度应避免碰头

吊柜深度不宜过大，避免人从坐便器上起身时碰头。根据人体尺度，吊柜下皮距地高度宜为 1600mm，深度 350mm 左右（图 2-98）。

2）结合水箱设置地柜存放清洁用品

坐便器水箱后部可设置地柜，既能放置清洁用具，也避免了坐便器后形成卫生死角。注意柜体应采用竖长形分格，以保证能放下马桶

刷、皮搋子等高物（图 2-99）。柜体可不设底板，直接落地，便于物品的拿取和清扫。柜门底部宜留有 10mm 左右缝隙，确保空气流通，避免细菌滋生。

五　洗衣区储藏空间设计要点

1. 洗衣区的储藏形式

洗衣机附近需要储物空间就近存放洗衣粉、晾衣架、洗衣手套等物品。设计时可考虑如图 2-100 所示的几种储藏形式。

2. 洗衣区储柜设计要点

1）上部柜和中部架尺寸应避免碰头和遮挡视线

上部柜和中部架不宜过深，也不宜过低。通常说来，上部柜距地宜在 1550~1600mm 左右，深 350mm 左右。中部柜进深应小于上部柜，以 250mm 左右为宜，防止在操作过程中视线遮挡和碰头（图 2-101）。

2）可在上部柜或侧边柜设置横杆

洗衣区除考虑储藏洗涤剂等需求外，还可在中部架或上部柜下方设置毛巾杆，为收纳晾衣架、晾晒小衣物、挂毛巾创造条件（图2-102）。例如图2-102b中，上部柜部分底板用横杆的形式代替，不仅可悬挂晾衣架、晾晒小件衣物，同时也便于柜子的通风。

六　洗浴区储藏空间设计要点

1. 洗浴区的储藏形式

洗浴区需要储存的物品主要为洗浴用品、毛巾等。人们在洗澡时，需要顺手拿取洗发液、沐浴液等，洗浴后还需及时使用浴巾擦干身体，更换干净衣物。因此洗浴区储藏的位置需要顺应行为动线来就近安排。

1）淋浴间内设置角架或置物台

淋浴间最常见的储藏形式是利用墙角设置置物架，或在淋浴器下方搭砌置物台（图2-103）。

上部柜：
一般存储较轻便但不常使用的备品，例如备用衣架、洗衣粉等。

中部架：
中部位置做成开敞式搁架，便于取放物品。中部柜底部用横杆代替隔板，可钩挂晾衣架，便于就近晾晒袜子、小毛巾等小物件。

侧墙搁板或侧边柜：
利用洗衣机与侧墙间的距离，在侧墙上设置隔板，增加储藏空间。靠墙角的位置可设收纳筐，存放待洗涤的衣物。侧边柜上部可设置横杆，用来挂放待用的晾衣架。

图2-100　洗衣区的储藏形式及物品储藏位置分配示例

图2-101　洗衣机上部柜和中部架的尺寸示意

a. 上部柜下方设置毛巾杆

b. 上部柜部分底板为横杆

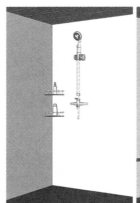

a. 设置置物角架

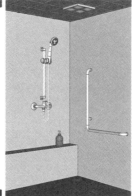

b. 设置置物台

图2-102　洗衣区设置搭晾毛巾、小件衣物的横杆（左）

图2-103　洗浴间储藏形式示例（右）

置物角架的安装高度不宜过高，以距地 1000~1300mm 为宜；置物台台面高宜距地 400~450mm，一方面可作为踏脚面，供人在洗澡时踩踏洗脚，另一方面方便摁压取用洗护用品。

2）淋浴区及浴缸附近设置壁龛

可利用淋浴间和浴缸附近墙面设置内嵌式的置物格，需注意置物格的位置既要方便拿取，又要尽量避开淋浴喷头的溅水范围（图 2-104）。

3）淋浴间门把手可兼做毛巾杆

可将淋浴间门把手设计为横杆或 L 形杆，起到搭放毛巾、浴衣的作用（图 2-105）。

2. 洗浴区的其他储藏需求

1）考虑婴儿浴盆等物品的存放位置

许多家庭会将婴儿浴盆、泡足盆等带水物品存放在卫生间内，可在淋浴间内墙面设置挂钩，方便靠墙挂放。

2）考虑衣物、抹布的挂晾问题

调研发现，很多住户都有在卫生间内挂晾衣物的需求，有些是因为套型没有阳台，无处晾晒；有些则是习惯将顺手洗掉的小件衣物、抹布或书包等容易滴水的物品晾在卫生间内（图 2-106）。建议利用浴缸上方空间设置晾衣杆，如图 2-107 所示：晾衣杆设在浴缸上方，且靠近排风口，可促进衣物的干燥；当无须晾衣或只晾小件衣物时，还可将挂杆移至浴缸靠墙侧的托架上，既保证美观，又防止衣物碰头。

综上所述，卫生间内需要储藏的物品杂且多，而卫生间空间又非常有限，因此在设计时更应当充分利用每个角落和墙面，重视物品干湿分区和就近存放的需求，以使卫生间保持一个干净、整洁的环境。

图 2-104　浴缸和淋浴间附近墙面设置壁龛

图 2-105　淋浴间门把手可搭放毛巾

图 2-106　因没有考虑晾挂需求，毛巾、抹布等只能搭在浴盆边沿

图 2-107　浴缸上方考虑了多处挂衣杆的位置

门厅储藏设计要点

门厅是进出户门的过渡空间，需满足储藏鞋类和外套、更换衣物、整理仪表，以及暂存伞、包等物品的多种需求。但在实际调研中，我们发现门厅的储藏设计常被大家忽略，很多家庭的门厅空间在使用时都存在问题：例如，有的家庭由于没有储藏量充足的鞋柜，把鞋子堆放了一地，显得很凌乱；有的门厅缺少可以坐下的地方，老人换鞋很不方便等等。

本节首先对门厅常见的储藏形式和物品的储藏要求进行了梳理，之后对门厅储藏的布置、柜体等给出了设计要点，最后通过实例设计将要点加以应用，供大家参考。

门厅常见的储藏形式

门厅的储藏形式是多种多样的，除了衣帽架、鞋架等小家具外，还包括储藏量较大的门厅柜。另外，在较大户型中，还可能设置门厅储藏间或壁橱，在设计时应根据空间具体情况与使用需要选择合理的储藏形式（表2-7）。

门厅物品的分类和储藏要求

人们除了会在门厅中储藏鞋和外套，还会将一些体形较大、形状不规则，或是比较脏的物品置于门厅。表2-8归纳了门厅常见物品的储藏方式和储藏要求，可作为设计参考。

门厅常见的储藏形式　表2-7

类型	鞋柜和衣帽架	鞋架	储物箱	挂衣钩
门厅储藏小家具				
特点	外套可挂在衣钩上，鞋置于下部的柜子里，脱衣换鞋比较方便	采用鞋架收存，利于通风，也容易看清，便于拿取	储物箱可以兼做穿脱鞋的坐凳，也能作为出入时放置携带物品的台面	挂衣钩占地较小，位置灵活，使用方便，但可承受的重量往往有限

类型	高柜	中低柜	组合柜	
门厅柜				
特点	高柜储藏量大，但缺少放置物品的台面	中低柜的台面便于日常生活装饰、临时放置物品等，但储藏量较小	中低柜和吊柜结合，或是高柜与中低柜、吊柜进行组合，在提供较大储藏量的同时，也提供了一定的台面供临时置物、摆放装饰品	

类型	储藏间		壁柜	
门厅储藏间和壁柜				
特点	储藏间适合设置在面积较大的门厅，储藏量较大，并且能够收纳体型较大的物品		与墙体结合设置的壁柜，在提供较大储藏量的同时，保证了墙面的完整性	

门厅的物品储藏要求及储藏示例　表2-8

分类	储藏物品	储藏要求	储藏示例
鞋	运动鞋、休闲鞋、皮鞋、靴类	当季鞋需方便挑选、拿取，一般置于中低部搁架，非当季的鞋则可放置于高部搁架，节约下部柜格空间。 不同种类的鞋所需存放高度不同，隔板间距不宜均分，可使用活动隔板，间距设置建议如下： 普通鞋：150mm，短靴：180mm，中长靴：大于400mm，长靴可单独设置竖格或横放在横格中	 隔板间距可按照鞋高灵活调节，最下层留出放置中靴空间
	拖鞋	当季或常用拖鞋需进出门时穿脱，可放置于门厅柜底部架空处或开敞鞋架上。 过季或备用（客用）拖鞋不常用且数量较大，可统一收纳，例如收纳于鞋柜中，或插放于拖鞋收纳袋中，挂于门后或门厅柜侧面等	 常用鞋可置于开敞搁架便于取放
	鞋盒	将非当季鞋置于鞋盒中可防尘，也便于将鞋置于上部储藏空间。 可将部分隔板间距设计为300mm，便于将两个鞋盒摞放，节约空间	 非当季鞋可置于鞋盒中储存，放置在柜子底部或顶部
衣帽	夹克、大衣、风衣等外套	常穿的外套有时希望进出门时就近穿脱，有条件可设门厅柜挂放。北方冬季羽绒服较厚，宜考虑留出更加宽裕的挂放空间。 当空间不足时，也可设置350~400mm的薄柜，将外套面朝向柜门悬挂	 外套挂放在门厅壁柜中，帽子可放置于挂衣杆上方隔板空间
	帽子、围巾等	存放帽子时需避免挤压变形，可在门厅柜挂衣杆上设置层板，也可在立板侧面安装挂钩挂放。常用围巾为方便穿戴可采用衣架或挂钩挂置	

分类	储藏物品	储藏要求	储藏示例
随身物品	钥匙、手机等随身小物	钥匙、手机等出门必带物品，体积较小、容易被遗忘，宜存放于明显、便于进出门时随手取放的位置，宜在门厅中留出台面	手包、钥匙置于台面托盘中
	包	皮包及书包尺寸多变，且一般不宜折叠、挤压。门厅中宜留出台面方便进出门时暂存常用包，不常用包可挂放或平放于门厅柜内	
	雨伞	湿雨伞有雨水滴落，往往需要在门厅暂存，并需考虑设置雨水收集容器，以免弄湿地面。 长柄雨伞形状细长，可在门厅柜中局部设置高格或扁格存放，或设置独立雨伞架储存。 折叠雨伞体积小、收纳方式较为灵活，可收纳于门厅柜抽屉中，也可设置挂钩挂放	长柄雨伞可置于独立雨伞架
与鞋相关的工具和杂物	鞋拔	鞋拔形状较长，并需穿鞋时方便拿取，宜靠近穿鞋凳或鞋架放置，例如可在门厅柜立板一侧设置挂钩挂放	擦鞋工具收纳于中部抽屉
	擦鞋工具等杂物	擦鞋工具、鞋套等杂物多而零碎，可统一收纳在门厅柜抽屉中，或放入工具盒后置于中低部柜格，便于选择和拿取	
生活辅助用具	购物推车、吸尘器、打气筒等	这类物品形状不规则，需留出较为灵活的空间存放，可放入门厅储藏间内或利用边角空间存放	购物推车靠墙摆放
	拐杖	老人出门时常需使用拐杖，且容易遗忘，应存放在明显、高度适宜易于老人拿取的位置。可利用门厅柜立板安装挂钩挂放，还需注意防止拐杖被碰倒	
	轮椅、助行器等	家中有老人或其他行动不便人士出门需常用时，可置于易于拿取的位置，如折叠后靠门厅墙面放置，需注意留有 300mm 左右宽度。不常用时，也可储藏于门厅壁柜下部空间或门厅储藏间内	
体育用品	网球、羽毛球拍等	球拍常置于包套中储存，较为清洁，常用球拍可竖放在门厅壁柜中上部，易于拿取，不常用球拍可置于门厅柜高部柜格	球拍置于门厅柜中上部
	大型球类	篮球、足球等大型球类因沾有灰尘，常置于门厅处，可采用网筐或储物箱集中收纳，有孩子的家庭应注意留出该类储藏空间	
	折叠自行车、滑板车、儿童车	该类物品形状不规则且轮部较脏，储存时应注意避弄脏墙面。例如可折叠后竖放于门厅壁柜或储藏间下部空间，也可留出缝隙空间插放	

三　门厅储藏的布置要点

1. 依据空间特点布置门厅柜、坐凳

门厅柜和坐凳是门厅中常见的家具，帮助完成出入户时穿脱衣物、取、放、换鞋等活动。根据门厅开门大小、空间形式的不同，可将门厅柜与坐凳的主要布置形式总结为表2-9。

2. 门厅的空间尺寸应利于储藏家具的布置

门厅的尺寸应保证能够容纳门厅柜等基本储藏家具。门厅空间通常面积比较紧张，更需要精细化的设计有效率地利用空间。以下以常见的门厅净宽为例，示意其家具布置方式以及不同深度门厅柜对于入户门旁墙垛长度的要求（表2-10）。

门厅柜和坐凳的主要布置形式　表2-9

一字式	对面式	L 式	
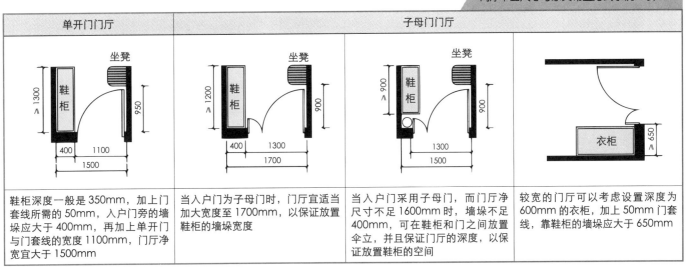			
坐凳和门厅柜并排放置，适合净宽较小、两侧墙面较长的门厅	坐凳和门厅柜双排放置，适合净宽较大的门厅	坐凳和门厅柜呈L式摆放，门厅柜靠墙，形成入户空间的对景，适合拐角型门厅	利用门厅柜作入户隔断，创造稳定的门厅空间，适合入户门正对客厅的门厅

门厅平面尺寸与家具布置方式示例　表2-10

单开门门厅		子母门门厅	
鞋柜深度一般是350mm，加上门套线所需的50mm，入户门旁的墙垛应大于400mm，再加上单开门与门套线的宽度1100mm，门厅净宽宜大于1500mm	当入户门为子母门时，门厅宜适当加大宽度至1700mm，以保证放置鞋柜的墙垛宽度	当入户门采用子母门，而门厅净尺寸不足1600mm时，墙垛不足400mm，可在鞋柜和门之间放置伞立，并且保证门厅的深度，以保证放置鞋柜的空间	较宽的门厅可以考虑设置深度为600mm的衣柜，加上50mm门套线，靠鞋柜的墙垛应大于650mm

四 门厅储藏的设计要点

1. 注重分区分类储藏

1）按高度分区

根据人体工学和使用的方便性，可以将门厅储藏按高度划分为高部柜、中部柜、低部柜、底部架空区等四个区域（表2-11）。

2）按储藏物品分区

门厅储藏的各类物品在形状、尺寸、洁污属性上有所不同，可依据储藏物品的不同特性将门厅储藏分为四个区（表2-12）。

2. 储藏柜体的设计要点

1）柜体尺寸需考虑到鞋的储藏方式和数量

一般鞋柜的柜体净深宜在330~380mm之间，加上薄的背板和门扇厚度，鞋柜的深度宜为350~400mm。

若用600mm衣柜兼鞋柜，则放鞋空间比

门厅储藏空间的高度分区　表2-11

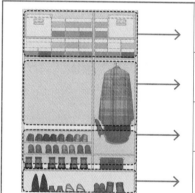

	高部柜区域： 高度为1850mm以上，这一区域存取物品不便，使用频率不高，可储存较轻且不常用的物品
	中部柜区域： 高度为900~1850mm，这一区域人的视线和手臂最容易到达，存取物品方便。台面高度宜为900~1200mm，方便置物、临时签收物品
	低部柜区域： 高度为250~900mm，这一区域可存放常用的物品。其中650mm以下的位置需要弯腰或下蹲存取，宜设置大格
	底部架空区域： 高度为250mm以下，这一区域适合放置常用的鞋，可采用底部架空的形式，方便站着穿脱鞋子

门厅储藏空间的储物类别分区　表2-12

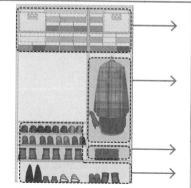

	过季物品区： 过季或者较轻的物品可储藏于高部柜中，如过季的鞋、杂物等，多以鞋盒、储藏箱等形式储藏，方便拿取，同时也能避免灰尘直接落在物品上
	外套区： 外套等出门需更换的服装一般悬挂储藏于中部柜区域，便于经常拿取；悬挂服装的下部和边角空间还可以放置包、帽子等小物
	杂物区： 杂物可利用门厅柜的边角空间进行存放
	鞋类区： 鞋类多放置于低部柜中，其中650mm以下位置宜设置短靴、长靴的大格。900~1200mm高的位置亦可设置抽屉，存放鞋的保养工具等

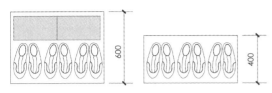

图 2-108　鞋柜进深与不同摆放方式示意

较浪费，可以采用深处放鞋盒，外侧放鞋的方式（图 2-108）。

当门厅空间不足放置 350~400mm 深的鞋柜时，可选用倾斜隔板式鞋柜，鞋采用插入的方式储藏，鞋柜深度可略为减少。为了放置方便，开启角度宜控制在 15° 左右（图 2-109）。

鞋柜的长度设计则视空间大小，以及所需收纳鞋子的种类、数量而定，可按照通常 800mm 的长度可以容纳 4 双女鞋或者 3 双男鞋来计算收纳量（图 2-110）。

2）鞋柜底部架空便于换鞋

鞋柜可以将底部架空 250~300mm，放置经常更换的鞋，并且使人在站立换鞋时可以清楚地看到鞋子(图 2-111)。架空的空间可设置灯光。

3）利用门扇背后空间挂置轻物

隔板边缘与门扇之间宜设置空隙，使门扇背后能够设置架子，放置雨伞或拖鞋等，充分利用边角空间（图 2-112）。

4）保证柜体内的通风和清洁

鞋柜背板、底板宜留有通风孔，保证柜内空气流通；门扇还可做成百叶门扇，利于鞋柜的通风（图 2-113）。

在鞋柜隔板边缘与背板、门扇间可设置缝隙，使鞋子上的灰能落到最底层，方便清洁、

图 2-109　门厅空间不足时可采用倾斜隔板式鞋柜

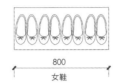
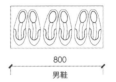

800　女鞋

800　男鞋

图 2-110　800mm 长度可摆放 3 双男鞋或 4 双女鞋

底部架空区

250

图 2-111　门厅柜底部架空便于放置常用鞋与站立换鞋

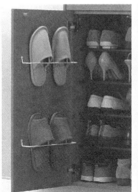

图 2-112　利用门扇背后空间放置雨伞、拖鞋等物品

图 2-113　百叶门扇利于鞋柜通风

图 2-114　隔板与门缝间留有缝隙利于清理

避免每层积灰（图 2-114）。

5）注意柜门拉手的位置和形式

低柜的门拉手不应设置在门的中间高度，而应设置在相对靠上的位置，方便站立时开启（图 2-115）。

注意选用合适形式的拉手，避免突出物钩挂衣物（图 2-116）。

6）采用活动隔板以增加灵活性

隔板高度可调能够加强鞋柜的灵活性，以便随时调整内部空间，放置各种高度的鞋子；一些特殊尺寸的物品，也可以通过调整隔板找到最佳的摆放位置（图 2-117）。

7）门厅储藏间无须设置过多的分隔

门厅储藏间中多储存尺寸大、形状不规则的杂物，或者小推车、旅行箱等洁净度要求较低的物品，此时，过多的分隔反而给储藏带来了限制。可考虑在 1850mm 以上的位置搭置隔板以利用高部的空间，并在中部和低部空间划分出一些大格方便分类放置各类物品（图 2-118）。

图 2-115　低柜柜门拉手靠上方便开启

图 2-116　两端突出的拉手易钩挂衣物，不宜采用

图 2-117　活动隔板可根据需要随时调整分隔

图 2-118　门厅储藏间仅搭置少量隔板，空间利用更灵活

五 门厅储藏的设计示例

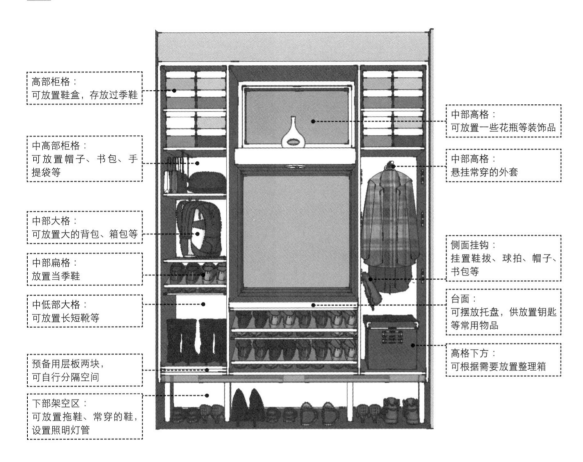

高部柜格:
可放置鞋盒, 存放过季鞋

中高部柜格:
可放置帽子、书包、手提袋等

中部大格:
可放置大的背包、箱包等

中部扁格:
放置当季鞋

中低部大格:
可放置长短靴等

预备用层板两块,
可自行分隔空间

下部架空区:
可放置拖鞋、常穿的鞋,
设置照明灯管

中部高格:
可放置一些花瓶等装饰品

中部高格:
悬挂常穿的外套

侧面挂钩:
挂置鞋拔、球拍、帽子、书包等

台面:
可摆放托盘, 供放置钥匙等常用物品

高格下方:
可根据需要放置整理箱

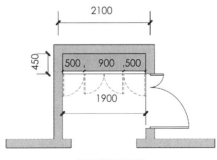

门厅壁柜平面图

图 2-119 门厅壁柜设计示例

105

卧室储藏设计要点

卧室是寝卧休息、换衣梳妆等活动的主要空间，卧室储藏需满足衣物、被服、私人物品等存放的需求。然而在实际调研中，我们发现很多住户的卧室都存在储藏空间不足、空间布置凌乱的问题。这大多是由于长久以来，建筑行业大部分都只设计到毛坯房程度，图纸上只做出衣柜、衣帽间等储藏空间的位置示意，有些图纸甚至没有示意储藏家具位置，而室内设计师或者住户在精装修设计时，往往更注重储物柜的形式和风格，对于储藏物品种类、储藏量、拿取的位置等考虑得还不够周到。

本节首先归纳了卧室的常见储藏形式及物品的储藏要求，而后提出了卧室储藏的布置和设计要点，最后通过卧室储藏设计的具体示例，将前文所提到设计方法和要点加以应用，供大家参考。

一　卧室常见的储藏形式

卧室中最常见的储藏形式有衣帽间、壁柜、衣柜等，以下分析了这些储藏形式的特点，并结合图片予以示意（表 2-13）。

卧室常见的储藏形式　表 2-13

类型	特点	储藏示例
衣帽间	衣帽间也常被称为储藏间、箱子间，面积一般为 4~8m²，适合布置于面积较大的卧室。其内部可采用开敞储藏形式，物品一目了然、便于拿取；也可以采用带柜门的封闭储藏形式，防尘效果较好。衣帽间大小与储藏需求有关，并需考虑使用者在其中穿衣、整理物品等活动的空间需求	采用开敞衣柜　　采用封闭衣柜

类型	特点	储藏示例
壁柜	壁柜一般与墙体结合设计，在面对不太规整、难于利用的空间时有一定优势。壁柜的深度可设置在 600~1200mm 之间，储藏量通常比衣柜大	与墙体结合的壁柜设计
衣柜	衣柜在卧室中是十分常见的储藏家具，在颜色和款式上更容易与床等其他家具配套，并且多采用板材组装的方式，运输也很方便。衣柜柜体深度以满足西服悬挂的尺寸为标准，常见的尺寸为600~650mm	整体衣柜在卧室中较为常见
其他	卧室中的床头柜、吊柜、床箱、化妆台、椅子等家具也可以起到辅助收纳或摆放物品的作用	床头柜可用于收纳常用零碎物品

二 物品的分类和储藏要求

　　下面以图表的形式分类梳理了卧室中常见的储藏物品，包括物品的储藏要求和所需空间尺寸，可为储藏设计提供依据（表 2-14）。

卧室的物品储藏要求及储藏示例　表 2-14

分类	储藏物品	储藏要求	储藏示例
外套	羽绒服、棉服毛呢大衣、风衣、夹克	这类衣物相对较厚，以中长款为主，当季时需悬挂放置。北方地区外套较厚、件数多，占用空间大，需要考虑设置更多的挂放空间。过季后可采用其他储存方式，腾出挂放空间。如一些羽绒服可使用真空压缩袋等方式压缩体积后叠放；棉质夹克也可叠放于上部隔板空间中。考虑到外套类衣物体积较大，隔板间距应较大，便于储藏	 外套类衣物需较多悬挂空间
裙装	连衣裙长、短裙	易起褶皱的裙装需设挂衣杆挂置，其他裙装可以设置隔板叠放，此外还需考虑局部设置较高的柜格空间挂放长裙、连衣裙	
普通下装	高档面料裤	对平整度要求高，需挂置，可用衣架或者裤架对折悬挂。设计柜格高度时应考虑具体悬挂方式，使用裤架相对于使用衣架更加节省竖向空间，板间距可减小 20~25cm	
普通下装	普通裤装	对平整度要求相对较低，且数量较多，可叠放于隔板上，节约悬挂空间。板间距不宜过大，防止衣物摞放过高而发生倒塌	易起皱褶裙装需挂放
上装	衬衣裤、T恤毛衣	该类衣物对平整度要求相对较低，可叠放于隔板上或者抽屉中。毛衣类较厚，宜局部设置较高隔板或较深的抽屉存放。过季时也可收纳于储物箱中，置于上部柜格，柜格高度设计需考虑箱体尺寸	
上装	衬衫	对平整度要求较高，常穿衬衫可在挂衣区挂置，便于挑选与搭配，不常穿的衬衫可叠放于隔板上，节约挂放空间	
上装	西服	以短款为主，由于对版型的保持和平整度要求较高，需长期悬挂放置，应考虑留出一定挂放空间	衬衫可叠放于隔板上

分类	储藏物品	储藏要求	储藏示例	
内衣袜子	内裤 女士内衣 棉袜	此类衣物体积较小、数量较多，且需经常取放，可设置扁抽屉存放，也可以用小格分类存放，储藏位置应位于柜体中下部，便于拿取		采用小格收纳内衣裤
配饰类	帽子	不宜受压，可设置较扁的隔板空间存放，也可使用挂钩悬挂于立板内侧		将常用配饰储存于抽屉中方便挑选
配饰类	围巾	悬挂或卷放均可，配饰类围巾可在中部柜设置抽屉储存，方便挑选		
配饰类	领带、皮带	此类物品较细长，可卷放或挂放。例如卷放在小格中，易于拿取和选择，也可利用边角空间悬挂		
包类	书包、皮包	储藏时需避免挤压变形，常用包可在挂衣空间一侧设置隔板立放，或设置挂钩挂放，不常用的包可存放于衣柜高部空间，柜格高度应满足常见提包尺寸		
鞋类	高档皮鞋	用于出席宴会、舞会等场合，平时不常穿着的高档皮鞋，较为清洁，通常需要与衣物共同搭配，可储藏于衣柜中。可在衣柜下部留出300mm高的柜格空间，方便摆放鞋盒		
床上用品	床单、被套 枕套	常用的换洗床单和被套可叠放于柜体中低部，方便拿取。可设置较深的抽屉或较高的隔板摆放。不经常用的可储藏于高部柜格		过季后被子可储藏于上部柜格
床上用品	被子	较厚的棉被、羽绒被可压缩后收纳，以节省空间，同时需注意设置柜格时应较宽，便于储存尺寸较大的双人被		
床上用品	坐垫、靠垫、枕头	重量较轻，可存放于高部柜，柜格应较宽大，以便于灵活适应各种尺寸		
其他物品	贵重物品 私密物品	首饰、现金等贵重物品，以及纪念品、私人信件等私密物品需储藏于安全、私密处，可在中部高度设置加锁抽屉或保险柜予以储藏		常用手提包、旅行箱可储存于衣帽间、储藏间低部大柜格中
其他物品	旅行箱	旅行箱体积较大、重量较沉，且常沾有灰尘，是家中储藏的难点。常用的旅行箱可在衣帽间、储藏间的下部留出大柜格予以收纳，柜格形式应便于将旅行箱直接推入；使用频率低的箱子，也可以储藏在高部柜格中		
其他物品	杂物	常用零碎杂物可统一收纳在储物盒中，放置于低部大柜格中，便于随时拿取及整理，柜格高度应考虑储物箱常见尺寸。不常用的较轻物品也可收纳后置于高部柜		

三　卧室储藏的布置要点

1. 卧室储藏的常见位置

不同形式卧室储藏的常见位置　表 2-15

衣帽间	卧室的衣帽间常常与卫生间临近，在布置时，需考虑卫生间潮气对衣帽间的影响，以及动线穿行对空间稳定性等的影响。同时，还可考虑根据不同用途分设多处衣帽间	
壁柜	壁柜可设置在卧室空间的边角处，充分利用空间深度或面宽。与墙体结合的形式也使空间效果更为完整	
衣柜	衣柜的摆放需要倚靠墙面，设计户型时应注意墙面长度和墙垛尺寸，争取能够布置较多的衣柜和其他储藏家具，并避免将衣柜摆在遮挡视线或光线的位置	

2. 卧室储藏的布置要点

1）需要留有适当的活动空间

卧室的储藏设计不仅要考虑人体动作尺寸要求，还需兼顾使用的方便性，如尽量减少人弯腰或站在凳子上拿取物品的频次，考虑穿衣照镜的位置，空间可容纳两人共同操作，保证开门后人能通过错位并留有一定的操作空间等。下面列举了一些典型情况下的储藏空间操作活动的尺寸要求（图 2-120，图 2-121）。

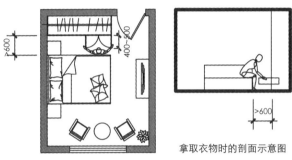
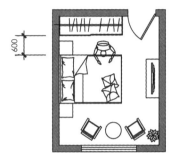

拿取衣物时的剖面示意图

外开门衣柜：衣柜和床之间的通道宽度应在 600mm 以上，衣柜门扇宽度宜在 400~500mm 左右，保证人在开启柜门时有足够空间容身。

图 2-120　衣柜前的活动空间尺寸要求

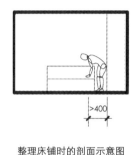

整理床铺时的剖面示意图

推拉门衣柜：衣柜和床之间的通道宽度可以略小于 600mm，但最好在 400mm 以上，保证人能在床边站立，方便上下床、整理床铺，拿取衣柜下部物品等。

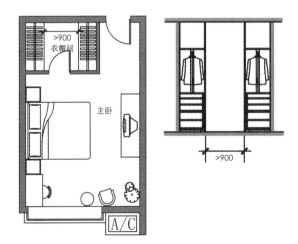

当衣帽间的两边都是高柜时，两柜间的通行和操作宽度不宜少于 900mm。

图 2-121　衣帽间内的活动空间尺寸要求

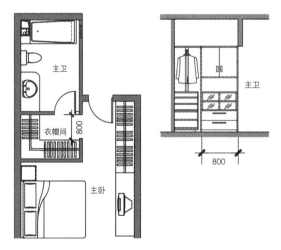

当衣帽间一侧是高柜，另一侧是卫生间门时，由于门的开启可以形成空间的扩大，便于人错位通行，操作宽度也可略小于 900mm。

2）考虑衣帽间和卫生间的相互影响

衣帽间与卫生间相邻布置时，两个空间内的动线可能会互相干扰，卫生间的潮气也可能会侵袭到衣帽间中。下面以两种较为常见的布置方式为例，通过对比具体说明二者临近布置时需要注意的要点（图 2-122）。

3）考虑衣帽间对相邻卧室的影响

衣帽间的大小和位置还需考虑对相邻卧室及其家具布置的影响，下面以某户型中衣帽间优化前后对比为例进行说明（图 2-123）。

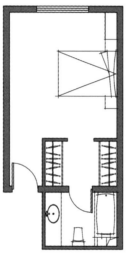

A 方案（贯通式）：
①衣帽间完全被穿行，地面临时堆放物品时人容易被绊倒；
②卫生间潮气对衣帽间的影响很大；
③卫生间带出的水会弄湿衣帽间过道地面；
④衣帽间开门破坏了卧室一侧的完整墙面，并且床正对着坐便器。

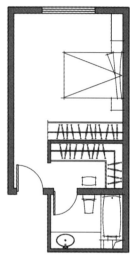

B 方案（侧入式）：
①衣帽间部分被穿行，内侧地面可以临时堆放物品，也可以放置坐凳；
②卫生间潮气对衣帽间的影响较小；
③少部分衣帽间的地面会被卫生间带出的水弄湿；
④衣帽间的隔墙完整，外侧还可以再放置一个衣柜，增加了储藏量。

图 2-122　卫生间与衣帽间相邻布置的常见方式对比

原方案：
主卧室的衣帽间占据宽度较大，使次卧室入口空间只能用作走道，空间局促、狭窄。

图 2-123　某户型卧室衣帽间优化前后对比

优化方案：
将衣帽间的宽度略微减小，使次卧室的入口空间变宽敞；次卧室走道侧面可以摆放书架等薄柜，增加储藏量。

4）注意衣帽间形状和门的开启方式

　　同样大小的衣帽间，由于空间形状以及开门位置、形式、开启方向的不同，对储藏效率有很大影响。如表 2-16 所示，1 型衣帽间使用效率最低，4 型衣帽间使用效率最优。

5）注意多个衣帽间大小、位置、形式的选择

　　在 200m^2 以上的大户型中，主卧内往往会有多个衣帽间。如分为男主人与女主人衣帽间、内衣及服饰类衣帽间、当季衣物间与过季衣物间等。设计时需针对衣帽间或储物间的不同用途选择合适的大小、位置及形式（表 2-17）。

衣帽间形状及开门方式对储藏效率影响对比分析　表 2-16

开间 × 进深（mm）	1 型（1600×2700）	2 型（1800×2400）	3 型（1800×2400）	4 型（1800×2400）
面积均为 4.32m^2	2700, 600, 2.22m^2, 1600, 2.1m^2	2400, 750, 2.59m^2, 1800, 1.7m^2	2400, 750, 3.17m^2, 1800, 1.15m^2	2400, 750, 3.17m^2, 1800, 1.15m^2
储藏面积（m^2）	2.22	2.59	3.17	3.17
过道面积（m^2）	2.1	1.7	1.15	1.15
柜体进深（mm）	600	750	750	750
储藏效率评价 设计合理性：1<2<3<4	走道面积浪费 地面可部分堆放物品 人活动略不便	可设置大进深柜体 地面可部分堆放物品 人活动略不便	衣柜面积利用充分 地面不可堆放物品 人活动不便	衣柜面积利用充分 地面可堆放物品 人活动自如

双衣帽间的功能划分与位置选择　表 2-17

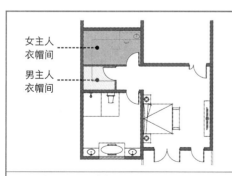

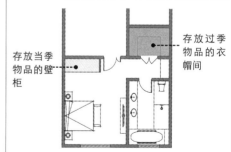

①男、女物品分设衣帽间	②服装、洗浴用品分设储藏间	③当季、过季物品分设衣帽间
女性需要的储藏量一般要比男性大，并且有梳妆试衣的需求，因此女主人衣帽间的面积可更大些，并考虑设置梳妆台及小型洗手池，供化妆、卸妆使用	放置经常穿着衣物的衣帽间应接近就寝区，并远离湿区；放置常用的浴巾、内衣等物品的柜子可与主卫靠近，方便拿取衣物	当季与常用物品可接近就寝区储藏于壁柜或衣帽间中，便于查找；过季物品和被褥等大型物品，则可存放在独立的衣帽间内

四　卧室储藏的设计要点

1. 注重分区分类储藏

1）按高度分区

根据人体动作行为特点和使用的舒适性和方便性，可以把柜体高度划分三个区域（图2-124）：

①高部柜区域：高度为 1850mm 以上，是

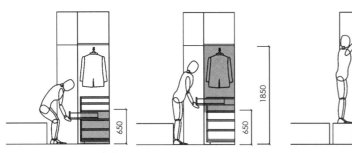

图 2-124　储物柜的高度分区

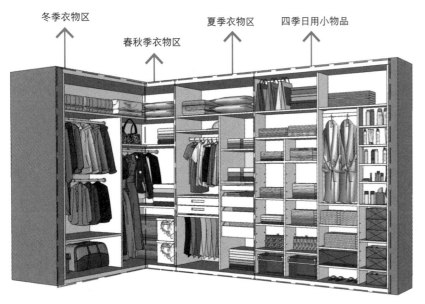

图 2-125　储物柜的季节分区

人体手臂向上伸直时手以上的范围，这一区域存取物品不便，使用频率不高，一般可存取较轻或者不常用的物品，如较轻的礼盒、过季的床上用品等；

②中部柜区域：高度为 650~1850mm，是以肩为轴，上肢半径活动的范围，这一区域存取物品最舒适，人的视线也最容易看到，使用频率最高，一般存取常用物品，如服装、配饰，以及一些私密、贵重物品等；

③低部柜区域：高度为 650mm 以下，是人体手臂下垂时手部与地面之间的距离，这一区域存取稍有不便，须蹲下操作，一般存取较大、较重或者不太常用的物品，如大型的箱包、杂物等。

2）按季节分区

可根据储藏物品使用的不同季节将衣柜分区（图 2-125），储藏逻辑清晰，易于查找；同时也减轻了换季时来回搬动衣物的劳动量。

3）前后分区

深度较大的储物柜可以分为前部和后部两个储藏区域。前部的区域悬挂衣物、放置较大的物品，后部的区域可添加隔板储藏一些体量较小的物品，如礼品盒、书包等，使用时可以拨开前面的衣物查找后部的物品，充分利用柜体深度（图 2-126）。

2. 合理存放不同特性的物品

综合考虑物品特性，如大小、形状、轻重、洁污状态、是否贵重或私密等，并给予物品适当的存储空间及存放形式（图 2-127）。

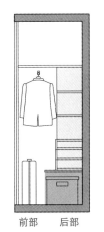

前部　后部

图 2-126　储物柜的前后分区

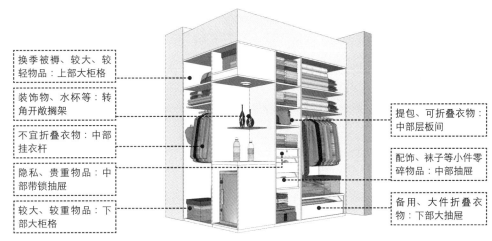

换季被褥、较大、较轻物品：上部大柜格

装饰物、水杯等：转角开敞搁架

不宜折叠衣物：中部挂衣杆

隐私、贵重物品：中部带锁抽屉

较大、较重物品：下部大柜格

提包、可折叠衣物：中部层板间

配饰、袜子等小件零碎物品：中部抽屉

备用、大件折叠衣物：下部大抽屉

图 2-127　不同特性物品的储藏位置示意

3. 可采用活动隔架充分利用空间

　　卧室储藏可适当采用灵活的收纳装置，如将活动式的隔架应用于衣帽间或深度较大的壁柜中，使用时将隔架拉出，人便可进入到储藏空间内，存取后部空间的物品。

　　通过部分采用活动式储藏装置，使用者更易于接近一些原本难以取放物品的储藏空间，从而使空间得以有效利用（图 2-128）。

4. 注意转角部和抽屉的处理

1）有效利用衣柜转角空间

衣柜转角空间立体化设计要点（图 2-129）：

　　①角部接近使用者处，存放常用物品，以悬挂类衣物为佳，便于拨开衣物查找角落深处的物品；

　　②转角较深的部分存放不常用或体积较大的旅行箱、储物箱等，可抓住箱子的拉手将其拉出。

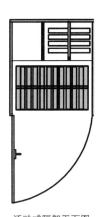

活动式隔架平面图

图 2-128　活动隔架储藏装置可提高储藏空间利用率

③中部局部设置活动层板，存放叠置衣物、储物盒等，层板上部空间可以悬挂中短上衣；另外，层板不必横贯柜体整个角部，留出一些空间可以挂置较长衣物或存放较高的日用物品（如卷起的凉席、活动熨衣板等）。

2）留出抽屉拉出的空间

需考虑到抽屉拉出时所需的空间，避免在空间狭窄的地方布置抽屉。

①紧邻床头柜的衣柜在与床头柜相邻的区域不宜布置抽屉，抽屉难以拉出（图2-130）。

②转角处不宜设置抽屉，拉出时可能与相邻柜门拉手相碰，使用不便（图2-131）。

3）巧妙利用衣柜缝隙空间

帽子、书包、放大的相片等较为扁平的物品往往难以找到合适的位置存放。如果将挂衣杆上方的空间适当压缩至60~80mm，则可能增设高度较小但深度较大的隔板空间，用于存放这类扁平状物品（图2-132）。

5. 提供贵重和私密品的储藏

卧室中应当提供适当的私密性储藏空间。例如，卧室有存放家庭贵重细软、信件及成人用品等物件的需求。储藏时应保证这类物品不被外人或孩子轻易看到、拿到，可存放于储藏柜中部的带锁抽屉或保险箱中（图2-133）。

层板上部空间可悬挂中短上衣

上部连通转角大柜格存放枕头、被褥等

未设层板部分可悬挂较长衣物、放置凉席等较长物品

中部设置层板存放常用叠置衣物、储物盒等

下部靠外可放置储物盒，存放常用物品

转角深处存放不常用大型储物箱等

图2-129 衣柜转角空间的设计要点

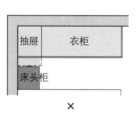

抽屉　衣柜

床头柜

×

图2-130 紧邻床头柜的抽屉难以拉出

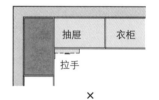

抽屉　衣柜

拉手

×

图2-131 转角处的抽屉与柜门相冲突

挂衣杆上方空间过大，造成空间浪费

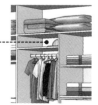

高度100~150mm的窄缝可以放置较为扁平的物品

图2-132 挂衣杆上方空间可巧妙利用

图 2-134 女主人的衣物种类多，需分类细致的储藏空间

图 2-133 设置保险箱、带锁抽屉等储藏贵重和 图 2-135 男主人的衣物需更多的悬挂空间
私密品空间

6. 尽可能提供专属的储藏空间

每个家庭成员的衣物都具有很强的个人专属性，因而最好能设置相应的专属储藏空间，利于查找和整理。

家庭成员的储物储衣特点各不相同，所要求的储藏空间也有很大区别。例如：女主人衣物及配饰数量大、种类多，需要大量并且分类细致的储藏空间（图 2-134）；男主人的服装比较注重版型的保持，需要更多的悬挂空间（图 2-135）。而对于儿童来说不同年龄段下储藏的物品有所不同，需要更加灵活可变的储存形式（图 2-136）。

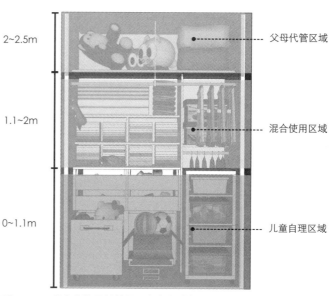

图 2-136 儿童的物品储藏需要考虑应对变化的灵活性

117

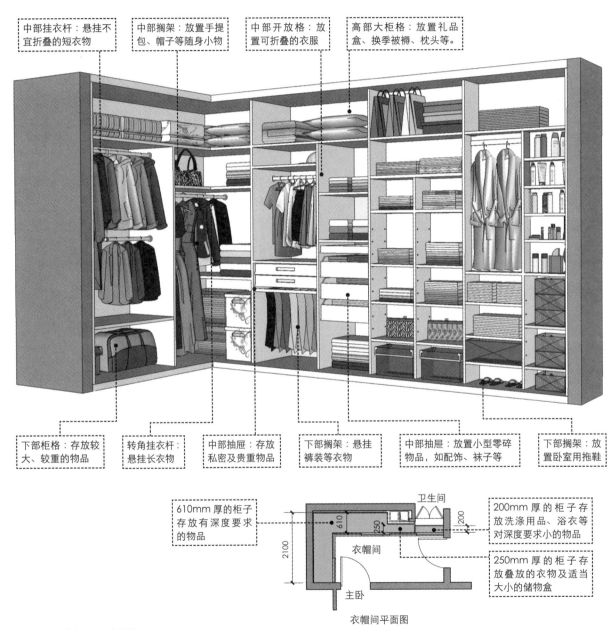

五　卧室储藏的设计示例

1. 衣帽间设计示例

中部挂衣杆：悬挂不宜折叠的短衣物

中部搁架：放置手提包、帽子等随身小物

中部开放格：放置可折叠的衣服

高部大柜格：放置礼品盒、换季被褥、枕头等。

下部柜格：存放较大、较重的物品

转角挂衣杆：悬挂长衣物

中部抽屉：存放私密及贵重物品

下部搁架：悬挂裤装等衣物

中部抽屉：放置小型零碎物品，如配饰、袜子等

下部搁架：放置卧室用拖鞋

610mm 厚的柜子存放有深度要求的物品

200mm 厚的柜子存放洗涤用品、浴衣等对深度要求小的物品

250mm 厚的柜子存放叠放的衣物及适当大小的储物盒

卫生间

衣帽间

主卧

衣帽间平面图

图 2-137　衣帽间设计示例

2. 壁柜设计实例

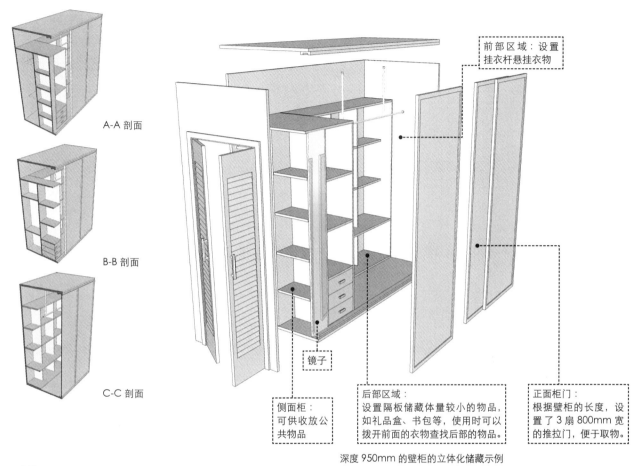

A-A 剖面

B-B 剖面

C-C 剖面

前部区域：设置挂衣杆悬挂衣物

镜子

侧面柜：可供收放公共物品

后部区域：设置隔板储藏体量较小的物品，如礼品盒、书包等，使用时可以拨开前面的衣物查找后部的物品。

正面柜门：根据壁柜的长度，设置了 3 扇 800mm 宽的推拉门，便于取物。

深度 950mm 的壁柜的立体化储藏示例

950

2400

壁柜平面图

D 角度透视

E 角度透视

图 2-138 壁柜设计示例

3. 衣柜设计示例

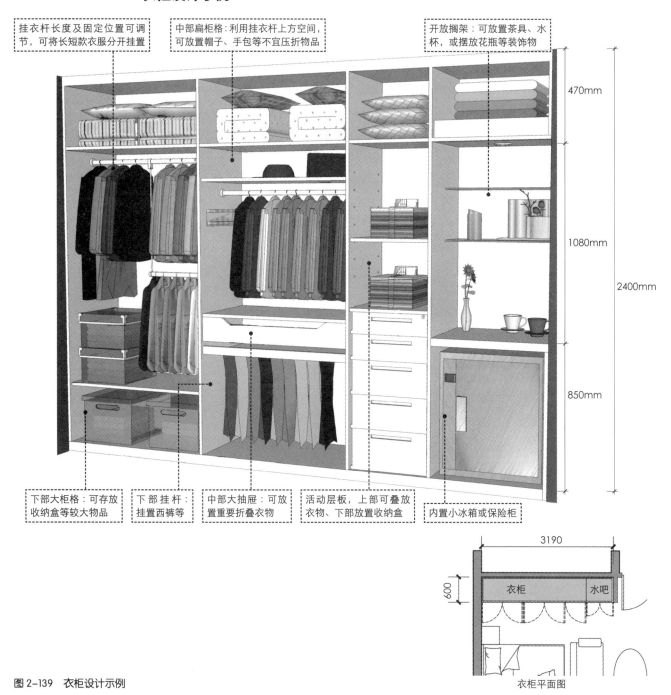

挂衣杆长度及固定位置可调节，可将长短款衣服分开挂置

中部扁柜格：利用挂衣杆上方空间，可放置帽子、手包等不宜压折物品

开放搁架：可放置茶具、水杯，或摆放花瓶等装饰物

470mm

1080mm

2400mm

850mm

下部大柜格：可存放收纳盒等较大物品

下部挂杆：挂置西裤等

中部大抽屉：可放置重要折叠衣物

活动层板，上部可叠放衣物、下部放置收纳盒

内置小冰箱或保险柜

3190

600

衣柜   水吧

衣柜平面图

图 2-139　衣柜设计示例

儿童房安全性设计建议与自查要点

儿童房是孩子们每天休息、玩耍和学习的空间，是伴随孩子成长、生活的场所。一个好的儿童房设计，不仅能够帮助孩子健康成长，而且能够启迪孩子的智慧，培养独立生活的能力，给他们留下美好的童年记忆。随着人们生活水平的提高，大部分家庭的居住条件都有了一定的改善，很多有孩子的家庭都希望能为孩子创造一个良好的成长空间，儿童房也因此成了选择住房和室内装修时需要考虑的一个重要因素。

在住宅设计中，一些年轻的设计者由于不了解孩子们真正的生活情况，经常把儿童房混同于次卧这一较为空泛的概念，往往为了增大主卧或起居室的面积而缩小儿童房，或者是将其放置于北向等不佳的位置。我们近年来在北京、上海、南京、大连、哈尔滨、深圳等城市进行住宅入户调研，发现了一些在儿童房使用过程中因设计不良而产生的共性问题。通过对这些问题进行分析，我们总结出了儿童房平面布局建议与室内精细化设计要点，希望为设计师们提供一些儿童房设计的参考，也能给正在为儿童房装修而烦恼的家长们提供一些建议。

一　儿童房设计中的常见问题

一些儿童房在实际使用过程中，不仅存在着布局、面积、朝向等平面布置方面的问题，在室内装饰方面也对孩子的学习、休息和玩耍活动产生了不利的影响。我们将这些问题归类总结为五个方面——安全、睡眠、学习、玩耍、储藏，并整理出如表2-18。

二　儿童房平面设计建议

儿童房的设计主要包括平面布置设计与室内装饰两个环节。在儿童房的平面布置设计过程中，要综合考虑房间的朝向、面积、开间进深等多个因素。同时，作为套型整体中的一部分，儿童房与其他房间的位置关系也是要仔细考虑的。

儿童房设计中的常见问题汇总　表2-18

分类	常见设计问题
安全	大面积的玻璃和镜子易被撞碎，从而使孩子受伤
	家具尖角易使孩子磕伤
	暴露在外的插座存在安全隐患
睡眠	床头灯的位置影响孩子的休息与操作
	无法满足其他小朋友临时借宿的需求
	缺少夜间照明，无法缓解儿童独自睡眠时的恐惧心理
学习	书桌采光条件差，并且观看电脑屏幕时有眩光
	书柜储藏量较小
	缺少家长辅导儿童学习的空间
玩耍	缺乏集中的活动区域
	没有放置儿童自行车、体育游乐用品的空间
	墙面被儿童随意涂鸦后，痕迹难以清洗
储藏	没有集中存放杂物和分区设置的收纳空间
	衣柜的内部分隔不适合儿童的身高尺度

1. 儿童房在套型中的位置

儿童房宜与主卧邻近布置。学龄前或小学阶段的儿童由于独立生活能力较差，对父母还有很强的依赖性，因此儿童房与主卧相邻布置可以方便家长对孩子就近照顾。另外，孩子长大上高中、大学后经常不在家居住，空置的儿童房也可作为主卧书房、活动间使用，从而形成主卧套间或主卧区，提高房间的利用率。

在不同的套型平面中，儿童房有两种常见的布位方式：在套型进深较大而面宽有限的情况下，儿童房会设置为正对主卧的北向房间，方便家长观察孩子的情况；在套型面宽较大，有两个南向卧室时，可以将儿童房设置为与主卧相邻的南向房间。这样的房间，采光条件较好，

方便孩子学习、活动。以下是不同位置、朝向的儿童房平面示例（表 2-19）：

2. 儿童房的五大功能分区

对于孩子们来说，儿童房是一个集合了很多功能的活动空间。其中，睡眠区、学习区与活动区是三个必不可少的功能分区，满足孩子休息、学习与游戏的基本日常活动。此外，儿童房中还需要储藏区与展示区这两个常常被忽视的空间：储藏区可以给孩子提供一个集中收纳各种杂物的场所，展示区则可展示孩子的成长过程中的爱好、值得纪念的作品与奖状等。以下是儿童房五大功能分区的位置关系与设计要点（图 2-140）。

儿童房常见的两种布位方式示例　表 2-19

北向布置儿童房		南向布置儿童房	
例 1	例 2	例 3	例 4
套型进深较大面宽有限的情况下，儿童房位于与主卧对门的北向房间，方便家长随时照看		套型面宽较大且有两个南向卧室时，可以将其中一间用作儿童房，采光条件较好，方便孩子学习、活动	

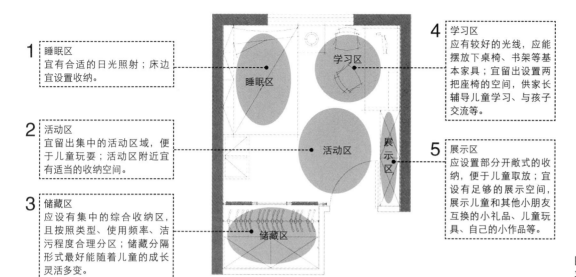

1 睡眠区
宜有合适的日光照射；床边宜设置收纳。

2 活动区
宜留出集中的活动区域，便于儿童玩耍；活动区附近宜有适当的收纳空间。

3 储藏区
应设有集中的综合收纳区，且按照类型、使用频率、洁污程度合理分区；储藏分隔形式最好能随着儿童的成长灵活多变。

4 学习区
应有较好的光线，应能摆放下桌椅、书架等基本家具；宜留出设置两把座椅的空间，供家长辅导儿童学习、与孩子交流等。

5 展示区
应设置部分开敞式的收纳，便于儿童取放；宜设有足够的展示空间，展示儿童和其他小朋友互换的小礼品、儿童玩具、自己的小作品等。

图 2-140　儿童房功能分区平面图

3. 儿童房设计的灵活性

从蹒跚学步到长大成人，孩子的活动需求与身心条件会有很大的变化：小时候喜爱的毛绒玩具会被长大后的电脑游戏取代；书桌和书柜也会随着学习负担的加重变得越来越不够用。为了使儿童房满足孩子成长过程中各个阶段的使用需求，房间的尺寸与形状要考虑到家具布置的多种可能，尽可能具备较强的灵活性。

以床位布置为例（图 2-141），年龄较小的孩子在睡觉时比较易动，家长害怕孩子从床上跌落下来，因此会将床的长边靠墙布置，以保护孩子睡觉时的安全；当孩子长大之后，家长不再担心这一问题，而更注重孩子上下床以及整理床铺的方便性，因此可能会将床的短边靠墙布置，两侧留出一定的空间。除此之外，书桌、储物柜等家具布置都会随着孩子成长或者个人喜好发生变化，这就要求设计者在一开始就要考虑到多种家具的布位方式。

4. 儿童房的"舒适性"与"紧凑化"

作为整体套型中的一部分，儿童房的面积尺寸会受到套型面积的制约。对于大套型来说，儿童房面积较为宽裕，有条件满足家具的不同布位方式；而对于中小套型，儿童房往往面积有限，平面尺寸在设计时需要更加精细化的推敲，使其尽可能满足儿童房的多样功能。图 2-142 是两个类型儿童房的平面示例。

从这两个示例可以看出，当儿童房净面宽在 3.2m 以上，使用面积在 10~15m² 之间时，一般可形成较为理想的"舒适型"儿童房布局，各功能区域尺寸适宜，可以根据孩子的喜好与特点进行家具布置；当儿童房面宽在 3m 左右，使用面积在 8~10m² 之间时，则形成"紧凑型"儿童房布局，设计时应综合考虑家具的布局、门窗的位置以及家长与孩子在房间内的活动流线等因素，保证能够满足儿童房的各项基本功能。对于居住在公租房的家庭来说，尽管套型面积有限，但一

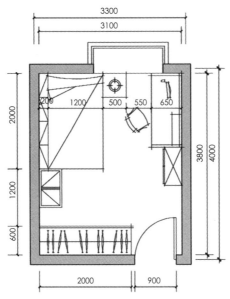

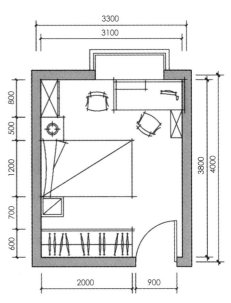

图 2-141　儿童房床位的两种布置方式

1. 两侧或长边靠墙布置床位：适合年龄较小的儿童，防止其睡觉时从床上跌落，也为房间留出集中的活动区域。

2. 短边靠墙布置床位：适合年龄较大的儿童，上下床较为方便。

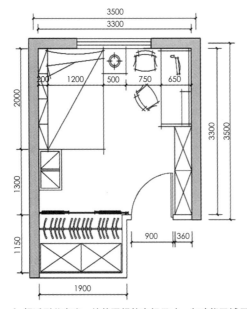

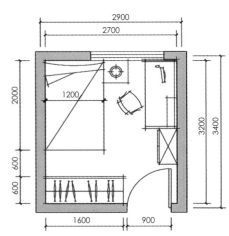

图 2-142　舒适型儿童房与紧凑型儿童房平面示例

1. 舒适型儿童房：比较理想的空间尺寸，各功能区域尺度适宜，能满足不同的家具布置方式。

2. 紧凑型儿童房：较小的空间尺寸，满足儿童房的基本功能需求。

个 6~8m² 的房间仍然可以给孩子创造一个属于自己的小天地，帮助他们很好的生活与成长。

三　儿童房室内设计的14条"自查要点"

完成了儿童房的平面布置设计，并不意味着一个好的儿童房就大功告成了。在儿童房的室内装修过程中，仍然存在一些因为设计不良而产生的安全隐患与使用不便的问题。为此，我们列出了 14 条常见的在儿童房室内设计中需要注意的要点，供设计者参考。正在选择或者装修儿童房的家长们也可以根据这些要点进行自我检查，让自家的儿童房更加安全、实用。

检查点 1：应尽量减少使用大面积的玻璃及镜面

儿童房中不宜使用大量的玻璃、镜面等易碎物品。有些家庭会选择在儿童房中装设大面镜子，让房间的视觉感觉更加宽敞。但是镜子、玻璃以及其他玻璃制品由于易碎而具有很大的危险性，孩子在玩耍过程中很容易因碰撞而被玻璃碎片划伤（图 2-143）。

检查点 2：应注意家具的稳定性，防止高物坠落

儿童房中的高尺寸家具应确保其稳定性，避免家具倒落砸伤儿童。孩子喜欢攀高玩耍，一些床头灯、地灯、储物架等高尺寸家具物品很容易在孩子攀爬推摇过程中倒落而砸伤儿童，因此儿童房应设置低矮、稳定、牢固的家具。同时需注意避免将易碎、较沉的物品置于高处，防止因碰撞家具造成高物坠落使孩子受伤的事故发生。

检查点 3：应避免选用带有尖锐棱角的家具

儿童房中不宜选用有尖角的家具。房间中的家具棱角常常会使孩子们在奔跑玩耍的过程中磕伤，因此应选择经过圆角处理的家具（图 2-144），或是在家具尖角外配设能够起到缓冲作用的家具防撞角（图 2-145）。

检查点 4：应避免儿童房留有潜在的用电隐患

儿童房中暴露在外的插座、电线应做好防护措施。孩子们都有很强的好奇心，喜欢用手感知陌生事物，会去触碰、拉扯暴露在外的插

×　　　　　　　　　　　　×

图 2-143　大量的玻璃柜门、镜子以及玻璃制品，易被撞碎造成危险

✓　　　　　　　　　✓

图 2-144　家具的圆角处理　　图 2-145　防止孩子磕伤的"家具防撞角"

座、电线等危险物品。因此应选用有安全保护措施的电源插座，或配备防触电的电源安全盖（图2-146）。电线连接不宜过远，以免绊倒儿童或因儿童拉扯电线发生危险。

检查点5：上下铺儿童床不应临窗布置，防止儿童着凉和发生爬窗危险

儿童房中，上下铺床应尽可能贴墙布置。一些家庭会选择上下铺形式的儿童床，这种床在摆放时如果邻近窗户布置，容易使孩子在睡眠时受到冷风侵袭，同时也存在孩子爬窗跌落的危险。因此儿童房宜留出足够的墙面以保证上下铺床能够贴墙布置，并且使床与窗之间保持一定的安全距离。

检查点6：床头上方不宜设置物品架或安装重物

儿童房中床头应选择更加安全的装饰方式。家长在装修儿童房时，常会在床头上方装设物品架，方便临时摆放一些书本、相框（图2-147）。但是在使用过程中，由于孩子常常在床上蹦跳，会发生床头置物架上的物品坠落、砸伤孩子的危险情况。可改用贴纸、手绘等更加安全的方式对床头进行装饰（图2-148）。

检查点7：衣柜、收纳柜宜采用可调高度的分隔方式

儿童房的衣柜、收纳柜应根据高度进行灵活分区，以适应不同阶段的儿童使用。孩子在成长过程中身高是不断变化的，固定分隔的衣柜难以满足孩子各个阶段的身高条件，因此可选择能够灵活调整分隔板高度的衣柜。其中，由于家具自身稳定性的需要，衣柜的上部与下部空间可以作为固定分隔区，中部空间则可以使用灵活分隔板或可调节高度的挂衣杆，形成灵活分隔区（图2-149）。另外，孩子年龄较小时常常只能使用衣柜的下部空间，因此儿童房中的衣柜或收纳柜可以在高度上分区储藏，由家长和孩子共同管理，不仅能够合理高效地使用收纳空间，孩子在父母的协助下也能够培养起收纳意识与自理能力。

检查点8：儿童房宜设置较大的集中收纳空间

儿童房在有条件时最好设置集中的收纳空间或较大的综合收纳柜。孩子的物品数量多、种类杂，如果没有及时收纳会使房间变得比较杂乱。孩子长期生活在杂乱的环境之中难以培

图2-146　电源安全盖示例：可防止孩子因误碰插座而发生触电危险（左）

图2-147　床头上方的相框、书本等物品易砸伤儿童（中）

图2-148　可以用布料、贴纸等方式进行床头装饰（右）

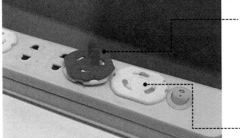

电源安全盖内侧

电源安全盖外侧

×　　　　✓

养他们定期收拾房间的习惯和保持环境整洁的意识。因此设置大型的收纳区，更方便孩子根据物品类型与洁污程度分区收纳各种物品（图2-150），同时也便于存放儿童车等大型物品。

检查点9：窗户应设有防护措施，确保儿童安全

儿童房以及孩子可达的其他房间都应做好窗户的防护措施。孩子喜欢攀爬，当房间窗户的窗台与踩踏面距离较小时，很容易发生孩子翻越窗户坠落的危险，因此房间窗户应采取设置防护栏（网）（图2-151）、限制窗户的开启角度等防护措施，并且不宜在窗户附近放置茶几、沙发等孩子可借由攀爬至窗台的家具。

检查点10：儿童房门把手形式应适合儿童使用

儿童房门把手应选用安全、便于操作的形式。应避免选用尖锐的门把手，防止儿童在奔跑玩耍过程中刮伤、撞伤（图2-152）。可以选择竖向长把手，满足家长与儿童不同高度的操作需求（图2-153）。

检查点11：不应在床的正上方设置过低的吊灯

儿童房中最好使用位置较高的灯具。有些家长出于美观的考虑会在儿童房装设造型丰富的吊灯。当孩子在床上蹦跳和玩耍时，十分容易撞上位于床正上方较低的吊灯（图2-154），特别是当吊灯为玻璃等易碎材料时更会发生孩子被碎片划伤的危险。因此在装设吊灯时应与床的位置错开，或是选用位置较高的吸顶灯。

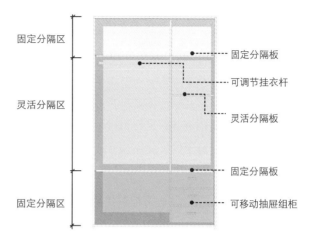

图 2-149　衣柜的中部空间可作为灵活分隔区

固定分隔区　　固定分隔板
　　　　　　　可调节挂衣杆
灵活分隔区　　灵活分隔板
　　　　　　　固定分隔板
固定分隔区　　可移动抽屉组柜

图 2-150　综合收纳柜帮助孩子分类收纳各类物品　　图 2-151　隐形窗户防护网

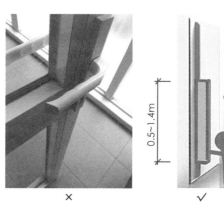

0.5~1.4m

×　　　√

图 2-152　带尖角的门把手易造成儿童撞伤（左）

图 2-153　竖向长把手方便大人和儿童操作（右）

检查点 12：儿童房书桌旁应留出家长辅导的空间

儿童房的书桌附近应留出至少两把座椅的空间。孩子在年龄较小阶段，经常需要家长在旁辅导学习或是观察其学习情况。因此应在孩子书桌附近留出家长的座位（图 2-155），方便家长与孩子交流。

检查点 13：床头灯的颜色与位置应避免对儿童视力产生不利影响

选择和安装儿童房的床头灯时，应注意其颜色与位置。首先，要避免使用鲜艳的有色光作为床头灯，鲜艳的有色光不利于儿童视力发育（图 2-156）；其次床头灯的位置不应设置于床铺的正上方，避免床头灯直射儿童的眼睛（图

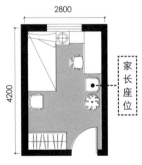

图 2-154　吊灯位于床正上方，孩子在床上蹦跳时易撞头（左）

图 2-155　书桌旁应留出家长的座椅空间（右）

图 2-156　鲜艳的有色光对儿童视力发育不利（左）

图 2-157　床头灯不应直射儿童眼睛（中）

图 2-158　低照度的卡通夜灯示例（右）

2-157）；另外，床头灯的开关应该满足孩子躺在床上也能操作的需求。

检查点 14：儿童房中宜增设夜灯插座

儿童房中可设置低照度的夜灯。孩子在年龄较小时常常会对黑暗有恐惧心理，晚上关灯睡觉时会感到害怕。低照度夜灯不仅可以让孩子在睡觉时更加安心，也方便家长在孩子睡觉时随时照看（图 2-158）。夜灯的位置不宜过高，避免光线影响孩子的睡眠。

儿童时期是人生理和心理发育的重要阶段，也是培养良好生活习惯的关键时期。儿童房作为孩子成长的重要场所，其设计的好坏也会对孩子的身体、智力、生活意识产生十分重要的影响。作为设计者，我们有必要也有责任为孩子们设计出既舒适又安全的儿童房，帮助他们健康成长。目前一些儿童房在室内装修设计与家具选择过程中常常一味重视美观的因素，但在实际使用过程中却存在一些不安全、不实用的问题。设计者应努力了解孩子们的需求、行为特点与兴趣爱好，观察孩子们生活中的点点滴滴，这样才能给他们创造出一个安全、舒适、快乐的成长空间。

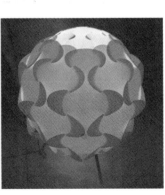

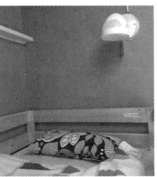

第三篇　住宅点评

CHAP.3　HOUSING REVIEW

住宅样板间设计常见问题点评

近年我们参观调研了许多住宅项目的样板间，在看到住宅室内设计多样化发展的同时，也感到样板间装修普遍存在着"偏重展示效果，忽视使用功能"的倾向。在与一些设计人员交流时，他们也流露出这样的思想，认为样板间设计的目的就是为了帮助房地产开发商吸引目标客户以促进销售，因而应当把设计重点放在营造抓人眼球的视觉效果、装点产品的卖相上，需区别于实际住宅的装修。

但是这样的设计思想，给样板间装修带来了一些现实问题。例如随着业内竞争的加剧，许多样板间装修不计成本，大量选用昂贵的进口材料和精雕细作的工艺手法以吸引客户，使消费者误认为居住品质等同于尊贵奢华，形成了一种浮夸的风气；又如为了让室内空间看起来更大，有些样板间不惜采用减少家具数量、缩减床的尺寸等虚假手段，而消费者根据样板间的示范照做后，常常出现"看着好，用着差"的情况。许多购房者是拿出大半生的积蓄才买下一套住宅，如此一来会有花了大价钱却没买到好东西的感觉，无形中加重了业主与开发商之间的矛盾。

由此我们不禁反思：样板间设计的目的仅仅是为了促销吗？其多变的风格、豪华的配饰真的是促进销售的关键吗？想要从关注居住品质的角度来促进销售又该如何去做？

带着这样的思考，我们首先对住宅室内装修及样板间的发展历程做一个梳理，以便对其形成更加客观全面的认识，进而通过多年来对样板间的体验性调研，从使用者的需求出发，归纳总结出样板间设计中的若干问题，并辅以真实案例进行分析和点评，以期探寻能够兼顾展示效果和实用功能的样板间设计方法。

一 住宅室内装修及样板间的发展沿革

住宅样板间在我国多见于商品住房项目中，其主要展示内容是对住宅室内空间的装修。所以说到住宅样板间的由来，必然要先从商品住房及其室内装修的发展历程谈起。我们将整个过程大致分为三个发展阶段，并分析在相应阶段住宅室内装修及样板间设计所表现出来的特点。

1. 简单装修的福利房阶段

从新中国成立以来至改革开放前的近三十年间，在公有分配式的住房体制下，城镇居民的住房主要是由单位分配的"福利房"，国家是新增城市住房的唯一供应者和所有者。这一时期我国住宅建设发展缓慢，住房供应严重短缺，个体家庭对住房分配没有太多选择余地。绝大多数住房由土建单位按照统一标准进行简单装修，仅供满足基本居住需求。居民既没有富余的资金，也没有外部条件来进行房屋室内装修，更没有室内设计和样板间的概念（图3-1）。

2. 毛坯交付的商品房阶段

1）拆改及二次装修浪费严重

改革开放之后，随着住房制度改革的逐步推行，房地产市场开始迅猛发展。从1998年我国彻底停止福利分房至2003年期间，商品住房的市场化得到大幅推动。国民经济的快速增长带动了住房购买力的提升。自主选择和购买房屋，加之首次拥有自主产权房的心态，使人们的装修热情开始提升。福利房时期的简易装修标准已不能满足市场实际需求，"全民装修热潮"逐步掀起。许多新建住宅交房伊始便遭遇大肆拆改和二次装修，到处是被拆弃的颓墙断壁、门窗残骸……造成很大的浪费（图3-2）。

2）毛坯房装修标准成为市场主流

见此情况，房地产开发商从节省成本、规避责任、减少纠纷等角度考虑，索性"顺水推舟"提供毛坯房去满足此阶段的市场需求。初期的毛坯房还做了一些基础处理：例如顶、墙面抹白灰，俗称"四白落地"（图3-3）；厨、卫空间铺装白瓷砖，配设低档的坐便器、水池等设施。后来一些开发商直接连抹白灰、门扇、门框都省略了，交付时墙、地、顶面都只做混凝土抹灰（图3-4）；开关插座等设施配件也多采用最廉价的产品。即便是基础处理也越做越粗陋，住宅装修质量进入了恶性循环，带来许多安全隐患。

3）样板间逐步兴起

毛坯房虽然给了住户更多的自主发挥余地，但毕竟大多数人并非建筑和室内设计方面的专

图3-1 简单装修的福利房

图3-2 对原有简单装修的大肆拆改

图3-3 "四白落地"的毛坯房　　图3-4 省略抹灰的毛坯房

业人士，很难面对毛坯状态的住宅空间想象出最终的装修效果。而且当时国内住宅市场也尚无成熟的装修经验，大家都迫切期望能有一种直观可见的居住空间装修范例。对于房地产开发商而言，满足消费者的需求就是把握住了市场机会。因此"样板间"作为一种商品住宅装修示例的展示手段应运而生，并迅速发展起来。

在当时的市场需求下，样板间的主要功能是为了示意一种大致的装修定位，向参观者展示住宅空间的装饰效果、家具设备可能的布置方案以及比较新颖的居住理念，目的是吸引目标客户以促进销售。为此，样板间设计常采用"扬长避短"策略，有意弱化现实使用中容易出现的问题，并偏重以一些新奇张扬的装饰手法吸引人们的注意力，形成了仅追求表面效果的风气。"重美观，轻实用"的设计倾向也就从这个时期埋下了种子。

3. 全装交付的商品房阶段

1）毛坯房问题暴露，全装修得到倡导

如前所述，住户装修毛坯房时虽然有较多的自主决定权，但也逐渐暴露出一些问题。

对于消费者而言，购买毛坯房后不装修无法入住，自主装修又要分别面对设计师、装修队、材料供货商等群体，既耗时又费力，有时花了钱还不一定能得到质量保证，所以许多经历过装修之苦的人再次购房时便放弃了自主装修的念头；而一些投资客也不愿耗费过多资金和精力去装修，期望开发商能够利用集体采购降低

成本的优势，为市场提供具有一定质量水准的已装修商品房。

从社会和政府层面来看，以家庭为单位的分散采购、分户装修带来社会资源浪费、装修噪声扰民、建筑结构安全隐患、装修材料污染环境等大量问题。为加强对住宅装修的管理，建设部于 2002 年出台《商品住宅装修一次到位实施细则》，明确了"全装修住宅"概念，倡导住宅装修一次到位[1]。2008 年《关于进一步加强住宅装饰装修管理的通知》中进一步指出："……引导和鼓励新建商品住宅一次装修到位或菜单式装修模式……逐步达到取消毛坯房，直接向消费者提供全装修成品房的目标。"

从房地产开发企业的角度，一方面看到市场上有对全装修房的需求，另一方面也必须为依然高涨的房价找到继续吸引消费者的理由。

至此，社会各个层面都对商品房的全装修交付报以积极的态度。目前除了一些私人会所、别墅、超大户型等所谓"豪宅"类商品房仍希望以毛坯状态交付以便实施个性化装修外，一二线城市的中高端住宅项目已经开始倾向于做全装修交付。

2）样板间设计及装修的重点有所改变

相对于毛坯交付住宅的创意性样板间，全装修交房住宅的样板间在设计理念上更贴近现实生活，强调功能的实用性。在装修时，它须遵照现房交付时的空间尺寸、布局进行设计和施工，甚至连卫生间管井、厨房烟道等细节都不容忽视，以免误导购房者，或引起法律纠纷。

---

1 装修一次到位是指房屋交钥匙前，所有功能空间的固定面全部铺装或粉刷完成，厨房和卫生间的基本设备全部安装完成，简称全装修住宅。

全装修住宅的样板间设计时需要考虑两个方面。一是交付标准涵盖的内容，二是交付标准以外的部分内容。交付标准以内主要涉及与居住功能相关的部分，通常包含顶、墙、地三大界面，门窗（入户门、内门、窗），厨房橱柜及设备，卫生间洁具及设备，固定的收纳家具，基本照明灯具等。交付标准以外的部分主要是体现设计风格的软装、陈设、非固定的家具、装饰性灯具等。不同的项目根据自身定位有不同的交付标准，在样板间中须注明哪些是交付时包含的内容，哪些为非交付标准。

二　住宅样板间常见设计问题解析

住宅样板间设计经历了上述几个时期的发展，整个行业的经验不断积累，水准日益提升。但由于一些设计人员对生活细节的体验不足，对住户使用需求的理解不够深刻，以及仍然受到之前有偏差的设计思想影响之故，目前的样板间设计还存在一些问题。

通过总结样板间调研时观察到的实际情况，结合室内设计的实践经验，我们将样板间的常见设计问题归纳为 2 个大类：①住宅建筑设计阶段的遗留问题；②室内设计及装修阶段容易出现的问题。在此基础上结合具体案例进行点评分析，反推每种问题之成因，并提出相应的改进建议。

1. 住宅建筑设计阶段的遗留问题

在样板间室内装修中，经常能够遇到住宅建筑设计阶段遗留下来的问题。这些问题对

样板间设计中遇到的住宅建筑设计阶段遗留问题　表 3-1

主要方面	住宅建筑阶段的遗留问题
窗的设置	窗垛宽度不足，窗扇开启形式、窗开启扇尺寸不当等
墙的设置	墙体门洞口位置关系不当，承重墙与非承重墙的配置不当等
设备布位	配电箱、分集水器等设备的布位影响室内装修

居住功能造成了负面影响，并且是室内装修时较难弥补的"硬伤"。由于此类问题对样板间的展示效果影响不大，通常会被忽略，但付诸实际后却会对住户的居住和使用造成不便，因此我们应在样板间设计过程中及时对这类问题进行归纳和反馈，并提醒设计单位与开发企业对建筑方案尽可能予以修正和改进，以便为后续大批住宅套型的建造及室内装修提供正确的引导。

这一阶段容易产生的问题主要出现在窗、墙的设置和设备的布位等方面（表 3-1）。

1）窗开启形式不当，容易与人的活动相冲突

建筑设计中确定窗扇开启形式时，没有注意到窗扇开启后与家具设备的冲突，或没有考虑人的活动所需的空间范围。

【例 1】卫生间窗扇为向内平开式，窗扇开启后正挡在座便器的侧前方，影响了如厕所需的空间范围，且很容易造成磕碰（图 3-5a）。

【设计建议】可将窗扇开启方向反转，也可选用平开内倒式的开启形式，便于满足不同的使用需求（图 3-5b）。

设计人员应加强建筑图纸绘制的深度，将窗扇开启方式和开启范围细致地表现出来，并应将人的活动同时考虑进来。

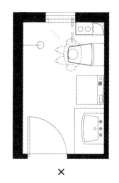

图 3-5a　窗扇开启形式与人的如厕活动相冲突

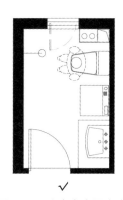

图 3-5b　改变窗扇开启方向，减少对人活动的影响

2）窗旁墙垛宽度不足，影响室内家具设备布置

一些住宅项目的开窗形式单纯追求建筑立面效果，有时会将窗洞横向贯通甚至不留窗边墙垛，以尽量增加立面上的玻璃比例，从而使住宅建筑外观更"酷"，产生类似公建的效果。但这样做往往会造成室内功能的欠缺。

【例2】卧室窗洞横向开大且窗开启扇紧贴侧墙，窗帘向两侧收束后挡在开启窗扇前，导致窗扇无法完全打开，对室内通风及窗扇的固定造成不利影响（图3-6a）。

【设计建议】窗边应留出一定宽度的墙垛以便收束窗帘。满足窗帘收束要求的窗旁墙垛尺寸宽度（D）≥ 250mm（图3-6b）。

除了窗帘收束的需求外，一些室内家具也希望倚靠墙角摆放以保持稳定，因此要求窗旁墙垛需具有适当的宽度。不同类型家具设备对窗旁墙垛宽度的要求如下：

摆放书柜、书架要求窗旁墙垛 D ≥ 350mm；

摆放衣柜要求窗旁墙垛 D ≥ 650mm；

摆放单人床要求窗旁墙垛 D ≥ 1000mm。

设计时应根据房间功能及面积指标，预先考虑到家具摆放的可能性，结合不同家具的常规尺寸，留出窗旁墙垛的合理宽度。

3）墙体与门洞的位置关系不利于室内装修处理

【例3】住宅套型平面中，卫生间门洞的开设位置未考虑垛口的设置（图3-7a），室内装修时将卫生间门洞左移，以便形成垛口（图3-7b、c），加强空间的对位和立面的完整性。但卫生间门扇开启后与坐便器位置相冲突，导致无法完全打开（图3-7d）。

【设计建议】设计套型时，应调整卫生间开门位置和洁具布置形式，以便装修时形成垛口。

在套型平面布置设计时，应同时考虑室内设计的需求，注意空间的完整性和墙体的对位关系，以利于室内装修阶段的设计处理。

4）未考虑设备操作空间，使设备与家具使用产生冲突

住宅套型中的配电箱等设备外观比较简陋粗糙，暴露在墙面上影响观感，因而在装修时

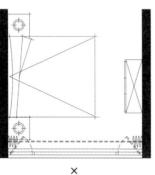

图3-6a　窗开启扇紧贴侧墙与窗帘收束相冲突，窗扇难以完全打开

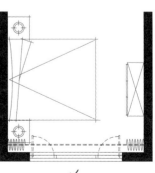

图3-6b　窗开启扇与侧墙间有宽度适当的墙垛，窗帘收束后不影响开窗

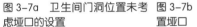

图 3-7a　卫生间门洞位置未考虑垭口的设置

图 3-7b　装修时希望立面完整设置垭口

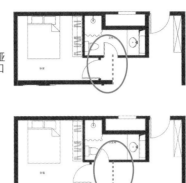

垭口

图 3-7c　垭口的设置要求卫生间门洞位置左移

图 3-7d　样板间未做门扇掩饰错误

常会通过一些手段进行遮挡或掩盖。但有时因没有考虑设备检修所需的空间，会造成检修操作上的不便。

【例 4】配电箱设置在门厅墙面上方，装修时将配电箱设置在衣物收纳柜内以便遮掩。但配电箱的高度通常是刚好设置挂衣杆的位置，当需要检查配电箱时，配电箱的门会与收纳柜的挂衣杆相冲突（图 3-8a），导致衣柜内无法有效设置挂衣杆或隔板，影响收纳量。

【设计建议】在建筑设计阶段确定配电箱、分集水器等设施的位置时，尽量避开必要家具的摆放位置；或预先考虑收纳柜的内部分隔设计，尽量避免与柜内竖向隔板或挂衣杆等配件相冲突（图 3-8b）。

设计时需注意设备布位与家具的关系，并应考虑预留设备检修和调节操作的空间。

5）设备布位不当，影响家具摆放或空间改造

住宅中的分集水器、暖气等设备因位置不合理，常会影响室内装修时的空间改造，或导致家具不能适当的摆放。

【例 5】门厅隔墙虽可拆改，但分集水器的位置限制了日后空间的改造（图 3-9）。

【设计建议】在方便操作和检修的前提下，分集水器宜尽量沿承重墙布置，并避免影响空间的改造。

图 3-8a　配电箱高度影响隔板或挂衣杆设置（左）

图 3-8b　配电箱高度不影响收纳（右）

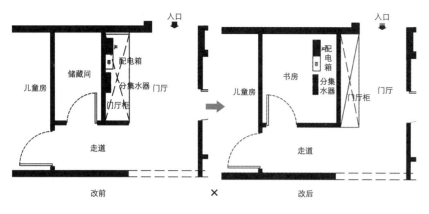

改前 × 改后

图3-9 储藏间改为书房后,分集水器的位置影响书房使用

×

图3-10 地台与卧室地面形成高差,不适于老年人使用

2. 室内设计及装修阶段容易出现的问题

样板间在室内设计阶段最常出现的问题是不能恰如其分地进行空间展示,过分强调风格效果;而在装修阶段出现的问题则是由于多工种分别施工,各工序之间缺乏统筹安排,容易在交接环节出现一些疏漏。

1)"过度设计",事倍功半

在一些住宅样板间中,设计师会设置较多的固定家具,既多耗费了成本,又削弱了空间的灵活可适性。

【例6】卧室中设置了局部地台,其位置与

形式很难随意变动。年轻夫妇家庭会觉得地台增添了卧室空间的趣味性,但对于行动不便的中老年人来说,这种高差就会带来安全隐患(图3-10)。

【设计建议】应以大多数居住者的共性使用需求为基础,仅设置必要的固定家具,如储藏类壁柜,留出更多的灵活空间,满足不同居住者的生活需求。

固定家具的设置宜谨慎。尤其是全装修交房时,室内装修要具有一定的普适性。一些布局只适用于某类特定家庭,对于不同类型的家庭或当居住者使用需求发生变化时,空间的适应性就较差了。

2)"静态"设计,忽略了使用时的"动态"情况

图纸方案呈现的是一种静态的设计,往往容易忽略一些可活动设施构件的使用状态(如门扇的开闭,抽屉的抽拉等),以及人在实际使用时的活动动态。设计实施后就容易产生一些问题。

【例7】设计者为了美观将储藏间门与旁边的卧室门设计为统一尺寸,且为了保证内部储藏量将门扇开向储藏间外的主通道。但由于门扇宽度较大(800mm),开启时阻碍了过道中其他人的通行(图3-11a)。

【设计建议】将壁柜门改为两扇对开,每个门扇宽度缩小为400mm,减少对过道通行的影响(图3-11b)。

进行方案图纸绘制时应同时考虑可活动设施构件的动态使用情况,合理确定构件的尺寸及活动范围,避免与人的流线或空间的使用相冲突。

3）设计不同步，平立面交接常有误

在进行图纸方案设计时，常因未能周全地考虑室内平面和立面的对应关系，而导致实际装修时各个局部之间的交接存在问题，例如出现吊柜与壁柜矛盾、顶部灯具与餐桌不对位的情况。

【例8】衣柜立面与吊顶平面没有很好地交接，衣柜的设计高度"顶天立地"，而局部的装饰性吊顶则限制了柜门的高度。结果导致衣柜上部搁板与柜门上沿之间的距离很小，取放物品十分不便（图3-12）。

【设计建议】进行方案设计时，平立面图纸应紧密配合，顶、墙、地各界面准确对位，相互照应。

4）装饰手法不得当，造成错视或误解

镜面的不当使用容易使人产生视错觉。

【例9】室内过道处从地到顶设计了整体镜面墙，容易让不熟悉的客人产生"可通过"的错觉，从而发生碰撞危险（图3-13a）。

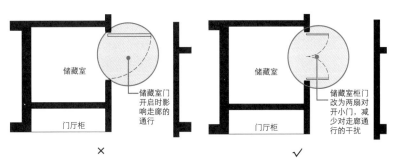

图3-11a　储藏室门过宽，开启时影响走廊通行

图3-11b　储藏室门改为两扇对开小门，减少对走廊通行的干扰

图3-12　装饰性吊顶位置不当，影响衣柜的使用功能

【设计建议】主要通道附近及动线转折处应谨慎使用镜面装饰，特别是与门洞大小接近且包边框的镜子，容易造成使用者的错视。镜面宜设置在能反射较远物体且人不能接近的地方，或考虑在镜面前方设置小家具或装饰物等（图3-13b），以起提示作用。

5）未考虑实际使用行为，设计后不便使用

在参观样板间时，一些家具设备的布置看似合情合理，没有什么问题。然而购房者若真的照此进行装修，入住使用后往往会感觉到不能满足使用需求或不符合行为特点。

【例10】面积宽裕的主卫中常采用双洗脸池设计，目的是使夫妇二人各有一个专属洗脸池。但在设置配件时，只在其中一个洗脸池的侧墙上配有毛巾架（图3-14a）。人在日常活动中，往往会有趋近避远的行为心理，洗手之后必然希望就近使用毛巾擦手。这就导致离毛巾较近的洗脸池被频繁使用，而另一个洗脸池则基本闲置。

【设计建议】双洗脸池两旁应各设一个毛巾架（图3-14b），以便放置毛巾等个人专属性较强的物品，使双洗脸池得到均等使用。

6）忽视人体工学，带来安全隐患

【例11】微波炉摆放位置过高，既不便于取放食品，也难以观察食物的加热情况。尤其是拿取盛有高温液体的容器时，很容易倾翻造成烫伤（图3-15a）。

【设计建议】微波炉应尽量摆放在台面上或置于与肩高相近的中部高度（图3-15b），其底盘高度不应高于视平线。微波炉旁还应保证有台面，从中取出加热后的食品时，可顺手暂放在台面上，减少烫伤的危险。

【例12】中低部位柜门上凸出的拉手容易钩挂衣服，或碰伤人的膝盖（图3-16）。

【设计建议】柜门、抽屉拉手应避免尖锐凸出，宜采用平滑圆润的形式或暗藏式拉手。

【例13】衣柜的抽屉位置过高，不便于查看和拿取里面的物品（图3-17）。

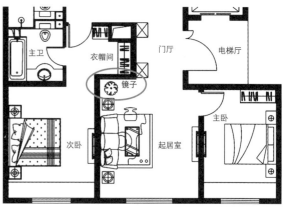

×
图 3-13a　镜面的不当使用
容易使人产生视错觉

✓
图 3-13b　镜面设置在人不易接近处，且前方设置绿植，有效扩大了空间感，又不会造成误撞

图 3-14a　双洗脸池只有一侧设毛巾架，使用率不均衡　　　　图 3-14b　双洗脸池两侧各设一个毛巾挂钩

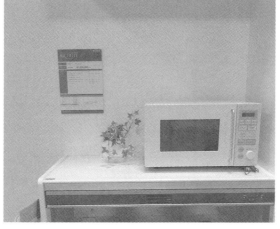

图 3-15a　微波炉的摆放位置过高，存在安全隐患

图 3-15b　将微波炉置于地柜台面上，便于安全使用

图 3-16　抽屉拉手设置在人的膝盖高度易碰伤膝盖

【设计建议】抽屉上沿以不高于 1.2m 为宜，便于查看里面的物品，取放也比较省力。

7）灯具选用不合理，影响使用效果

许多样板间中为了追求装饰效果，会选用形式复杂的灯具，或采用较多的筒灯、射灯等作为普遍照明灯具。但由于灯具的发光效率不高或光源形式不理想，往往不能满足照明需求。

【例 14】盥洗池处采用顶部的筒灯作为照明灯具，由于光照方向主要是垂直向下的直射光，照到人的面部时光线不均匀，且会使面部形成不自然的阴影（图 3-18a），影响人在镜前时的形象效果，尤其影响女性化妆时对妆容的判断。

139

图 3-17 抽屉位置过高，不便于查找取放物品　　图 3-18a 筒灯在顶部做镜前灯光照不均匀　　图 3-18b 镜上方以日光灯作为镜前灯光照均匀

【设计建议】镜前灯不宜采用顶部筒灯，而应选择日光灯类光源，以提供均匀照射到人面部的照度和足够的光线，满足镜前细致操作（图 3-18b）。镜前灯的安装高度以 2~2.2m 为宜，两侧可加设壁灯作为补充照明，但不宜仅以壁灯代替光源。壁灯应加灯罩柔化灯光，避免其直射人眼。

8）家具设备与地面拼花对位不佳，影响视觉效果

由于地面铺装工序在先，设备安装工序在后，常容易出现因设备选型没有严格依照图纸要求，或由于某种原因改变原定款型，而导致地面拼花与家具设备未能对位的情况，从而影响了内装完成效果。

【例 15】设备的占位与地面拼花不能完全对应，破坏了地面拼花的完整性，影响了内装视觉效果（图 3-19）。

【设计建议】地面与家具交接较多的区域宜选用单一纹样满铺的做法，尽量不要用局部拼花来强调家具、设备的具体位置。

三 对住宅样板间设计的建议

上述问题虽然表现形式各异，但通过分析可以发现，除了"重美观，轻实用"的设计思想带来的矛盾外，还有一些问题主要是由于设计、施工等各环节相对孤立、缺少衔接而造成的。这提醒我们一方面要转变思想，深入生活，真正从居住者的使用需求出发去进行样板间以及实际住宅的室内设计；另一方面应当重视室内

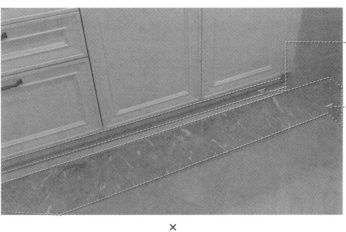

柜底铺砖露
出一条

勒脚线

图 3-19 地面拼花与家具设
备对位偏离

×   ×

设计与建筑设计、图纸设计与现场施工的有机
结合。室内设计人员应在建筑设计阶段就尽早
介入，充分了解建筑设计意图，深刻体会人的
行为心理，准确把握人体工学原理、室内装饰
材料和施工工艺；而建筑设计和建造阶段也应
考虑到室内装修的需求，对于这两个阶段的顺
利交接进行预先处理。

本文以样板间设计作为一个引子，希望
能够从真正关注居住品质的角度，在样板间
设计中为兼顾美观与实用找到一些思路。通
过对设计中常见问题的深入探讨，从根源上
寻求问题的解决方法，并对住宅的室内设计
有更加深刻的理解，做出真正人性化、精细
化的设计。

住宅建筑设计质量通病与解决方案

住宅建筑设计质量通病是指在住宅设计中，虽不违反相关规范，但却影响住宅使用性能，并且在不同项目中反复出现、难以避免的设计问题。比如厨房正对水盆的整扇内开窗，开启时会撞到水龙头，这样一个设计缺陷，在很多项目中都在重复地出现。

住宅与公建相比，其特点是在功能上更加密集、空间上更加紧凑，使用者在每日生活中会更深入地体会每一个设计细节。住宅对设计质量问题的容忍度比公建要低很多。

住宅建筑设计质量通病按影响程度分，可以分为两类：一类是所谓的软伤。比如，客厅落地窗外面的阳台采用实体栏板（图3-20），看起来很憋屈，这虽然在使用感觉上非常不好，但却没到直接影响使用功能的地步。另一类则为硬伤。虽然没有违反设计规范，但却直接影响使用功能，比如前面提到的内平开窗撞水龙头（图3-21）。本文中的质量通病主要针对后一类硬伤进行论述。

一 住宅设计质量通病中的六类常见问题

住宅建筑设计质量通病按类型分，又可分为开启问题、管线问题、点位问题、燃气问题、空调问题、建筑问题六大类。

1. 开启问题

第一类是门窗的开启问题。除前面提到的内平开厨房窗的问题外，比较常见的还有内平开的飘窗，当飘窗进深小于开启扇宽度时，容易出现开启扇与墙垛的碰撞，窗户无法开启至90°的问题（图3-22）；以及外墙阴角处相邻的两个窗户也很容易发生碰撞（图3-23）。

另外，阳台窗的防护栏杆需要1.05~1.1m高，如果阳台的内开窗仍然按照普通窗，在0.9m高处分格，很容易出现内开窗与栏杆碰撞的问题（图3-24）。飘窗如果从台面起向上设置0.9m高的栏杆，也容易出现内开窗与栏杆碰撞的问题（图3-25）。

内门也经常出现开启碰撞。比如，

图3-20 阳台落地窗外为实体栏板（左）

图3-21 厨房内开窗撞水龙头（右）

图 3-22　飘窗开启扇与墙
垛碰撞（左）

图 3-23　阴角处相邻窗碰
撞（中）

图 3-24　阳台内开窗与栏
杆碰撞（右）

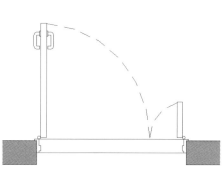

图 3-25　飘窗内开窗与栏杆碰撞　图 3-26　内门无法开启至 90°　图 3-27　设计时应该达到的绘制深度

图 3-28　淋浴屏玻璃门无
法开启至 90°

当内门的侧边没有留门垛时，由于门把手的存在，门扇将无法开启至 90°（图 3-26）。这种经常出现的问题，可以认为是图纸绘制深度不够造成的，当施工图绘制的内门详细到包括门把手时，此类设计问题，在设计阶段就比较容易避免了（图 3-27）。

卫生间内淋浴屏的玻璃门，由于把手的存在，也容易出现与暖气或其他管线发生开启碰撞、无法开到 90° 的问题（图 3-28）。室内固定家具的门扇开启，也要注意碰撞问题。比如某

项目家政间壁柜的门扇开启时，与电动晾衣杆碰撞（图 3-29）。

住宅首层至二层楼梯长短跑的休息平台处，由于层高很低，此处的管井门开启时，容易发生与吸顶灯碰撞的问题（图 3-30）。

上述所讲的开启问题，基本是与开启碰撞相关的问题。开启的方式与位置还与使用功能有较大关联。比如飘窗的开启扇如果设置不足，有些面的玻璃将永远无法擦到（图 3-31）。阳台的落地门联窗，只有门可以开启，而没有其他窗扇

图 3-29 壁柜门与晾衣杆碰撞（左）

图 3-30 管井门与吸顶灯碰撞（中）

图 3-31 无法擦到的窗玻璃（右）

图 3-32 只有门可以开启的落地门联窗（左）

图 3-33 窗帘安装困难（中）

图 3-34 风道口过低（右）

可以开启的话，夏天就必须开着门通风，使用上不是很方便（图 3-32）。如果这是首层住宅通往小院的门联窗，开门通风时就会存在安全隐患。紧贴顶板设置的窗户，还会存在开启扇与顶板之间间隙过小，难以安装窗帘的问题（图 3-33）。

2. 管线问题

第二类是管线问题，这里的管线主要指排水、通风的管线。因为强弱电、冷热给水和采暖的管线管径较小，一般埋墙或埋楼板、垫层设置，在路由上出现的矛盾较少。而排水和通风的管径较大，一般露明设计，较容易出现设计问题。比如某项目的卫生间设计，风道的排风接口留得较低，影响吊顶高度（图 3-34）；外墙上的排风留洞与排水管矛盾，而且卫生间窗上口标高过高，窗户又为内开，与卫生间吊顶碰撞，窗户根本打不开（图 3-35）。

又比如某项目厨房出屋面的风道，刚好位于顶层露台的正中，还正对顶层居室的窗户（图 3-36）。

3. 点位问题

点位问题主要指强弱电的插座、开关和冷热给水管出墙面接口存在的问题。按照现行的施工图图纸深度要求，电气专业的图纸一般都不对点位进行平面定位，而且强弱电图纸自身就分为照明平面、电气平面和弱电平面，三套设计图纸之间很有可能就存在矛盾。因此，当看到墙面上散乱的各式插座、开关，或者看到被家具挡住的插座、开关时，就不会感到奇怪了（图3-37、图3-38）。

图3-35 排风留洞与排水管矛盾，且窗上口过高，无法打开

4. 燃气问题

燃气设计问题大部分属于管线问题，但仍然需要专门分为一类加以论述，主要原因在于住宅的燃气设计必须交由专门的燃气设计院进行设计，不同的设计院相配合，在设计上容易出现各种各样的问题。

图3-36 厨房出屋面的风道（左）

图3-37 墙面上散乱的点位（右）

例如设计中普遍存在首层燃气入户位置不当的问题。某项目的首层厨房设计中，为燃气热水器的安装预留了位置，但燃气热水器安装后，首层燃气立管上的阀门将无法关闭，燃气管进楼后要拐个大弯才能接到主立管，很影响室内的使用。原因在于墙角的位置被雨落管占掉了（图3-39）。另外一个项目将燃气管设置在单元入口的残疾人坡道处，形同绊马索（图3-40）。

图3-38 插座被床头挡住，开关被冰箱挡住

a. 阀门扳手与燃气热水器矛盾　　b. 燃气管进楼位置与立管位置错开　c. 外墙阴角被雨水管占掉

图3-39 首层燃气管线设计出现的问题示例

图3-40 燃气管形同绊马索

燃气管或燃气表与门窗发生矛盾的情况也较为常见。例如图3-41，燃气表位于生活阳台内平开窗的背后，窗户开到90°肯定会撞到燃气表，搞不好还会把玻璃撞碎。如图3-42，从生活阳台引向厨房的燃气管，直接从门洞内钻进来，致使这个门洞的门无法直接安装。另外，燃气管与厨房排烟道的吸油烟机接口矛盾、燃气立管与燃气热水器的强排留洞矛盾的情况也时有发生（图3-43）。

5. 空调问题

第五类是空调问题，包括空调室内机与室外机两个方面。

以某住宅卧室的空调机位设计为例（图3-44），冷媒、冷凝管留洞距天花板只有280mm的距离，而一般空调室内机高度为300mm，上回风的空调室内机需要与天花板保留100mm的安装距离，这样一来，空调的冷凝水根本无法通过这个留洞向外排放。而且空调室内机受插座位置的影响，只能安装在距墙

角较远的位置（图3-45），导致室内露明的冷媒管较长。

此外，外墙上的空调冷媒、冷凝水管留洞被雨落管挡住的情况也经常发生（图3-46）。

空调室外机的安装，也常常在设计中被忽视。比如一些项目的空调室外机位，虽然设计了可以开启的百叶，但从居室外窗的开启扇却根本够不到，更无法安装室外机（图3-47）。有的项目将空调室外机设于上下飘窗之间，空调的冷媒、冷凝水管只能露明连接到室外机位，影响立面效果（图3-48）。

6. 建筑问题

建筑问题主要指建筑专业本身的设计问题，比如之前提到的阳台落地窗外为实体栏板。类似的问题还有，某项目中底商在角部设计了四角攒尖屋顶的造型，但从背后二层的套型卧室窗望出去，刚好挡住了住户的主要视线，该尖屋顶在二层住户的强烈要求下，最终被拆除（图3-49）。

图3-41 开窗即撞燃气表 图3-42 燃气管影响门的安装 图3-43 燃气管与留洞矛盾

图 3-44　空调冷媒留洞过高　　　图 3-45　插座的位置使空调不能靠　图 3-46　空调冷媒留洞跟雨落管矛盾
　　　　　　　　　　　　　　　　近冷媒留洞安装

图 3-47　无法安装的室外机位　　　图 3-48　露明的冷媒、冷凝管

底商角部的攒尖屋顶　　　　　　　从二层卧室望出去的情景　　　　　攒尖顶被拆除后的样子

图 3-49　底商屋顶影响二层住户视线的问题示例

又如某一梯两户多层住宅在顶层只剩一户，但楼梯的休息平台却拐向了没有户门的那一边（图 3-50），让人感觉有些奇怪，并且浪费了公摊面积。试想，如果楼梯左右镜像一下，效果会改善很多。

二　住宅设计质量问题的产生原因

上述所讲这些设计质量问题，在设计图纸中很难显露出来，只有施工完毕才暴露出来；而且一旦建好，难以更正，给住宅的使用功能造成较大影响。这些住宅建筑设计质量通病为什么发生频率高，却又难以避免？

究其原因大概可以从三个层面来讲：

1. 设计者对使用功能的理解不重视、不到位

在住宅设计中，有时设计师会为了追求立面效果，而忽略了使用者的居住感受。比如前面提到的阳台落地窗外的实体栏板，在很多项目中都曾出现这种情况。北京某住宅项目，就曾因为住户的强烈要求，将已经施工的实体栏板改为玻璃栏板（图 3-51）。

又比如厨房的窗户设计成向外的平开窗，由于隔着橱柜，窗户推出去就很难再拉回来（图 3-52）。这个问题在图纸上并不能表现出来，设计师也缺少生活经验和切身体会。在实际设计工作中，往往买过房子、装修过自己家的设计师更容易把住宅设计好，这跟对住宅使用功能的亲身体验和理解深度有关系。

2. 设计图纸深度要求不足

设计深度问题究其原因是按照现行的施工图图纸深度要求进行住宅设计，显得有些粗放，一些问题在设计阶段难以暴露。比如窗户外侧有窄阳台，阳台栏板高 1.1m，窗台高 0.9m，如果窗户为外平开窗，很容易出现窗户开启后撞阳台栏板、无法完全打开的问题（图 3-53）。这种设计问题，是因为窗户的开启并不在平面

图 3-50　顶层楼梯平台面积浪费的示例

效果图中的实体栏板

实际建好后改为玻璃栏板

图 3-51　某住宅项目在实际施工后将阳台实体栏板改为玻璃栏杆

图上表示，需要通过门窗号、查门窗详图来核对窗户开启是否存在碰撞问题，因此此类设计问题很难在图纸中发现（图3-54）。

3. 各专业间缺乏配合

传统的住宅施工图设计被分割成了建筑、结构、给排水、暖通、电气、燃气六大专业，六个专业各自按照自己的专业原则进行设计，再通过"互提条件"和"对图"来协调各个专业之间的关系。对于住宅这样的方寸之地，各专业管线和点位之间的距离需要精确控制和配合。而按照传统的设计方法，六个专业的内容绘制在不同的图纸上，通过简单的"对图"，很难把各专业之间的矛盾暴露和解决。如果再加上精装修设计，室内设计专业跟以上六大专业又会出现新的矛盾。比如卫浴柜的设计，很容易出现隔板与水电点位"打架"的情况（图3-55）。又如某项目燃气壁挂炉附近的管线及点位设计十分混乱，壁挂炉排烟管与燃气管交叉，排烟管和燃气管又挡住了后面的插座（图3-56）。

图 3-52 厨房外平开窗难以操作（左）

图 3-53 窗户开启与阳台栏杆存在碰撞问题（中）

图 3-54 按照现行施工图图纸深度要求绘制的住宅平面，往往很难反映出窗户开启的问题（右）

隔板与给水点位碰撞　　隔板与强电点位碰撞

图 3-55 卫浴柜隔板与水电点位"打架"

图 3-56 壁挂炉附近的管线及点位

三　住宅设计质量问题的解决方案探讨

与公建不同，住宅设计的技术门槛低，但对设计精细度要求苛刻。针对住宅设计的这一特点，我们尝试改革传统的住宅设计模式，力求从根本上减少质量通病的出现。

我们在设计方法上进行了创新，彻底打破传统的多专业同时推进的设计模式，而转为由建筑师来统筹布置各专业的点位、路由和留洞。专业之间的综合均由建筑师来一并考虑。建筑师绘制的各专业综合图，包括结构的梁高、洞口上下标高、水暖电的点位综合、水暖电及燃气的路由综合以及墙体、风道及检修口留洞等等。建筑师绘制综合图，会提供给各工种，以此为依据生成各工种的施工图。这种工作模式在根本上解决了多专业协同工作时难以避免的专业之间不交圈的现象。实践证明，这种工作方式很适于住宅这种类型的建筑设计。由于

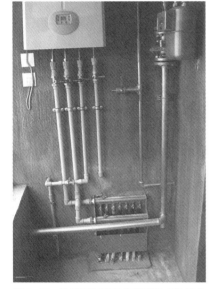

图 3-57　统筹燃气设计的管线及点位综合案例

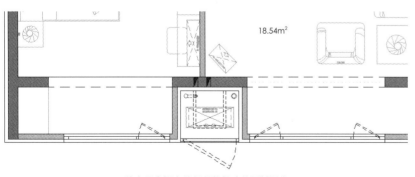

外窗及空调室外机部位的建筑图纸深度
图 3-58a　对住宅施工图设计深度标准的改革

住宅各专业的技术门槛较低，普通建筑师经过简单培训完全可以胜任上述工作。

对于燃气设计，我们对住宅楼内部分的燃气管线进行统筹设计，再征求燃气设计院的意见，最终由他们套图签出正式图。这样做既减小了出现问题的概率，又大大提高了工作效率。而传统的工作模式——由建筑设计院向燃气设计院提条件、交底，所耗费的工时远大于燃气图纸绘制所需的工时。

首层进楼的燃气管、地暖分集水器、壁挂炉等各专业设备及管线集中于一处，非常容易出现设计问题。燃气管如果不考虑分集水器的存在，则很容易设计在墙角的位置，这就会使得分集水器无法安装。通过这种模式设计的某工程，由于改变了工作方法，这个容易出现问题的角落被设计得井井有条（图 3-57）。

另外，我们尝试改革施工图设计深度标准（图 3-58a、b）。比如建筑专业，要求在平面图上绘制窗户的开启、内门的门套、厨卫的装修完成面、空调室外机百叶的开启等内容，使所有容易出现矛盾的地方都展现出来，从而减少了前面提到的诸如窗户设计等常见问题的发生。楼梯需分别绘制两跑各自的剖面，从而避免碰头问题的发生。

当然，以上这些都只是在设计环节采取的减少质量通病的措施。如果要大面积的消除住宅建筑设计质量通病的影响，更为重要的是采用标准化的设计方式。笔者曾与一些开发商合作开发标准化产品，通过户型标准化的方式来帮助开发商解决质量通病的问题。

以某开发商为例，按气候区划其在北方区域南至青岛、北至长春、东至大连、西至新疆的近二十个城市均可以采用类似的户型。按照

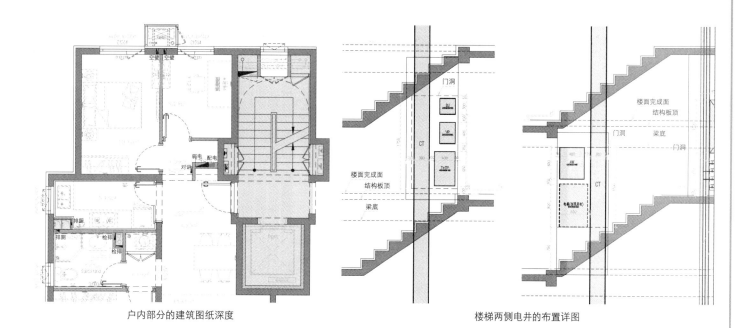

户内部分的建筑图纸深度　　　　　　　　　　　　　　楼梯两侧电井的布置详图

传统方式，这些城市的众多项目都要分别进行产品定位、户型设计，直至最终的施工图设计。各项目的设计负责人对住宅的认识不尽相同，部分设计院所采取的设计方式又较为粗放，各种设计质量问题大量出现，难以避免。为了解决这个问题，在与这个开发商进行合作时，相继研发了首次置业、首次改善和再次改善等客户群的面积区间，从多层到高层的各种产品。这一系列户型在尽可能整合统一的前提下，又兼顾各城市规范上的差异。并且，在厨房、卫生间、核心筒三个最容易出现设计问题的部位，采取了模块化的设计思路，即不同的户型共用相同的厨卫、核心筒设计。同时，不同的楼型也共用相同的户型设计。从而把整个户型库的维护成本降至最低，也易于进行升级换代。部分标准化产品及主要厨卫模块在研发过程中，

都经过 1：1 的实体模型推敲，这样就较为彻底地避免了质量通病的出现。该公司在实际项目操作中，北方区域下属各城市的主流产品，均可以从标准化户型库中选取。户型库包含精装修设计，甚至包括产品及精装的采购清单，这就使得各项目从设计到招采的流程大大简化，效率得到大幅提高，更为重要的是极大地提高了大批量住宅的设计质量。

另外，借助 BIM 软件，建立三维全息的建筑模型，也可以从根本上解决设计不交圈的问题。未来，整合概预算、采购信息和施工管理的 BIM 系统对于开发商来说具有重大意义。

总之，我国每年的住宅建设量十分巨大，但从整体上看，设计质量良莠不齐，质量通病在很大程度上影响着巨大数量住宅的使用功能。根治住宅建筑设计质量通病具有非常重要的现实意义。

图 3-58b　对住宅施工图设计深度标准的改革

* 注：本文作者付昕，清华建筑设计研究院工作室主任；清华大学建筑学硕士、学士；国家一级注册建筑师；主要研究领域为居住区规划、户型设计及住宅标准化研发。

解读住宅设计中常见的十二种风水

　　风水是我国一门非常古老的学问，至今在民间也有一定的影响力。特别是近些年，不少开发商在做项目之前，都会请风水先生来指导一番。许多人选择自家住宅时，也会或多或少地将风水因素考虑在内。然而有时候，风水中的一些要求却与建筑师的设计方案产生矛盾。这让不少人感到无所适从。风水是否有其道理？我们是该将风水作为宝贵经验加以重视，还是该尽量避免风水对我们的选房装修产生误导？

　　针对这些问题，我们展开了一些实地调查与网络调研，选取了住宅设计中的一些较为流行的风水说法进行分析，这些风水分别涉及小区规划、住宅套型设计以及室内装修等不同方面。我们尝试分析这些风水说法的来源，并结合古人与现代人的生活特点与居住方式，讨论这些说法对住宅设计带来的影响，并判断它们是否仍然适用于当下的生活方式。

一　小区规划中的风水

　　古代风水理论中有许多关于城郭、村落规划布局及住宅选址实践经验的总结。现代居住区设计中的风水说法有一部分是直接从古代延续下来的"老风水"，有些则是与现代居住区规划特色相结合的"新风水"，其内容包括住区环境、道路系统、建筑形态等几个方面。下面我们将在这些新老风水中选取较有代表性的几个说法进行分析。

1. 有宅必有水，水是财源？

　　从"风水"这两个字里就可以看出古人对于水的重视。在我国风水理论中，水即是财源。时至今日，"水景"依然是楼市中一个颇具吸引力的卖点，海景、河景房常常会凭着好风水的说法卖出一个更高的价格。那么，水真的会为住户带来"财源"吗？

　　【故事】

　　调研中我们曾经见到有两个楼盘区位相邻，各方面条件也都非常相似，只是其中一个楼盘邻近一条小河。从风水角度讲，是标准的好风水，开发商也对这一河景资源的风水作用大加宣传。然而，这个楼盘的销售情况却远不如另一个没有水景的楼盘。当我们对这一小区的住户进行调研时，许多人表示，主要是担心河水污染会有味，并且挨着河夏天可能会有很多蚊子。

　　相似的例子还有离海近的海景房。房子离海近曾经一度很受欢迎，被认为是最佳风水住宅。但是近年来，很多人发现离海太近的海景房并不那么宜居。原因是临近海边室内往往比较潮湿，海浪声和海风有时会形成噪声干扰，而且海风中的盐分会对家具和窗框等五金件造成一定的侵蚀。同时，有些地区冬天海风大而潮湿，会使患有风湿或关节炎的老人很不舒适。

【解读】

从上面的例子可以看出，住宅离水近能带来财源的说法并不靠谱。临近居住区的河景、海景等自然水景资源有时会给居住带来一些问题，并不一定能为住户带来"财源"。那么，小区中的人工水景"风水效果"如何呢？

庭院中有水的做法在我国由来已久。故宫的院子里摆着很大的蓄水缸。这是因为我国古建筑以木结构为主，故消防是最大的安全要素之一，院落中大水缸的主要作用就是着火时便于取水扑灭。

水缸里的水如不常用就会容易变质，为了解决这个问题，很多人家在大缸中养小鱼、荷花，做成微缩水景，这些生物处理手段可以有效地防止水质腐臭。古代的园林中，人工开凿的水池、瀑布，在宅院中形成微型山水，既可游赏、又可为院子消暑降温，还满足了消防需要。久而久之，在院子里做人工水景这个既美观又实用的做法就流传了下来。

现在，小区内的人工水景能够美化环境，改善小区微气候，同时也为孩子们提供了嬉戏的场所。这些优点使小区水景受到了许多人的欢迎，开发商也常将人工水景作为楼盘的一个重要卖点。

但是，小区内的人工水景有时也会给人们带来一定困扰。在深圳某小区调研时我们发现，由于水景缺乏维护，夏天水质容易腐败且会滋生许多蚊虫，住户不得不在阳台增加防蚊网。并且，在一些物业运营费用不高的小区，原先

图3-59　深圳某小区水景因怕维护困难滋生蚊虫而没有使用

设计的喷泉、水池通常很少注水，只有节假日才开放，甚至干脆废弃掉，以便节约维护水景的人力物力（图3-59）。同时，有些小区在有限的景观空间中做了大面积的水景，导致小区内的活动场地过少，老人和儿童在水边行走玩耍时，也容易不慎滑落。由此可见，社区内的人工水景是否能够起到积极的作用，既取决于景观整体规划，也与后期管理和维护的好坏密不可分。

【结论】

小区内外的天然水景或人工水景是否能提升居住品质，都要视具体情况而言，水和财并无直接关系。经过开发商、建筑师的精心规划设计，以及小区物业良好维护管理，水景能为小区居民创造更优美、舒适的生活环境。处理不好的水景则有可能为居民和物业带来许多麻烦，反而导致"破财"。

2. 住宅对着丁字路口会冲掉福气？

古代风水中有这样的说法："一条直路一条枪"，认为如果房子正对一条笔直的马路，就如同一把长枪向我们刺来，称为"枪煞"（图3-60）。

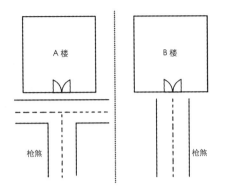

图 3-60　"枪煞"的示意

现代都市中住宅多为高楼，已经不再是古代的低矮建筑，一个住栋中有很多户人家，那么，这种说法是否还有其道理呢？

【故事】

在某个小区我们发现一个奇怪的景象：一些住在低层的住户在自家阳台上挂了面镜子。原来，这栋楼的一侧正对着一条道路，刚入住时一些住户反映晚上睡不好觉。后来有位风水师说：这种布局犯了"枪煞"，风水不佳，需挂上镜子来化解。住户们听后便纷纷挂了镜子，发现晚上居然真的睡得好多了。

【解读】

类似的故事在很多地方都发生过，它们似乎印证了风水师的说法，但仔细分析后不难发现，起作用的原因并非风水，而是一个简单的原理：夜间行驶时，有的司机喜欢开远光灯。当卧室窗户正对马路时，远光灯的强光不断照射过来，对住户睡眠有一定影响。特别是夏季夜晚，人们常常为了风凉开窗睡眠，并且不挂厚窗帘，远光灯产生的影响就更加明显。而挂上镜子后，远光灯会反射给司机，刺眼的眩光会令司机关闭远光灯。同时，住户们也可能是因为"枪煞"被化解的心理作用，才睡得更加安稳。

枪煞之说源于古代。在古代，如果住宅大门正对着一条笔直的马路，确实存在许多隐患：马匹失控时，很容易冲撞到大门造成损毁；小孩子总在家门口附近玩耍，因而也可能被失控的马匹撞伤；而古代的路多为黄土铺就，对着马路也难免产生噪声和扬尘。久而久之，人们就总结出这样的经验：住宅的大门不能对着丁字路口。

到了现代社会，马车早已退出城市，取而代之的是汽车。古代院落式的住宅在如今的都市里不再常见，更多的是小区高层住宅。但个别住宅楼栋正对路口的情况仍然存在，尤其对于一层住户，除夜间的车灯干扰外，噪声和尘土也会给住户带来一些困扰。

当遇到马路对居住单元有不利影响时，也可以用一些建筑设计手段来解决。从套型来说，调整正冲道路的窗的位置、在其他方向的墙面上开窗，或调整户型内的布局，将卫生间、厨房的小窗或高窗开在此处，相对减少干扰，以弥补正冲路口的缺陷。从规划上来说，在路口和楼栋之间设置一定宽度的绿化带作为缓冲，也能大大降低其不利影响。在风水中，会将这类手法称为"化解"，而在现代科学中，这其实是规划及建筑上的合理化处理。

【结论】

关于道路对住宅的影响，古代风水中有不少说法，也提供了不同的化解手段，这些方法有些到现在还有一定的作用，有些则不再适用。现代建筑及规划理论基于生活与实践，对于遇到的问题进行针对性的解决，其设计手段与方法也更加多样化，因而处理不利因素时，也会更加科学和有效。

3. 高楼开洞到底是旺势还是漏财？

风水理论内部存在不同流派，对于同一状况有时会有截然不同的"风水结论"。遇到两种各执一词的风水说法时，人们常常会倍感困惑：究竟哪一位风水师说得才更有道理呢？

【故事】

在一次南方地区的高层住宅投标中，开发商要求设计方案一定要体现"好风水"。于是甲设计院的方案中，在高层住宅中去掉几间房，留出了一些完全敞开的空间，做成空洞。建筑师解释说："风水风水，就是要有风才有水。这些洞虽然好像浪费了面积，却是重要的风水洞。"

而乙设计院的建筑师却做了一个围合式方案，将几栋楼围合成院，尽量减少洞口，他们的解释是："住宅就得藏风避气，才能聚拢财运，开洞会漏财。"

这样一来开发商犯了难——到底该听谁的呢？最终，开发商决定放弃风水要求，由评审专家根据功能布局和造价等综合因素来选择。

【解读】

在风水说法中，常会有这种迥然不同的"流派之争"。从建筑设计角度看，高楼中的空洞能够加强空气流动，所以这个做法在天气湿热、需要改善自然通风环境的南方地区较为有利（图3-61）。但对于有台风的沿海城市，台风季节洞口的强风又可能会对周围的住户产生不利影响。而对于冬天寒风凛冽的北方地区来说，"风水洞"则不甚可取，空洞会增大楼栋的体形系数，对节能保温十分不利。

类似的，由于气候、环境不同导致各地不同的风水说法的例子还有很多：北方忌讳高楼下悬空，谓之曰"无根宅"；而南方的过街楼、骑楼、

图3-61　香港某著名高层豪宅的风水洞

吊脚楼却非常普遍，认为有助于散去秽气。这其实是因为北方地区底部留空不利保温，而南方地区底层架空则有利于空气流通，排散湿气。

【结论】

在风水漫长的演变过程中，那些关于经验总结的推导过程渐渐被略去，留下的往往是一个简单的结论。而这些被忽略的推导过程，却恰恰正是风水说法中科学性之所在。因此，盲目遵从风水结论，而忽略这些结论产生的原因，就会令人无所适从。当面对不同的风水说法时，应当结合当地环境、气候情况，判断其是否合理。其实，这就已经不再仅仅是风水判断，而是科学分析了。

4. 住在七八层的高楼会让人生运势七上八下？

现在有不少住宅在楼层数字的设置上有很多禁忌：4层谐音不好，不吉利；13层是西方

禁忌；而 7 层、8 层会让人的运势起伏不定；18 层是佛教禁忌。还有一些地区信奉"只能我踩人，不能人踩我"。故此楼层越高越好，楼层低了，运势全要被人压住。这些关于楼层高度的说法，东西方文化中都有不同的流传，但到底有没有道理呢，该如何在低层、中层和高层的住宅中作出选择呢？

【故事】

在一个高层住宅的电梯里，几乎每个初次到访的客人都会感到困惑。原来电梯面板上的数字 3 层之后是 5 层（图 3-62），6 层之后竟直接跳到了 9 层。这种设置常常让访客摸不着头脑，有的还打电话到自己要去的人家求助："你们家到底是在四层还是五层？这电梯面板上的数怎么这么奇怪啊？"

【解读】

关于住宅楼层数字的禁忌是现代才产生的"新风水"，因为我国古代很少有多层甚至高层住宅。直到近现代，单元式集合住宅开始大量兴建，人们才逐渐对楼层数字讲究起来。20 世纪七八十年代，人们开始从传统的平房迁入楼房。那时候的俗语是："一楼脏，二楼乱，三楼四楼住高干。"可见，那时候人们还认为四层

图 3-62　楼层数字为避讳，不写"4"

是理想的楼层高度，并没往谐音的方面去联想。至于七上八下说法的产生，不但是由于这一成语本身，也是由于近年来城市空气污染越发严重，有些专家说城市中浮尘层大致在 30~40m 左右，正好是住宅 8~12 层的高度，7 层、8 层不好的说法就更为人所信了。近些年还有风水师索性将各个数字分了五行属性，再根据居住者的生辰八字等情况来决定到底应该住哪层。除此之外，有些人忌讳谐音，有些人相信宗教，于是部分开发商干脆采取最稳妥的做法——避讳掉一切不利因素，避讳的数字也就越来越多，越来越复杂。

从实用角度看楼层对生活产生的影响，情况就变得清晰多了：低层的住宅优点是视野较低平，亲近周边环境，可以步行上下楼，不必担心电梯故障带来麻烦；缺点是蚊蝇、噪声和尘土比高层多一些，也容易被临近楼栋和周边的树木遮挡光线。而高层的住宅则视野开阔，采光率高，空气流通较好；但缺点是视角过高，可能产生眩晕感，而且对电梯的依赖性很强。在选择楼层时，许多老年人更青睐住在低层，觉得接地气，出门方便；而大多数年轻人更喜欢住在高层，觉得站得高望得远，景观效果好、心情舒畅。

【结论】

其实具体的楼层数字并不重要，重要的是所选择的楼层高度是否适合住户本人的生活需求。比如对于喜欢在高处眺望的人，住高层是不错的选择；但对于喜欢上下楼方便的老人和有恐高症心理的人来说，住低层则更适合些。如果仅为追求某些吉利的数字而忽略对自身居住需求的考虑，只能说或许在心理上会舒服一点，在实际生活中反而会有不利影响。

二 套型设计中的风水

古代住宅的很多基本功能空间如卧室、厕所、厨房、门厅等等，在现代住宅中也依然存在。古代风水中有很多关于住宅空间布局的说法至今也相当流行，并影响着人们对套型和装修方式的选择。在下面的内容中，我们将选取几个较为流行的与套型有关的风水说法进行分析。

1. 住宅没有豪华门厅不平安？

门厅，是指住宅的入口空间。在传统风水说法中，入口空间有重要的"挡煞"作用。不过，古代与现代的住宅入口空间形式很不相同。古代住宅为院落式布局，门上有檐，加上门内的影壁，一起形成了入口空间。而在现代小套型中，门厅常常只是进门处的一小块空间，面积小，布置往往较为简单。那么门厅的设置到底重要不重要呢，门厅的形式会对人们的生活产生哪些影响呢？

【故事】

一位刚置业的年轻人买了一个 40m² 的小套型，由于入口空间不大，装修预算有限，他想选一个简单轻巧的衣帽柜放在门口，就算完成了门厅的布置。但是在装修时，装修公司一定要让他做一个高大豪华的"门厅柜"，将进门处视线遮挡得严严实实才好。装修公司告诫他说："可千万别小看这门厅，阻挡煞气、保证福气全都靠这个门厅柜呢！你想想，要是柜子不够大，不够重，怎么能挡住煞气呢？"

【解读】

现在的户型门厅在古代对应的是整个住宅院的入口空间。在传统民居中，大门打开后确实不会直接看到住宅的内部，而是先看到一堵厚实的墙——影壁。在民间传说中，鬼魂只会走直线，影壁可以阻挡其进入住宅内部，也就保证了家中的平安。相反，如没有影壁，鬼魂长驱直入，就叫作"直来直去损人丁"。而从实际功能角度看，足够大的影壁能够遮挡住外人的视线，更好地保护宅院中的隐私，还可以形成更完整的入口院落空间。

到了现代，随着住宅套型的小型化和集约化，住宅院落入口演化成了现在套型进门时的小空间。人们希望门厅能够保证一定私密性，能满足脱换鞋和衣物等需求。同时，还希望门厅美观，为来访者留下良好的第一印象。当套型入口正对卧室或洗手间等私密空间时，一定的隔断性可以起到遮挡视线、保证私密性的作用。但有些时候，将门厅设计成半开敞或开敞型反而更符合需要。比如对于有老人，特别是坐轮椅的老人家庭而言，门厅形式应尽量通透宽敞，方便推行轮椅进出。同时，家中有幼儿的家庭也比较喜欢较为开敞直接的门厅，因为家长们希望在家中能随时看到门口发生的情况，以防止幼儿跌倒或是跑出门外。

不仅是中国，日本住宅中也非常重视门厅（玄关）空间。他们的"门厅"除了保证私密性，满足脱衣换鞋等基本功能外，还特别重视迎送客人，节气装饰等功能，强调功能性和礼仪性双重作用。因此，尽管日本很多住宅在各个空间的面积都很节省，但"门厅"空间总是必有且独立的。

【结论】

门厅是重要的入户过渡空间，同时承载着多种使用功能。门厅的大小与功能，是根据使用者的生活习惯而定的，而并非越大、越豪华越好。

门厅的形式是开敞好还是作为隔断相对独立好，不应仅凭风水上的说法一概而论，而应该充分考虑使用者不同的功能需求。

2. 卧室房顶有大梁不吉利？

古代风水中有"横梁压顶"的说法，认为长期在横梁下起居、生活会破财损身。而现代住宅的结构形式较之古代已有很大不同，多为剪力墙结构。那么，关于大梁的古代风水说法，到底还有没有道理呢？

【故事】

一个新开的楼盘销售形势很好，但只有顶层跃层套型比别的套型便宜很多。一问才知，原来这个跃层套型的卧室中间上方有个结构梁穿过。从风水角度来说，卧室有横梁压顶属"大

图3-63 房间屋顶的梁与室内设计结合，营造出较好的空间效果

凶"，很多购房者都不愿意选择这个套型，最后开发商只好降价促销了。

【解读】

从使用角度看，"横梁压顶"的说法可以这样解释：人睡眠时仰卧，会本能地看向顶棚，如果是在夜晚，光线较暗，视线上方正对着一根横梁，横梁背后会产生阴影，确实会使人产生一定的心理压力，甚至带来恐怖的联想。我国古代都是木结构房屋，悬空的梁上可能有虫子、灰尘掉在床上，不干净；并且如遇地震，梁一旦断裂，就会压在床上带来危险。因此，很可能是因为上述这些原因，才有"横梁压顶破财损身"的说法。

到了现代社会，住宅建筑结构体系大多是钢筋混凝土结构，住宅中的梁多半都和墙体、楼板浇筑结合在一起，并非悬空的大梁，不存在落灰或是横梁断裂的问题。在装修时，如果能将横梁与吊顶、灯具的设计结合，反而可能创造出美观的空间效果，消除本来可能带来的不舒服的感觉（图3-63）。

【结论】

随着住宅结构形式的彻底改变，古代风水中"横梁压顶"的说法在今天看来已经时过境迁。在装修方式多样、装修技术发达的今天，结合吊顶设计对有横梁的顶部作出适当处理，再将床位进行恰当的摆放，就可以将"屋顶有梁"这一不利视觉因素变成有局部吊顶，美观实用的顶棚了。

3. 住宅中有尖角和梯形空间不吉利？

在中国风水理论中，方正、对称一直都是被推崇的布局方式。而锐角或是包含锐角的形状（如梯形、三角形）通常都被认为是"尖角煞"，不吉利。那么，锐角空间到底是好是坏呢？

住宅的空间形状对居住者的影响到底如何呢？

【故事】

著名建筑大师贝聿铭设计的香港中银大厦以三角形为主要元素，造型简洁，结构合理。据说在方案讨论阶段，有风水先生表示此设计大凶，"尖角冲射主不吉"。但贝聿铭却以一句"芝麻开花节节高"圆满地解释了这个充满锐角的建筑风水说法，方案终于获得了通过。

【解读】

这个故事是真是假并不重要，但由此可见锐角形空间和锐角形态在风水说法中的确是不受欢迎。从建筑设计角度讲，锐角空间不利于摆放家具，容易造成空间浪费；家具、墙体的锐角都容易损毁，并存在撞伤人的隐患。所以古人说建筑中的锐角"不吉"，也是有一定道理的。

那么，中银大厦的锐角造型该如何评判呢？贝聿铭的中银大厦是公共建筑，公共建筑更希望个性鲜明，标新立异，立面上简洁的锐角造型恰恰是其结构逻辑的体现，是结构需求与建筑造型的完美结合。而假如在住宅设计中盲目追求造型上的个性化，牺牲了内部空间的实用性，则确实有可能为住户带来不利的影响。

住宅的形态不仅影响功能布局，也对居住者的心理造成影响。在一次针对青年社区的调研中，我们得知有一栋楼本来是按照老年住宅设计的，但对老人的销售状况却非常不理想。原来，建筑师为了造型美观，将标准层朝向景观的一面设计成了弧线平面，整个楼层平面呈扇形。但没想到的是，很多老人对扇形房间非常厌恶，觉得"一头大一头小"让人联想起棺材（图3-64）。无奈之下，开发商只得临时改变销售策略，将这个楼作为青年公寓销售。最终，房子虽然卖出去了，但原有的专为老年人设计

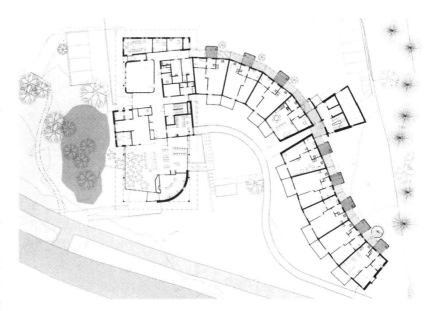

的配套设施也浪费了。这样看来，"一头大一头小"的扇形还真有些"不吉利"。

然而，在很多沿海城市的海景住宅中，扇形的阳台和餐厅设计都非常受欢迎。这是因为扇形提供了更开阔的视野，更有利于观赏海景，在这样的空间里用餐眺望，使人心旷神怡。这时候的扇形似乎又成了非常"吉利"的形状。

图3-64 为迎合建筑弧线造型，将老人居室平面设计为扇形

【结论】

从这些不同的故事中我们不难发现：住宅空间和楼栋本身的形状是否"吉利"，并不取决于风水说法中的定论，更重要的是其是否能够满足使用者在功能上和心理上的需求。同样的形状，在不同的环境中、承担着不同的功能，往往会产生不同的效果。

4. 厨房挨着卫生间水火不容？

在风水理论中，厨房五行属火，卫生间则五行属水，二者离得太近或者相对布置，便会

造成水火不相容，必有灾祸，是套型设计中的大忌。古人为何对这两个空间作如此界定呢？这其中的道理是什么呢？

【故事】

一家人在挑选套型时出现了矛盾，年轻人觉得 A 套型的布局比较合理，但老人坚持要挑选 B 套型，因为 A 套型的厨房和卫生间相邻，这在风水中叫作"水火不相容"。最终为了尊重老人，选择了厨房和卫生间相距较远的 B 套型。可由于厨卫距离太远，卫生间就不能使用燃气热水器，只得另外又买了电热水器。年轻人抱怨说："真没看出卫生间和厨房离这么远有什么好处！"

【解读】

在一些偏远农村地区，我们发现了这样的现象：在城市中被人们认为比较理想方便的"主卧室里有卫生间"的布局，在这些村子里却不被住户接受。特别是老人们，认为厕所如果布置在卧室里，睡觉时会吸入污浊的空气，整个人都会被秽气包围。

在古代，厕所的排风排污能力远远不如现代卫生间，常常蚊蝇滋生，是院落中的不洁之处。因此，古代厕所通常偏置在住宅院落一角，远离正房等常用房间，并避免正对其他房间开门。而古代的厨房也和现代大有不同。古代没有冰箱，在夏季，食物容易腐败，必须保证厨房的清洁。并且，古代的厨房没有上下水设施，卫生条件远不如现代。因此，古人对厨房周围环境的洁净要求很高。同时，厨房是烹制食物的地方，必须保证干净，才能使一家人身体健康。

一个是不洁之地，一个对清洁要求极高，如此看来，在古代，厨卫相邻确实是布局的大忌。这也许就是为什么风水理论认为厨房与卫生间相邻或相对是水火相克，会破财损运，有害家人健康的原因。

而在现代住宅中，随着装修水平和设备条件的大幅度提升，厨房与卫生间的基本条件和卫生状况较之古代已经完全不同。如果能采取有效的通风、除湿措施，将厕所的污气及时排出，并经常关门，就不会对周边空间造成过大影响，完全可以和厨房相邻。同时，厨卫就近布置还有很多优点：例如利于管线集中和空间集约化设计，供应热水时热损失少等。

【结论】

在现代社会中，厨房和卫生间之间并不是越远越好，而是应该根据套型整体布局和使用需求综合考虑。所谓水火不相容的说法，在通风、排污等卫生条件发达的今日的确有些过时了。

三　住宅装修中的风水

现代社会的住宅中出现了很多新家具、新电器、新材料。这些新生事物的出现，导致风水说法也作出了一些"与时俱进"的更新。由于这些关于家具的风水说法，大部分并非流传自古代因此常常是众说纷纭，令人无所适从。在下面的内容中，我们将选取几个家居装修中较为常用的风水说法进行探讨。

1. 卧室里放镜子阴气太重？

在现代家居布置中，镜子是个重要的元素。然而在风水学说中，镜子的摆放位置非常讲究，有"镜不照床"的说法，有些风水师甚至建议居者能不放镜子就不放镜子。这些说法是否有道理呢？

【故事】

红楼梦里有这样的情节：贾宝玉晚上做了噩梦，家里就归咎于他屋子里有个西洋进口的大穿衣镜。家中的老人们说：卧室里放镜子会让小孩子失魂落魄，难怪宝玉做噩梦。所以建议用布将镜子遮起来。而刘姥姥在初进大观园时，也不小心撞在了镜子上，并且对着镜子浑浑噩噩地做起了怪梦。

【解读】

传统风水中镜子称为"光煞"，有挡煞的作用，可以挡住邪气，但也会反射福气、财气等好的运气。并且，传统文化中有夜不照镜的说法，认为夜晚阴盛阳衰，容易看到鬼魂。正是因为这些原因，才产生了卧室中不宜放镜子的风水说法。有趣的是，西方也有类似的说法，认为卧室里不宜放镜子，否则晚上起来不小心照镜子，有可能会看到魔鬼的面孔。

然而，镜子放在卧室里的做法，也并不常见。许多家庭的卧室里大衣柜门上都有镜子，方便穿衣照镜。在古代，东西方女性的卧室里也都有梳妆台，上面会放置一面镜，方便晨起梳洗打扮。而且，现代家居中也很喜欢借助镜子的反射作用来使局部空间更加明亮，或者用这样的装修手法使室内空间产生扩大和延伸感（图3-65）。

仔细分析后我们不难发现，镜子的独特风水属性来自它的反射能力。卧室里放镜子容易导致的不良后果，与其夜晚容易使人产生"幻觉"、受到惊吓有关。如果半夜起身，看到正对床的镜子，或者恍惚间路过镜子，很容易产生对面有个人影的感觉，让人吓一跳。也许正因如此，久而久之东西方文化便都不约而同地总结出这样的经验：卧室里不宜放镜子。

然而如果能够注意镜子在卧室里的摆放位置，避免产生错觉、反光也许就能避免镜子带来的问题，卧室中也并非不能摆放镜子。例如不要将镜子放在半夜起身容易直接看到的地方，将穿衣镜设在柜门的内侧，或者在不用的时候用布遮挡住镜子等都是行之有效的方法。

图 3-65　利用镜子增大卧室空间进深感

【结论】

在家庭装修中，很多风水或风俗都与人的心理效应有关。探索这些风俗背后的原因，有助于我们进一步了解心理学对建筑设计的影响和作用，更加科学合理地布置居住环境，而不单凭风水说法做决定。

2. 床头没有床头柜会让主人没有依靠？

许多家庭在装修房子的时候都会考虑是否购置床头柜的问题，床头柜从功能上说并不必须，可用别的家具代替。但是很多风水师和家具销售者却将它与"人生依靠"联系起来。床头柜真的有这么重要吗？

【故事】

在家具城买家具时，有对夫妻想要单独买一张床。但是，销售员故作神秘地告诫说："床头必须有床头柜，没有床头柜会让人生无依无靠。床头柜不但要买，而且一定要买一对好的才行啊。"这番话让夫妻俩觉得床头柜还真是不买不行，最后，两人买了一整套床具，花费档次也大大超过了当初的预算。

【解读】

其实，在中国古典家具中，并没有真正意义上的床头柜。因为古代卧具（如床和榻）通常是三面有护栏的，而且敞开的一边两侧也有挡板，睡觉时还要放下帐子，床边放矮柜并不好用，所以很少有这样的摆设。在西方，西式大床两边没有护栏，放床头柜不仅有存放零碎物品，防止坠落的功能，也可以显得更为美观。步入现代社会，大部分家庭都不再使用传统卧具，改用西式的床，所以才有了床头柜，并没有风水说法的沿承。而上述这种用中国的老式风水说法套到现代的生活方式上"中西合璧"的风水规则，其实让人有些啼笑皆非。

床边有床头柜主要是方便放置物品、床头灯等，功能是必要的，但形式上也可以用别的家具代替。在调研中我们发现，很多老人家里的卧室并没有都设床头柜，而是在床边放置了一张书桌。除了可以放置更多的物品，提供更大的台面以外，因其比床头柜高，还有一个重要的功能，就是提供支撑，方便老人从床边站起。对于他们来说，如果非要按照"风水"放上一个与床差不多高度的床头柜，反而会引起生活的不便。

【结论】

在现代人的生活中，床头确实需要一个临时放置小物品的家具。但是这个家具可以是床头柜，也可以是一个小边桌，甚至一个凳子。只要起到了方便生活的作用，就是合理的家具布置。假如为了所谓的"风水"，花费重金买一个床头柜，其实是没有必要的。

3. 家中有高差让人运势起伏不定？

曾经一度，住宅套型内有几步高差是很受欢迎的做法。因为这样会显得空间有层次，有住别墅的感觉。但是也有不少风水师表示，住宅内有台阶并不是好风水，会让家中的运势起伏不定。家有台阶，到底是好还是不好呢？

【故事】

曾认识一个朋友是在家工作的自由职业者，买了一套错层住宅，把下半层装修成办公室，上半层作卧室，用起来既方便又美观。另一个朋友参观后很羡慕，于是也挑选了一套卧室区和客厅之间有三步台阶的套型。但没几天，她家三岁的孩子就在台阶上摔了一跤，差点把牙磕坏。单位里的人笑她说："屋里有高差就是会让人生起伏不定，要不你把客厅垫平了，化解一下。"这令她郁闷不已。

【解读】

从实用角度看，套型内有几步台阶确实能让空间显得更丰富，但也带来了一些问题（图3-66）。几步台阶很容易引发一不小心的磕绊和摔倒，小孩子在台阶上玩耍摔倒，或许没有大碍，只是使得家长要花更多精力照看。而假如摔倒的是老人，就不仅仅是一点麻烦了。老人摔倒容易骨折，甚至引起一系列严重的并发症，卧床不起。家中出现卧病的老人，往往会让整个家庭为此付出巨大的精力和金钱代价。因此，如果是因为家中有台阶使老人或孩子摔倒，带来一系列麻烦，确实也可以解读为"台阶让家中的运势起伏不定"。

同理，若家里有腿部受伤的人或需要使用轮椅的人，几步台阶会为生活带来很多麻烦。所以在适老化、无障碍住宅中，都要求室内避免出现高差。

对于家中既没有老人也没有幼儿的年轻人来说，家中有几步高差看起来对生活影响并不大。但是，他们随着年龄增长也会成家立业，养儿育女，或考虑将父母接来同住，便于照顾。这时候高差难免又会变成不利因素。

所以，对于大部分人来说，家中为空间效果丰富而营造的几步台阶，虽然很有趣味性，但是安全性和实用性确实会受到一些影响。

由于这些原因，错层住宅虽然流行了一阵子，但近年来更多的套型还是选择了更加方便、安全、实用的平层做法。这与风水师的说法并没有直接关联，而是根据实际需要演化而来。

【结论】

通过分析可知，室内有高差并非一定导致运势起伏不定，但会带来一定安全隐患和使用的不便。在有趣的空间效果和安全好用的功能中究竟是选择哪一种做法，还是要根据居住者的特点、需要而定。

4. 楼梯要用贵重材料否则"龙脉"会断？

在一些风水的说法里，楼梯是家中的"龙脉"，必须用贵重结实的材料制作。否则，"龙脉"一断，家里的运气就要大受影响。但现代设计又常常讲究要将楼梯设计得轻巧一些，与风水观念不太一样。

图 3-66　住宅中存在几步台阶的高差，不利于老人和儿童的活动安全

【故事】

在一个别墅的样板间里，看到导购这样对两位客人介绍说："我们这套房子，风水特别讲究，楼梯都是进口大理石的。您要知道这楼梯可是龙脉，楼梯的材料华贵，家里的运势也就富贵起来了！"女主人听了以后问道："那大理石不会太滑吗？"导购说："可以再铺一层羊毛地毯，那就更富贵了！"女主人说："那这进口大理石不就又看不见了吗？这么昂贵的材料，不就白铺了吗？"

【解读】

实际生活中，住宅里有楼梯的家庭多半都对其装修格外重视——或雕龙刻凤，或金碧辉煌，或中国明清样式，或西洋宫廷风格。

在针对家中有楼梯的套型（如复式住宅或二层以上独立式住宅）的调研中，我们发现很多认真装修楼梯的住户都有这样的一种心态：视楼梯为自家生活品质高于普通水平的重要象征。这或许是因为我国人口密度大，人均住房面积比较拥挤，大部分人住的都是单元式住宅。故此，国人对于"楼上楼下"的别墅式空间分外向往，一旦实现后也就格外重视。

而从功能的角度看，楼梯承担着上下交通的重要责任，必须足够稳固和耐久。而且楼梯不像室内其他家具那么容易更换。因此这就更显得楼梯的重要。"楼梯必须豪华"的做法，也就受到了多数人的认可。

其实，豪华的材料不一定是适合楼梯的材料。进口大理石非常豪华，但是自重较重，会为结构带来较大的负担。而且大理石表面过于光滑，容易造成住户在上下楼梯时摔倒。而昂贵的实木楼梯虽然在防滑能力上比大理石好一些，但也存在上下楼噪声过大等问题。假如家中有喜欢安静的成员，那么实木楼梯也不一定是好选择。

【结论】

楼梯作为重要的交通联系构件，应该首先满足安全要求，其次才是美观要求。假如为了贵重盲目选择了对使用不安全的材料，那么这"重视龙脉"的结果，很可能反而相当不吉利了。

四　对住宅风水的探讨

1. 风水理论来源的现实基础

仔细分析传统风水说法后我们发现，风水的一些禁忌和做法很多都是与古人的生活方式相符的，是古人结合气候、地理条件等实际情况长期积累的经验。因此在古代，风水常常显得很"灵验"。而且风水说法通俗易懂，易于流传，所提出的作法也比较简单易行。所以在古代，

大部分风水说法确实能够帮助人们在盖房子时避开错误的做法。

然而，现代社会的生活方式较之古代社会已经有了很大的不同，住宅布局、建造方法以及设施设备都早已产生了巨大的变化。以古人生活方式为依据的传统风水学说在现代社会中，常常给人以牵强附会之感，甚至有时候照着风水去做了，反而事与愿违。

所以，风水是否有道理，还是要从其本身针对的问题出发，结合居住者实际需求来看。如果盲目遵守其中有些僵化的部分，反而会影响人的生活。

2. 风水理论的流行反映出的问题

最初的风水说法是一种经验总结。在其流传过程中，为了更容易解读，也为了增加权威性，逐步加入了很多玄学的解释。这也使得风水渐渐地带有一些"封建迷信"的色彩。充满玄学色彩的风水在新中国成立后曾经基本消失，但在近几年的住宅大发展中又兴旺起来，更多的人对风水由不信转为将信将疑，这样的现象反映出什么问题呢？

首先，我们发现在一些受偶然因素影响比较大的行业里（如商界），风水普遍会更加受重视一些。所谓"穷算命富烧香"，对待一件重要的事，当人们没有理性依据而必须作出判断时，就容易利用玄学理论帮助自己找出答案。由于商人们往往是富裕阶层，所以他们对风水的信服，又使得风水说法似乎格外可信——有钱人都信风水，可见信风水就会有钱。风水的流行，与商人在社会上的影响力也有关系。

同时，目前市面上真正从科学角度为普通

百姓讲解住宅设计、家居布置知识的书很少，专业书籍往往面向是建筑设计从业人员，普通人很难读懂。而风水书通俗易懂、简单易行、操作性强，渐渐受到老百姓的青睐，这也是购房家装中风水流行的一个重要原因。从这个角度来看，建筑师和研究者需要有使命感，应该将专业知识科普化，让科学道理也能更好地传播给大众。

3. 设计研究者应该科学地研究和解释风水

从建筑设计的角度来看，风水是可以探讨的。如同对待一切古代科学成就一样，对于风水，我们也应该从科学的态度来加以解读，才能使风水更好地为建筑设计服务，而不是成为建筑设计的束缚。

从对传统文化传承的角度来看，风水也是传统文化的一部分。其内容包括基于生活经验而形成的风俗习惯，有自然经验总结，也有一部分则是迷信与陋习。我们需要用科学的态度来加以扬弃。同时，我们也应该对风水说法中与普通人居住相关的知识加以整理和诠释，用更加科学的态度和通俗易懂的方式加以普及，以便帮助人们更好地认识与居住问题相关的科学道理。

住宅精细化设计 Ⅱ

第四篇　保障性住宅

CHAP.4　INDEMNIFICATORY HOUSING

公租房居住现状调研与设计建议

　　"十二五"期间，国家大力推动保障性住房的建设，在住房保障规划中明确提出了保障性住房3000万套的建设量。其中"公租房"是保障房建设的重中之重。近年，各地方都出台了相关政策细则、建设导则、技术标准等，用以指导公租房的建设。

　　在这期间，我们协助政府有关部门，开展了公租房政策及标准化设计的研究课题。其中的一项重要工作，是对已建成的公租房进行入户访谈、实地调研和使用后评估研究。这项工作的目的主要有两个，一是了解公租房居住人群的生活现状和特点，并明确住户的居住需求和使用问题，二是分析和总结公租房居住者的实际生活与建筑空间设计的相互关系，对公租房的设计思路提出改进建议，为将来的公租房标准化设计研究提供理论基础。

　　近一两年来，我们主要对北京、深圳、上海等地的公租房进行了调研。下面将以对北京市公租房项目的入户调研为基础，分析公租房的居住现状和问题，并提出一些对后续设计的思考和建议。

一　公租房项目调研——以北京远洋沁山水项目为例

图4-1　公租房配建在普通居住小区的东南角

　　远洋沁山水公租房是北京市首个面向社会公开配租的公租房项目，工作小组根据北京市保障性住房建设投资中心的委托，针对这一项目展开了入户访谈调研。该项目位于北京市石景山区西四环与西五环之间的远洋沁山水小区内。公租房楼栋配建在小区的东南角位置（图4-1），总建筑面积为31790m²，共计550套住房。

1. 调研工作开展方式

　　本次的调研共分为三个阶段：

　　第一，试调研及调研准备阶段。为了对项目背景和住户情况有较为准确的了解，我们首先进行了试调研，包括参观该公租房项目的套型样板间，以及深入访谈1户典型住户。在此基础上，我们针对项目特点和住户所反映出的部分问题，有针对性地制作了调研访谈问卷，并对调研人员进行了集体培训和演练。

第二，正式调研阶段。调研人员分为 2~3 人一组（其中主问及记录 1 人、拍照及绘图 1~2 人），在项目管理人员的协调和配合下，多组同时开展入户调研。

第三，成果整理和分析总结阶段。各调研小组分别汇总整理调研成果，并共同开展多轮交流和讨论，提炼和完善调研成果并编制调研成果报告。

2. 调研样本概况

截至正式调研之时，远洋沁山水公租房项目已配租 60 余户，正式入住 30 余户。本次调研的重点是该楼栋中已经配租的一个单元，主要套型分为两类——东向的一居室和东西向的两居室（图 4-2）。

考虑到套型类型相对单一，且具有一定的重复特征，此次调研共选取 14 户为调研对象，样本类型涵盖了现有各类套型及较为典型的住户类型（表 4-1）。从中可以看出，含有老年住户的家庭较多——老年家庭和三代同堂家庭共有 8 户。从入住原因来看，50%的住户都为申请经适房、两限房轮候者。

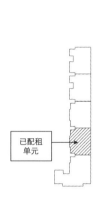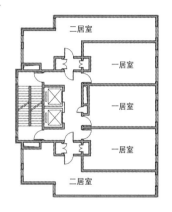

图 4-2 已配租单元的标准层平面图

入户调研基本信息表　表 4-1

编号	样本分类	家庭人数	家庭成员	入住原因	套型类型
1	核心家庭	3	中年夫妇 + 成年儿子	申买经适房等候	二居室
2	核心家庭	4	中年夫妇 + 成年女儿 + 少年儿子	申买两限房等候	二居室
3	核心家庭	4	中年夫妇 + 两个少年儿子	申买经适房等候	二居室
4	核心家庭	3	青年夫妇 + 少年儿子	申买经适房等候	二居室
5	老年家庭	2	老年夫妇	申请公租房	一居室
6	老年家庭	4	老年夫妇 + 成年儿子 + 成年女儿	申买经适房等候	一居室
7	老年家庭	2	老年夫妇	申请公租房	一居室
8	老年家庭	1	老年女主人	申请公租房	一居室
9	三代同堂家庭	5	老年夫妇 + 青年夫妇 + 幼儿	申买两限房等候	二居室
10	三代同堂家庭	5	老年夫妇 + 中年夫妇 + 少年儿子	申买经适房等候	二居室
11	三代同堂家庭	4	女性老人 + 中年夫妇 + 少年儿子	申买经适房等候	二居室
12	三代同堂家庭	6	女性老人 + 中年夫妇 + 两个成年女儿 + 成年儿子	申买经适房等候	二居室
13	单身家庭	1	中年男主人	申请公租房	一居室
14	单身家庭	1	中年女主人	申请公租房	一居室

二　公租房居住现状分析

1. 实际居住人数超出设计负荷

一般情况下，公租房两居室的设计居住人口为 3 人及以上（见《北京市公共租赁住房申请、审核及配租管理办法》），但在本次调研中我们注意到，实际的居住人数往往超过套型设计时所设想的标准人数。从我们调研的 8 户两居室住户来看，户均居住人数为 4.25 人，其中大部分家庭居住人数均在 4 人或以上，有些家庭的居住人数甚至达到 5~6 人之多。通过样本分析可知，这些家庭的人数较多有以下两点原因：一是住户之中包含三房轮候[1]的家庭，他们之中部分家庭已经申请购买保障性住房，但由于排号轮候只能暂时租住公租房，而由于公租房的套型面积指标总体偏小，造成了全家人被迫"挤"在一起；二是很多申请者都与父母或其他家庭成员同住，以致实际居住人数较多，给室内床位的分配以及家具的摆放带来很多困难（图 4-3）。

2. 套型未设阳台，住户晾晒衣物不便

调研中住户向我们反映的最大问题是套型没有设计阳台，这给住户晾晒衣物带来了诸多麻烦。调研中发现，各家各户的晾衣位置五花八门：多数住户将衣物晾挂在卫生间内，也有住户利用白天上班不在家的时段，在起居室或餐厅进行晾晒，还有住户直接将衣服晾挂在卧室、起居室的窗帘杆上（图 4-4）。此外，部分楼层的公共走廊和消防楼梯平台附近也晾挂着衣物。住户表示，衣物洗涤后应该"让太阳晒一晒"才更干净也更健康，尤其是在冬季大件衣物不容易干，室内晾挂还会滴水、产生异味。许多住户选择将床单、棉被晾晒在公共走廊的消防通道中，但如此会对紧急情况下的逃生造成障碍，产生极大的安全隐患。

3. 起居空间"一室多用"

调研中我们注意到，很多家庭的起居室都十分拥挤，除了沙发、餐桌、茶几之外，还摆放

图 4-3　由于居住人数多，住户在次卧摆放了上下铺

图 4-4　因没有阳台，住户将衣物晾在卫生间内、窗帘杆上，或疏散楼梯间内

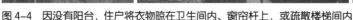

1　三房轮候是指已申请廉租住房、经济适用住房、限价商品住房，正在轮候的家庭。这些家庭同属公租房的配租对象。

图4-5 家中人数较多，起居室内也摆放了单人床　图4-6 起居室同时作为餐厅和小孩的学习空间

了书桌、衣柜、甚至是床等家具（图4-5）。住户告诉我们，由于家中人口较多，家具、物品也十分繁多，而卧室等其他房间的面积十分有限，所以只能将衣柜、书桌等较大的家具搁置在起居室里。许多有小孩的家庭都将起居室分时段使用，比如周末的白天让孩子在起居室做功课，吃饭时再将餐桌收拾出来备餐（图4-6）。为了不打扰孩子的学习，父母往往要等到晚上孩子休息的时候才能打开电视看一会儿。这造成家庭生活与孩子学习之间相互影响，既不利于孩子的学习成长，也不便于家庭活动的开展。

4. 厨、卫空间缺乏合适的物品收纳空间

此次所调研的各套型中，厨房和卫生间的使用面积分别在 4.7m² 和 4m² 以上，相对于公租房套型的整体面积而言，其面积并不算小。但不少住户表示由于缺乏合理的收纳设计，很多常用物品无处存放，使空间显得杂乱，且利用率不高。

以厨房为例，公租房中的家庭住户对厨房的使用频率很高，据他们反映，厨房设计的主要问题是台面和地柜收纳空间不够用（装修时

没有配置吊柜）。微波炉、电饭煲以及许多炊具、调料瓶大多直接堆放在台面上，占用了大量空间。有的住户便在厨房沿墙一侧自行搭设了小台面；部分住户还在墙面粘贴了不少挂钩，用于挂放相对较轻的各类干杂食品以及大小抹布，整个厨房空间显得十分拥挤和凌乱（图4-7）。

卫生间也存在类似的问题：①受建造成本的影响，公租房的卫生间多采用柱盆式洗手池，没有可供放置牙杯、肥皂的台面，住户只能利用洗手池附近的暖气片、洗衣机台面或是坐便器的水箱盖来摆放常用物品（图4-8）；②许多住户有手洗衣服和储水的习惯，

图4-7 厨房储藏设计不足，住户物品存放需求不能满足

家中盆、桶较多，但却又缺乏统一的收纳空间，因此只能将它们零散堆放在卫生间的各处地面，给住户的使用带来不便。

5. 厨卫设备选型不力，使用过程中问题频发

调研过程中，住户除对套型空间提出了一些意见外，还普遍反映了室内配套设备存在的一些问题。比如厨房油烟机的形式带有尖角，使用时极易磕碰头部，许多住户表示曾被"磕流血"（图4-9）；厨房洗涤池太小，宽度仅400mm，且水龙头形式不佳，高度较低，难以放入较大的锅和容器进行清洗，并且容易磕碰、溅水（图4-10）；厨房台面开裂、浸渍、染色，难以擦拭干净；卫生间坐便器返水，排气扇功

能太弱，造成卫生间的湿气、臭气排不出去等各种问题。

6. 储藏量大，对顶柜的需求迫切

调研时很多住户向我们反映家中的储藏空间不够，很多物品无处归置。由于公租房总体面积有限，住户大多对旧有物品敝帚自珍，舍不得丢弃，因此带来了大量的储藏需求。调研中我们看到，有些住户将床脚垫高，以增加床下空间堆放杂物，有些住户充分利用竖向空间，将衣柜顶部加设隔板再放置物品，形成自制的"顶柜"（图4-11），但依然反映诸如棉被、儿童玩具，过季杂物等物品无处储藏。尤其是一些三房轮候的家庭，由于居住人口较多，家具也多，并且部分原有家具是准备搬入轮候房后继续使用的，所以现有的空间格局实难满足他们的储藏需求。

7. 适老化设计考虑不足

老年人和残障人士是公租房的优先配租对象。此次调研中我们注意到有不少住户家中都有老人或残障人士。老年住户们纷纷反映使用中有几大问题：首先是，坐便器和淋浴区没有扶手，且不允许住户自行加设（不能破坏墙面），老人在卫生间站、坐、起、蹲都十分吃力；另外，由于部分套型为东向单侧采光，中午以后室内光线逐渐变暗，尤其是门厅由于距离采光窗户较远，且未设置灯具进行照明，老人回家只能摸黑进门和换鞋，十分不便（图4-12）。

另外，由于老年住户有分床睡的习惯，往往需要在一个房间内摆放两张单人床。调研中

图4-8　由于柱盆没有台面，住户将洗漱用品放在洗衣机台面上（左）

图4-9　吸油烟机角部尖锐易磕头，住户自行包裹软布（右）

图4-10　厨房洗涤池过小，水龙头形式不佳，难以清洗较大锅具

我们注意到，由于房间净面宽只有2550mm，摆放了两张床后床间通道的宽度只剩不到600mm，两位老人同时使用时只能一前一后行走，连侧身通过也很困难（图4-13）。

8. 交通工具存放位置尴尬

据调研，远洋沁山水公租房项目将机动车和非机动车停车位统一规划在地下。但公租房的大部分住户采用非机动交通工具出行，为了停取车方便，许多住户都直接将自行车、电动车停放在楼梯间或走廊等公共空间（图4-14）。个别使用三轮车的住户还将车停放在居住区的室外绿地上，不仅占用公共交通空间和景观资源，对通行疏散也造成了影响。大部分住户认为，每天往返于地下车库停取自行车很麻烦，有的老人因为腿脚不便更是难以将车停放至地下车库，他们希望在小区地上集中设置一两处自行车停放点，统一管理，方便住户平时出行使用。

三 对公租房的设计思考与建议

远洋沁山水公租房的调研完成后，工作小组有许多感触，认识到设计者预设的空间环境与实际的居住使用状况之间还存在很大差异。并且，由于现阶段室内设计和装修程度尚达不到精细化设计要求，因此出现了一些设计细节上的问题，并直接影响到了后期的运营管理。在此，基于对调研成果的整理和总结，结合在上海、深圳等地的调研经验，我们提出了一些对于当前公租房规划设计的思考和建议，希望能与各位设计者共同探讨。

图4-11 住户在衣柜顶部加设隔板放置物品　　图4-12 门厅未设照明灯具，光线昏暗　　图4-14 住户为方便，将自行车停放在公共走廊里

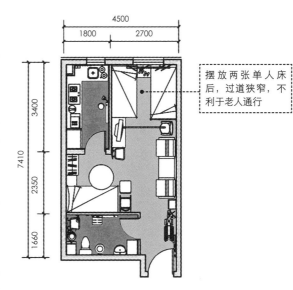

摆放两张单人床后，过道狭窄，不利于老人通行

图4-13 老人需要分床休息，但摆放两张单人床后，过道空间狭窄

1. 考虑空间的多功能使用需求

公租房由于套型面积有限，各空间常常被赋予一些额外的使用功能。比如，起居室便是最常见的"一室多用"空间，常常兼作书房、餐厅或卧室使用。我们设计时通常认为起居室只要能摆下沙发、茶几和电视即可，但实际上，对于公租房的住户来说，起居室中的多功能沙发床比茶几更重要，孩子卧室里的书桌比床头柜更加不可或缺。因此设计时要尽可能确保墙面的长度和完整性，考虑开窗的位置和方向不要与其他家具冲突，并提前预留好电源插座，以便日后住户根据实际的需求灵活地调整家里的布置。

2. 调整各空间关系，优化使用效率

受用地面积、楼栋形式以及套型面积的制约，公租房的设计有时会出现一些不太好用的户型。比如楼栋拼接处的户型容易出现不实用的长走道。其实，在既定的条件下可以通过套内微调的手段，平衡各空间的功能，提高空间的使用高效率。以本次调研的二居室户型为例，我们通过优化卫生间空间，解决了长过道的空间浪费问题（图 4-15）。首先将卫生间的洗手池和洗衣机外置，与坐便器和淋浴区隔开并形成干湿分区。其次将卫生间向内压缩 600mm 与主卧室门框线齐平，将卫生间的面宽压缩 300mm 补充给走道，一方面为住户在走道空间增设壁柜或书架提供了可能性，同时解决了原走道空间大而浪费的问题。

3. 不能忽视阳台空间的设计

在目前普遍的概念中，每当户型设计面积受限时，阳台便首当其冲成为被压缩或裁减的空间，尤其对于公租房来说，大家普遍认为阳

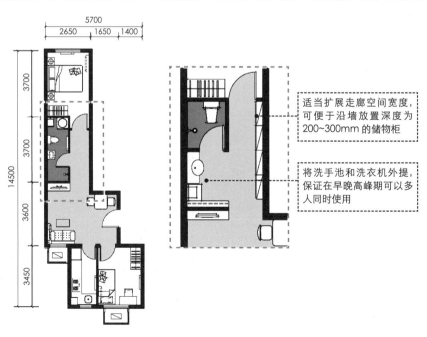

适当扩展走廊空间宽度，可便于沿墙放置深度为 200~300mm 的储物柜

将洗手池和洗衣机外提，保证在早晚高峰期可以多人同时使用

图 4-15　通过调整卫生间布局，提高长走道使用效率

台功能可以由其他空间替代，不如将面积补到其他空间里更为划算。但是实际上，通过多次调研我们发现，阳台已经不仅仅是晾晒衣物的单一空间，还被住户广泛用作洗衣物、储藏物品或种植花草的重要生活场所，个别地区对阳台的需求甚至达到必不可少的程度，比如东北地区的绝大多数的家庭都利用北向阳台存放食材储藏过冬，这一传统习惯一直延续至今。调研中许多住户也都表示，宁愿压缩一点别的空间面积也非常希望拥有一个服务阳台，这反映出阳台对于居家生活不可或缺的意义。因此，我们建议公租房设计中应至少配置一个阳台，为住户提供最基本的晾晒和储物的功能。

4. 考虑适老化需求，预留无障碍改造的可能

《北京市公共租赁住房管理办法（试行）》的规定，60周岁（含）以上老人、患病人员、残疾人员等是公租房的优先配租对象。因此，公租房入住者中老年住户占有一定的比例，而且随着时间的推移，其他入住者可能会随着经济条件的改善陆续搬离公租房，但老年入住者由于收入已固定，并且随着年纪的增长身体健康状况的下降，往往不愿意再次搬迁。由此可见老年人很可能成为被"剩"在公租房中的人群，所以，将适老化因素融入公租房的设计理念中，将成为公租房设计的一个重要方向。

作为设计者我们需要充分了解老年人的居住需求和生活习惯，以求为老人设计合理舒适的居住环境。比如室内走道的宽度要适合轮椅的通行，并且要考虑在室内预留出轮椅存放的空间；门厅、卫生间的墙面预留扶手安装的空

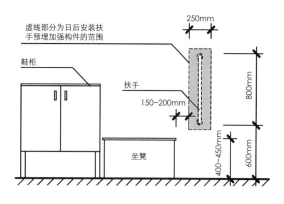

图 4-16 门厅预留扶手安装的位置和构件

间和构件（图 4-16）；整体橱柜的设计要适合轮椅使用者或者老人坐姿操作，可以考虑将部分下部柜留空或者向内退进一部分，以便坐姿操作时腿部可以伸入台面下方，缓解老人下厨长时间站立产生的身体负担。

5. 统一配套卫生间的必要构件

卫生间的功能比较复杂，设备集中，且伴随收纳要求。设计时可以多利用上部空间，比如坐便器上方、洗面池两侧等位置预留出摆放各类清洁、化妆、洗漱用品的位置，或设置毛巾杆等五金挂架（图 4-17）。

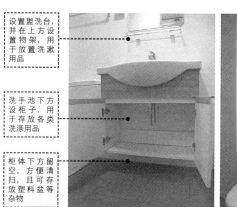
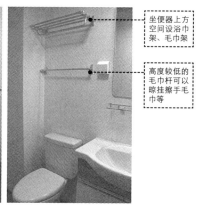

图 4-17 卫生间的储藏设计示例

此外，应鼓励产品企业对公租房的产品进行针对性的设计或定向开发，以求在合理的价格范围内设计出具备基本使用功能且美观实用的产品，提高公租房的整体居住品质。

6. 利用竖向空间增加储藏空间

通过调研我们了解到，公租房的住户并非普遍认为的"单身青年"、"拎包入住"，事实上，以家庭为单位的住户不少，由于公租房室内面积有限，一般不会出现独立的储藏间，大量的储藏需求成为公租房居住的突出问题。我们建议可以利用竖向空间，采取设置顶柜的方法来增加储藏空间，顶柜自身的高度宜在400mm左右，其位置可在门厅、走道或过厅等空间，同时需要注意顶柜的深度和开启方式要便于住

图4-18　门厅衣帽挂置区上方设置顶柜

户取放（图4-18）。此外，在条件允许的情况下，可以考虑利用地下室设置集中的储藏库，为每户提供一个储藏间，用于存放一些较大的、不宜搁置在家中的杂物或暂时不用的物品。

7. 完善设施配套标准，减少后期维修和管理上的负担

公租房具有"公共"和"出租"两大特性，入住者的轮换更替所造成的设施设备损耗远比商品住宅大，所以除了进行建筑的精细化设计之外，相应的配套设备选型标准也应同步推进，以避免因产品质量问题带来的频繁维修，给后期的运营管理增添负担。

通过调研我们可以感受到，公租房设计需要具备较高的通用性和普适性，虽然在政策上有明确的配租人群分类，但不同类型的住户需求还是多种多样的。并且，由于老年人和残障人士享有优先配租的权利，我们在设计时必须将他们的实际需求纳入设计考虑，尽量为其提供居住生活上的便利。同时，由于公租房的面积普遍较小，在室内装修和家具配置上，更要注重功能性和实用性，实现"小空间大利用"，把每一处空间和设备部品设计得恰到好处，充分发挥空间的使用效率，这样才能让住户住得舒适、安心。

公租房样板间套型设计实例分析

近年，我们受北京市保障性住房建设投资中心委托，承担了北京市公租房体验馆及其内部样板间展区的方案设计工作。建设公租房体验馆和样板间的主要目的，一是向公众和政府相关部门展示公租房的技术研发成果，宣传和推广公租房的标准化设计；二是通过搭建 1:1 的套型实体样板间，来检验设计中的一些想法是否合适，以及在实际建造过程中各工种究竟会遇到哪些问题，从而对真正的项目起到前期探索作用。由于公租房具有大批量建造和采用全装修标准等特征，样板间的方案设计除了要考虑套型类型、功能、平面尺寸方面之外，也要考虑住宅产业化、标准化的建设需求，以及与室内装修相协调和配合的需求。因此在公租房样板间的设计过程中，也经历了多次反复调整。本文在介绍样板间设计方案的同时，也将这其中的修改过程记录下来与大家分享，从而希望能较为全面地展现出公租房楼栋、套型与室内设计三者之间的整体关系。

一 样板间套型设计的三个步骤

本次公租房样板间的设计工作主要分三步展开：①从各类图集及现有项目中，进行套型筛选；②与住宅产业化、标准化建设相适应，优化套型整体尺寸；③与室内装修及产品协调，细化套内空间设计。具体工作内容如下：

1. 第一步：套型筛选

在过去几年的保障房建设中，国家及北京市相关部门已经出台了一些标准图集来指导公租房的楼栋及套型设计，例如《北京市保障性住房规划建筑设计指导性图集（2010 版)》、《公共租赁住房优秀设计方案》、《北京市公共租赁住房标准设计图集》以及《中国首届保障性住房设计竞赛获奖方案图集》等。

在设计初期，我们首先从当前北京市在建的公租房项目以及上述设计图集中，挑选出了一些常见的、具有一定代表性的套型类型，作为本次样板间设计的基础底板。筛选的原则有以下几点：一是以中、小套型为主，符合当前公租房建设趋势；二是注意套型种类的差异性，既要有面积较小的单居室，也要有一室半、两室户，满足各类配租人群需求；三是套型尺寸具有较强的可适性，能够适应多种楼栋形式；四是套型轮廓线相对齐整，有益于建筑结构和节能要求。最终我们挑选出单居室、一室户、一室半户和两室户各 1~2 个作为备选。这些套型大多是方整轮廓，为后续尺寸规整化设计提供了基础条件。

2. 第二步：套型整体尺寸优化

　　针对筛选出的多个套型，我们将其面积、尺寸进行了统一调整，其中较为关键的是对套型总进深的规整化设计。进深的统一既有利于套型灵活拼接和组合，又有助于工业化建造，节省施工工艺。因此，我们将套型进深尺寸统一，并可在一定范围之间（7200~7400mm）进行调整，以适应不同使用率下套型的面积指标需求（图 4-19）。此外，套型的厨卫空间尺寸、布局也都尽可能做到了标准化设计。

3. 第三步：套内空间设计细化

　　以往在做住宅设计时，"建筑"和"室内"往往是相互脱离的两个环节。在建筑设计阶段，设计人员所采用的空间尺寸大多是按照基本的空间单位来考虑的，并没有深入到室内产品、家具、装修等层面。这就导致在室内装修阶段，总会出现家具产品尺寸与建筑空间不相协调等情况。而长期以来，我国商品住宅建筑多以毛坯房形态交接给购房者，再由购房者自行进行室内装修，将这一问题转嫁给了住户个人来解决。而公租房是全装修标准，在大批量的建造过程中，如果仍以这种"各自为政"的设计模式来思考，不仅会造成施工过程中的材料浪费、周期拖长，还会阻碍住宅标准化的推行。

　　为此，我们通过与室内设计方的沟通[1]，在样板间的套型设计阶段就充分地将室内家具、产品的布置方式、墙地面的铺装尺寸等问题考虑了进来。一方面，是在图纸深度上对上述要素进行充分表达；另一方面，也对套型各空间尺寸进行了一些局部调整，以使其更符合室内家具产品的尺寸要求（图 4-20）。

　　下面，我们将针对最终选定的五个样板间逐一展开说明。

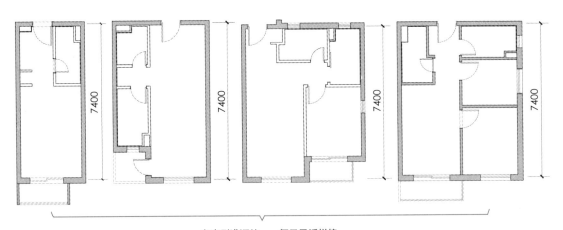

各套型进深统一，便于灵活拼接

图 4-19　套型进深尺寸优化示意图

1　公租房样板间的室内深化设计由北京工业大学艺术设计学院工业设计系李桦老师工作室合作完成。

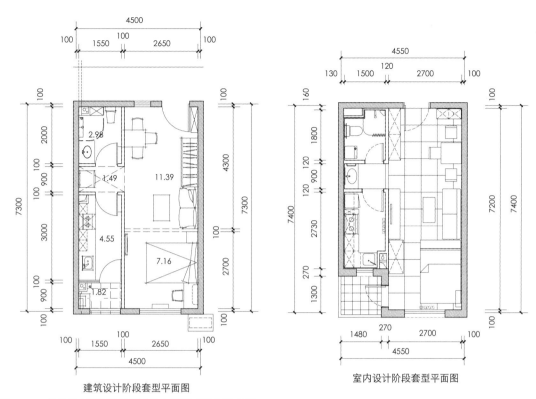

建筑设计阶段套型平面图

室内设计阶段套型平面图

图 4-20 考虑室内层面设计需求的套型尺寸深化示意图

二 样板间套型分析1——小套型A

1. 套型 A 基本分析

套型 A 为单居室，建筑面积在 30m² 左右（图 4-21）。此类套型通常仅为单面采光，因此适合布置在楼栋中部（图 4-22）。从各类图集和在建项目中类似单居室套型的筛选情况来看，这类套型平面形式多为规整的矩形，进门

两侧分别布置卫生间和简易厨房（电厨房）[1]，户内厅室合一，无其他分隔。这类套型之间的主要差异是在面宽和进深的比例上。本方案和其他设计方案相比，具有进深长、面宽小的特点，拼接为楼栋后更有利于节地。而且从套内功能的排布来看，通常会将睡眠、活动区域沿进深方向依次展开，因此在有限的面积条件下，加大进深可起到明确室内功能分区、方便家具布置的作用，而这往往比增加 100~200mm 的面宽更有效（图 4-23）。

---

1 根据《北京市公共租赁住房建设技术导则（试行）》可知，30m² 左右的小套型的厨房配置标准为"具备使用简单电加热和排烟厨具"的简易厨房。

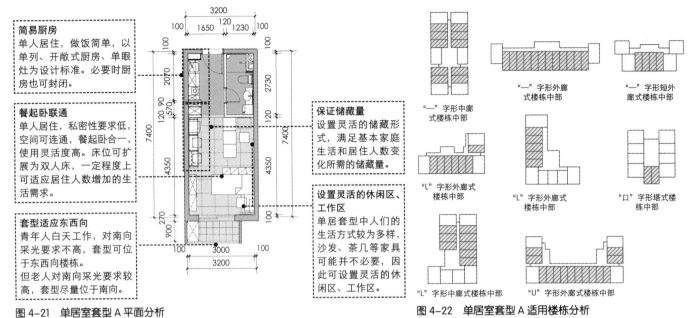

简易厨房
单人居住，做饭简单，以单列、开敞式厨房、单眼灶为设计标准。必要时厨房也可封闭。

餐起卧联通
单人居住，私密性要求低，空间可连通，餐起卧合一，使用灵活度高。床位可扩展为双人床，一定程度上可适应居住人数增加的生活需求。

套型适应东西向
青年人白天工作，对南向采光要求不高，套型可位于东西向楼栋。
但老人对南向采光要求较高，套型尽量位于南向。

保证储藏量
设置灵活的储藏形式，满足基本家庭生活和居住人数变化所需的储藏量。

设置灵活的休闲区、工作区
单居套型中人们的生活方式较为多样，沙发、茶几等家具可能并不必要，因此可设置灵活的休闲区、工作区。

图 4-21　单居室套型 A 平面分析

"一"字形中廊式楼栋中部　　"一"字形外廊式楼栋中部　　"一"字形短外廊式楼栋中部
"L"字形外廊式楼栋中部　　"L"字形外廊式楼栋中部　　"口"字形塔式楼栋中部
"L"字形中廊式楼栋中部　　"U"字形外廊式楼栋中部

图 4-22　单居室套型 A 适用楼栋分析

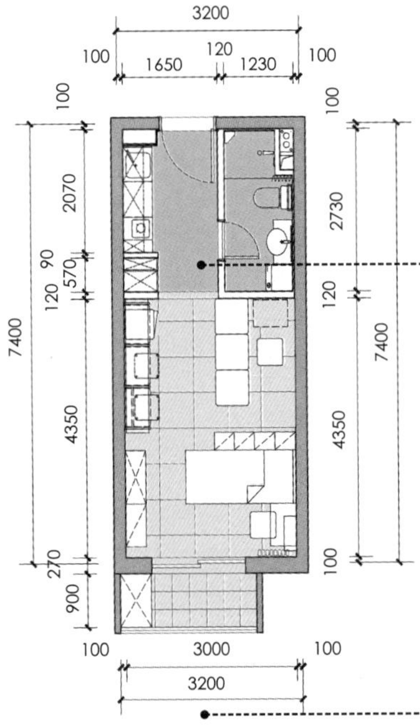

相同点 1
功能配置及面积相当
两者功能配置基本相同，且套内使用面积基本在 31~35m² 以内。

相同点 2
套内各空间布局相似
厨房、卫生间集中于入户门两侧。
厨房为一字形单排形式，可开敞可封闭，灶台选用电炉灶。

不同点
总面宽进深比例不同
样板间套型面宽较小、进深较大，虽然在采光性上略逊于右图套型，但进深大更有利于节地。

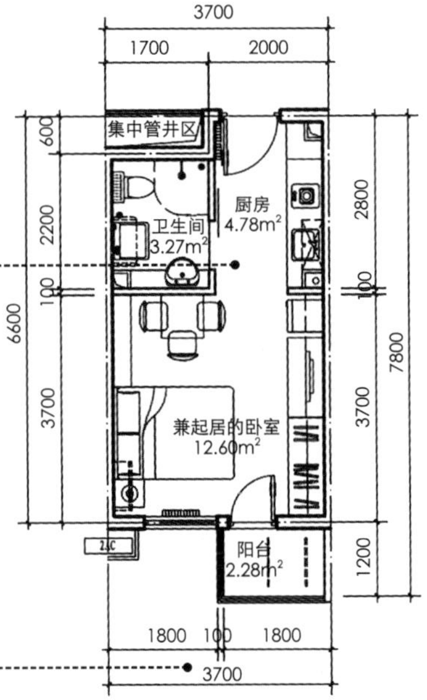

图 4-23　单居室套型 A 与其他方案的比较

套内使用面积：20.47m²
套型阳台面积：2.50m²
套型建筑面积：31.74m²

样板间套型 A 平面图

卫生间 3.27m²
厨房 4.78m²
集中管井区
兼起居的卧室 12.60m²
阳台 2.28m²

套内使用面积：20.65m²
套型阳台面积：2.28m²
套型建筑面积：31.78m²

《北京市公共租赁住房标准设计图集（一）》单居套型平面图

2. 套型 A 优化过程分析

在套型室内设计深化阶段，主要的调整有以下两点：①将套型总面宽从 3300mm 压缩至 3200mm，使室内净面宽变为 3000mm，控制了套型整体面积，同时有利于地面铺装时节省一次地砖切割（地砖为 600mm×600mm，3000mm 为 600mm 的整数倍）；②取消原卫生间一侧凹入的鞋柜区，将鞋柜整合至厨房台面一侧，使卫生间平面形式规整化，有利于卫浴设备的布置（表 4-2）。同时在套型厅室部分，样板间的家具布置考虑青年人的生活特点，隔离出一个较为独立的工作 / 休闲区，以满足青年人在家上网、学习或办公的需求。

三　样板间套型分析2——小套型B

1. 套型 B 基本分析

套型 B 建筑面积在 40m² 左右，也是目前设计图集和在建项目中较为常见的一类（图 4-24）。与套型 A 相比，其相同点在于均只需单面采光，可拼接于多种楼栋形式（图 4-25）；而不同之处为，该套型设置了具有自然采光的独立厨房，因此套型总面宽为 4500mm 左右。套型起居、卧室间不设固定隔断，住户可自行使用柜体、软帘等进行灵活分隔，从而营造一个较为私密的睡眠区域。

单居室套型 A 的演变过程示意图　表 4-2

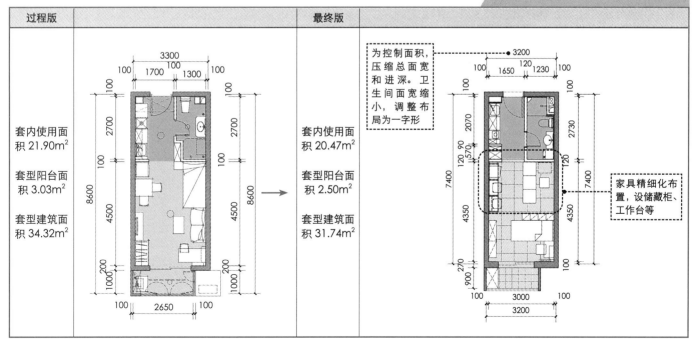

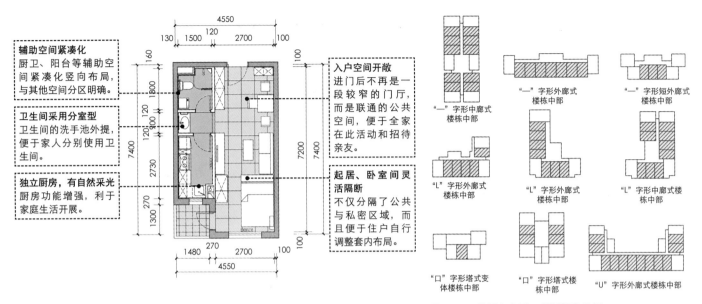

辅助空间紧凑化
厨卫、阳台等辅助空间紧凑化竖向布局，与其他空间分区明确。

卫生间采用分室型
卫生间的洗手池外提，便于家人分别使用卫生间。

独立厨房，有自然采光
厨房功能增强，利于家庭生活开展。

入户空间开敞
进门后不再是一段较窄的门厅，而是联通的公共空间，便于全家在此活动和招待亲友。

起居、卧室间灵活隔断
不仅分隔了公共与私密区域，而且便于住户自行调整套内布局。

"一"字形中廊式楼栋中部
"一"字形外廊式楼栋中部
"一"字形短外廊式楼栋中部
"L"字形外廊式楼栋中部
"L"字形外廊式楼栋中部
"L"字形中廊式楼栋中部
"口"字形塔式变体楼栋中部
"口"字形塔式楼栋中部
"U"字形外廊式楼栋中部

图 4-24　单居室套型 B 平面分析　　　　　　　　　　　　　　　　**图 4-25　单居室套型 B 适用楼栋分析**

单居室套型 B 两种平面的优缺点分析　　表 4-3

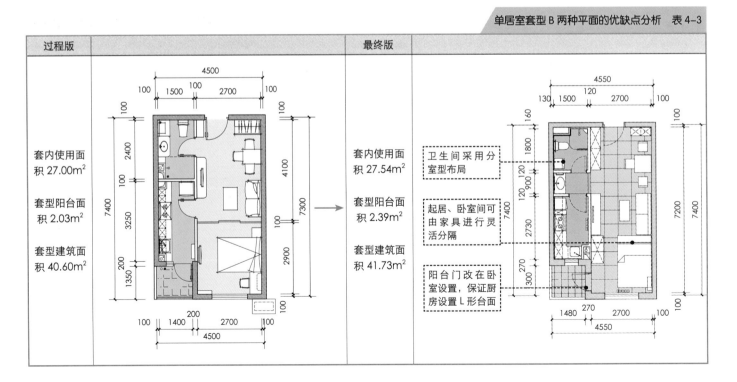

过程版		最终版	
套内使用面积 27.00m²		套内使用面积 27.54m²	卫生间采用分室型布局
套型阳台面积 2.03m²		套型阳台面积 2.39m²	起居、卧室间可由家具进行灵活分隔
套型建筑面积 40.60m²		套型建筑面积 41.73m²	阳台门改在卧室设置，保证厨房设置 L 形台面

2. 套型 B 优化过程分析

在套型 B 的设计过程中，我们进行过两种厨卫空间布局方式的尝试（表 4-3）。一种是厨房、卫生间门直接朝向起居室、餐厅开设，另一种是厨卫之间设置小过厅，从过厅分别进入厨房和卫生间。通过比较这两种方案可以看出，前者有效利用了空间，扩大了厨卫的使用面积，但在一定程度上有碍起居、餐厅的观瞻，且影响起居空间的安定性；后者更利于厨卫门的隐蔽和起居、餐厅墙面的完整，并通过将卫生间洗手池外提到过厅中，使过厅部分也能得到有效的利用。同时，将阳台门调整至起卧空间一侧，使厨房内可以布置成 L 形台面，从而弥补了厨房台面长度不足的劣势。最终在样板间展示中，我们选择了后一个方案。

四 样板间套型分析3——中套型C和大套型D

1. 套型 C 和套型 D 基本分析

套型 C、D 均为具有独立卧室和厨卫空间的一室户。其中起居、卧室、厨房均需要采光面，目前市场上的部分实际项目中，一室户设计如果仅依靠单侧采光同时又要控制套型总面宽的话，往往会采取卧室占据一个完整面宽，而起居、厨房通过凹缝进行采光的方式。这虽有利于增大套型进深而实现节地，但会产生楼栋凹槽较多、体形系数偏大等弊端。

在此次样板间设计中，我们参照相关设计图集中的套型样例，选择了具有两侧采光面，或三侧采光面的一居室套型（图 4-26）。这类套型适于拼接在楼栋转角或端部（图 4-27）。由于具有相邻两个或三个采光面，起居、卧室和厨房均可实现完整独立采光。

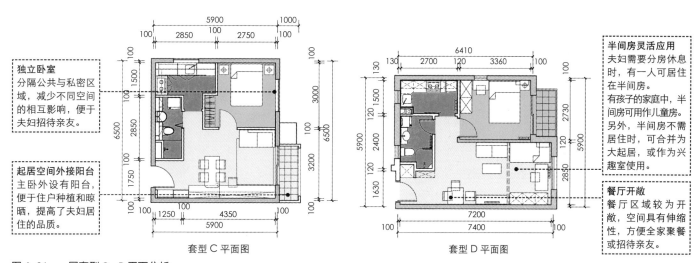

独立卧室
分隔公共与私密区域，减少不同空间的相互影响，便于夫妇招待亲友。

起居空间外接阳台
主卧外设有阳台，便于住户种植和晾晒，提高了夫妇居住的品质。

套型 C 平面图

半间房灵活应用
夫妇需要分房休息时，有一人可居住在半间房。
有孩子的家庭中，半间房可用作儿童房。
另外，半间房不需居住时，可合并为大起居，或作为兴趣室使用。

餐厅开敞
餐厅区域较为开敞，空间具有伸缩性，方便全家聚餐或招待亲友。

套型 D 平面图

图 4-26　一居套型 C、D 平面分析

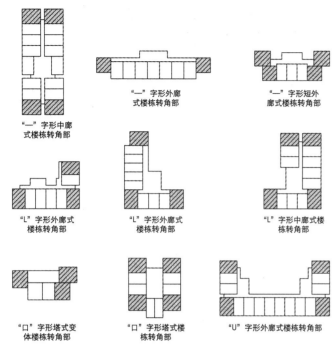

"一"字形中廊
式楼栋转角部

"一"字形外廊
式楼栋转角部

"一"字形短外
廊式楼栋转角部

"L"字形外廊式
楼栋转角部

"L"字形外廊式
楼栋转角部

"L"字形中廊楼
栋转角部

"口"字形塔式变
体楼栋转角部

"口"字形塔式楼
栋转角部

"U"字形外廊式楼栋转角部

图 4-27　一居套型 C、D 适用楼栋分析

2. 套型 C 和套型 D 优化过程分析

在套型深化设计过程中，我们不仅注重了套内空间的改善，而且从减少楼栋公摊、套型拼接灵活等方面进行了考虑。在套型 C 的初版方案中，将入户门置于了套型中部。然而在套型拼接、组合楼栋时发现，中部入户会增加端头公共走廊的面积，不利于节约公摊。因此在套型深化时，通过调整室内各空间的布局，将入户门设在了套型角部，从而实现了端部入户（表 4-4）[1]。另外，入户门的位置也可以在角部两侧灵活调换，增加了套型拼接时的适应性。

套型 D 的主要深化设计体现在增大起居进深方面。一室户套型主要针对家庭人口在 2~3 人的中青年夫妇家庭或老年家庭。但根据调研经验来看，每个家庭实际的居住人数往往要比

一居套型 C 的演变过程示意图　表 4-4

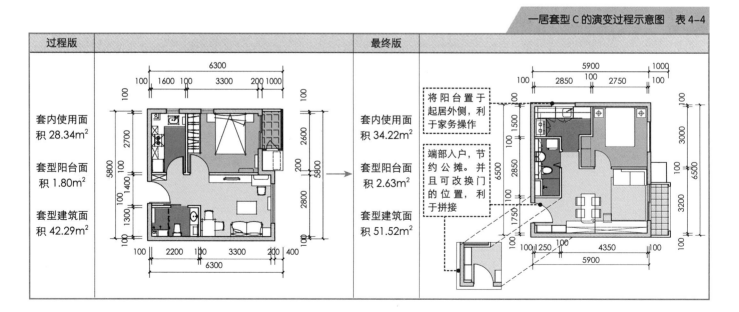

过程版	最终版
套内使用面积 28.34m² 套型阳台面积 1.80m² 套型建筑面积 42.29m²	套内使用面积 34.22m² 套型阳台面积 2.63m² 套型建筑面积 51.52m² 将阳台置于起居外侧，利于家务操作 端部入户，节约公摊。并且可改换门的位置，利于拼接

1　套型 C 室内深化设计由博洛尼精装研究院进行。

设计人数多，因此在套型 D 中，我们将起居空间进深加大，设计出"半间房"（图 4-26）。当子女需要与父母分房居住时，可将起居空间做简单的分隔，形成相对私密的睡眠空间；当老人需要照护时，半间房空间可临时作为家人陪护的休息空间。

五　样板间套型分析4——大套型E

1. 套型 E 基本分析

套型 E 为两居室，建筑面积在 50~60m² 之间（图 4-28）。此类套型需要至少两面采光，因此适宜布置在楼栋端部或角部（图 4-29）。本类套型常见的空间布局是，进门两侧布置独立的厨房和卫生间，其他空间划分为动静两个分区——静区包括主卧和次卧，次卧可用作儿童房或书房；动区为连通的餐起公共空间，较为开敞灵活。

2. 套型 E 优化过程分析

在动静分区的基础上，套型 E 常存在以下两种布局形式（表 4-5）。这两种布局形式的取舍是本套型深化时考虑的重点。一种布局是将卫生间布置在两个卧室之间，优点是便于主卧内的住户就近如厕，但缺点是卫生间远离公共走廊，不利于管线集中，且有人使用洗手池时，会对主卧的私密性造成影响；因此考虑变换厨卫布局，将两间卧室靠近设置，形成了第二种布局形式。这种布局最大的优点在于，两间卧室之间可以根据住户需要自由分隔，给居住需要较为多样的公租房带来使用上的灵活性。

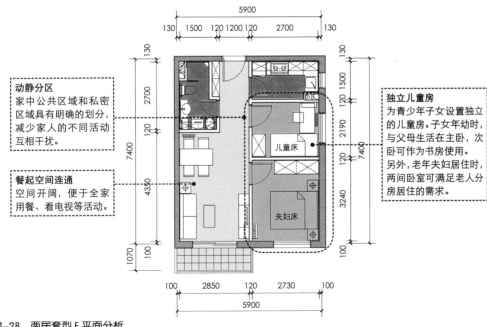

动静分区
家中公共区域和私密区域具有明确的划分，减少家人的不同活动互相干扰。

餐起空间连通
空间开阔，便于全家用餐、看电视等活动。

独立儿童房
为青少年子女设置独立的儿童房。子女年幼时，与父母生活在主卧，次卧可作为书房使用。
另外，老年夫妇居住时，两间卧室可满足老人分房居住的需求。

儿童床

夫妇床

图 4-28　两居套型 E 平面分析

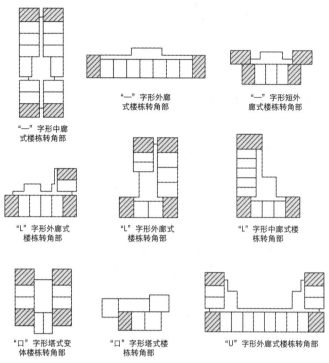

"一"字形中廊
式楼栋转角部

"一"字形外廊
式楼栋转角部

"一"字形短外
廊式楼栋转角部

"L"字形外廊式
楼栋转角部

"L"字形外廊式
楼栋转角部

"L"字形中廊式楼
栋转角部

"口"字形塔式变
体楼栋转角部

"口"字形塔式楼
栋转角部

"U"字形外廊式楼栋转角部

图 4-29　两居套型 E 适用楼栋分析

六　小结

本次公租房样板间套型设计,不仅考虑了套内空间布局,而且考虑了套型之间的组合以及室内家具、设备的布置,是从建筑到室内的"全过程"设计。因此,设计出的样板间套型具有较强的可实践性,能够用于指导实际项目。本次套型设计主要是立足于以北京为主的北方地区,但希望相应的设计思路可供其他地区公租房项目的设计作为参考。

两居套型 E 的演变过程示意图　表 4-5

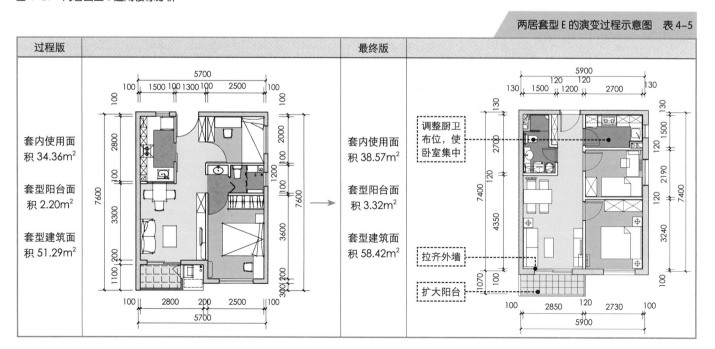

过程版	最终版
套内使用面积 34.36m²	套内使用面积 38.57m²
套型阳台面积 2.20m²	套型阳台面积 3.32m²
套型建筑面积 51.29m²	套型建筑面积 58.42m²

调整厨卫布位,使卧室集中
拉齐外墙
扩大阳台

青年人才公寓建筑设计实例分析

青年人才公寓是指专项用于青年人才就业的生活配套租赁公寓，解决青年人才在某地就业的短期租赁和过渡周转用房。随着我国保障房建设的高速发展，青年人才公寓的建设也在各地不断推进。在建设过程中，按照"政府引导、财政支持、市场化运作、社会化管理"的原则，政府主要提供资金支持和政策引导，为入住的青年人才提供租金补贴；企业单位主要负责建设、运营管理等方面的工作，保证公寓的有效运转。

青年人才公寓的建设具有十分重要的意义，不仅在一定程度上缓解了青年就业群体的过渡性居住问题，还对保证企业人才的稳定性、缓解人才流失问题起到积极作用。公寓在设计上不仅要满足青年群体的基本居住需求，同时要更加重视企业青年员工的职业特点和个性化需求，为企业青年人才提供更加舒适稳定的生活环境。

在参与上海市国际舞蹈中心人才公寓设计项目过程中。为了使设计方案更好地适应舞蹈演员的需求，我们在设计初期就开展了调研，以了解青年舞蹈演员的生活习惯和行为特点，并依此进行公寓建筑空间的设计。下面将对调研情况和建筑设计方案分别展开叙述。

一　针对青年芭蕾舞演员的前期调研分析

该青年人才公寓是上海市国际舞蹈中心的配套项目，主要入住对象为上海芭蕾舞团和上海东方歌舞团的青年舞蹈演员们。在设计之初，我们通过发放问卷和入户访谈两种形式进行了调研，掌握了青年舞蹈演员群体的基本特征，并通过分析其日常生活，总结出了舞蹈演员们的生活行为特点和多项居住需求。

1. 青年舞蹈演员的群体特征和生活特点

1）女性青年舞蹈演员比例偏高

由于职业属性缘故，舞蹈演员中女性居多，从此次调研数据来看，女青年演员占总人数的60%。

2）居住模式较为多样

调研对象的年龄层次主要集中在 20~24 岁之间，且多为单身未婚者。虽然单人居住的舞蹈演员数量较多，但是也不乏和朋友合住或情侣合住的情况，对套型的需求也是多种多样的。

3）外出演出及出差较为频繁

舞蹈演员经常需要到外地参加演出或出国演出，此外还会外出参加各类比赛、活动等，因此出差的次数较多。

4）重视个人进修

调研中发现，很多舞蹈演员都是在读的硕士研究生，处于边工作边学习的状态。舞团也鼓励大家进修，并组织演员们参加各类进修班。平日里，舞蹈演员们喜欢看书、看舞蹈视频等，有意识地加强学习。

5）会在居室内进行身体锻炼

舞蹈演员在起床之后通常都会先做几个基本的伸展动作，比如利用墙面或床边压腿、抻抻腰等，让身体舒展开，变得充满活力。晚上也常常做十几分钟的瑜伽动作，放松身体。

6）大部分舞蹈演员都喜欢泡澡

舞蹈演员们每天上午和下午都要练功跳舞，晚上也经常参加演出。一天下来，身体十分疲惫。因此大多数舞蹈演员都会在就寝前泡澡，来放松身心。

2. 青年舞蹈演员对居住空间的期望和建议

1）需要专属的梳妆空间

由于职业的需要，舞蹈演员每天化妆、卸妆及护肤的时间较长。尤其是女性舞蹈演员，在每天洗完澡后，都会敷面膜、涂体乳，所以她们希望房间内要有专门的梳妆区域。

2）需要有较多的储藏空间

演员们除了衣服、鞋、包、护肤用品需要存放之外，还会有各种演出照片、获奖证书、奖杯等存放需求。因此他们希望有较多的储藏空间，并且应考虑不同物品的分类储藏问题。

3）希望有个人的洗衣晾晒空间

舞蹈演员每天练功会出很多汗，练功服需要勤洗勤换。但由于练功服比较相似，在公共的洗衣房进行洗涤和晾晒容易混淆，所以他们希望能在房间内有独立的洗衣晾晒区域。

4）对居室内厨房设备的要求较低

大部分舞蹈演员只会在家吃早餐，午饭则通常在国际舞蹈中心解决，晚上忙于演出和应酬，也经常在外吃饭。遇到外出演出的情况，更是接连两三天不在家，在家做饭的整体频率偏低。因此厨房空间和设备配置可以适当简化，满足煮鸡蛋、烤面包、热牛奶等简易操作即可。

5）希望公寓内提供公共交往的空间

调研中了解到，平时舞蹈演员的朋友聚会活动较多，但是居室内空间有限，不便于在家待客。因此，舞蹈演员们希望公寓能提供咖啡厅等公共空间，当有客人或朋友来访时，可以在咖啡厅或活动室交谈、聊天。

6）希望公寓做到无障碍设计

舞蹈演员给人的印象通常是身体柔软灵活，但在平时排练及表演时，他们也难免会发生一些意外受伤的情况，比如崴脚、肌肉拉伤等，严重时甚至需要乘坐轮椅静养一段时间。因此他们希望公寓和套型在设计时都应该考虑无障碍需求。

二　公寓单体设计分析

通过调研，我们对青年舞蹈演员的居住需求有了更多的了解，接下来将具体阐述青年人才公寓在设计过程中是如何适应他们的需求的。

1. 公寓的基本情况介绍

公寓项目基地位于上海市长宁区虹梅路，地块呈南北狭长形，北侧为城市开放公园，景观绿化较好，西侧临街，南侧及东侧为多层住宅。本项目在地块形状、建筑高度、容积率等方面都有所限制，为了保证布置足够的居室数量，且使居室尽量有好的朝向，经过多轮推敲，最终确定为 E 字形布局（图4-30，图4-31）。公寓总建筑面积约 7900m²，地上5层，地下1层，套型总户数为165户。

公寓首层沿街为商业店铺（包含超市、快餐店、洗衣店等），二层至五层的居住部分采用外廊式布局，保证内部的有效通风。在朝南的三排建筑之间，设置了室外庭院，形成较为安静、独立的室外休闲活动空间（图4-32，图4-33）。公寓屋顶层架设了太阳能集热器，为公寓提供24小时热水，保证舞蹈演员在夜晚回家的时候，也可以随时洗澡。

2. 设置四种形式的公共空间

为了满足青年舞蹈演员待客、聚会等多种公共交往的需求，公寓在设计中考虑了以下四种不同类型的公共空间：

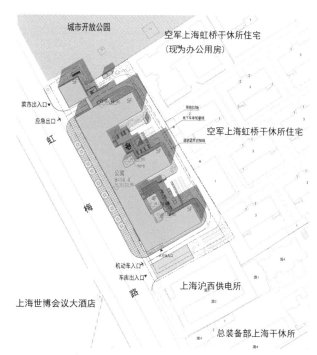

图4-30　公寓总平面图

图4-31　项目鸟瞰效果图

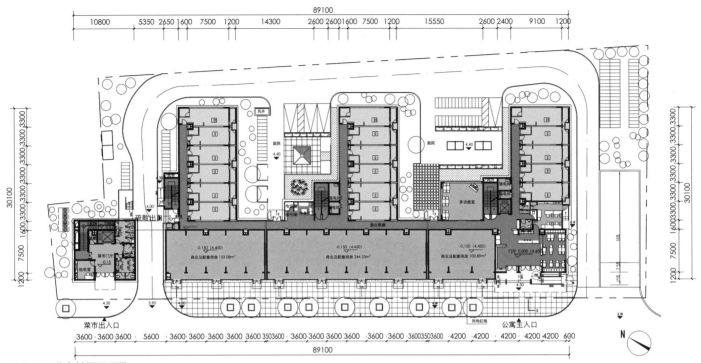

图4-32 公寓首层平面图

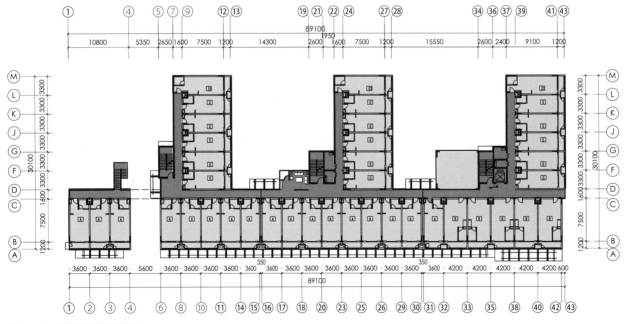

图4-33 公寓居住层平面图

1）门厅公共区

在公寓首层门厅处，结合服务台等办公管理区，设置了咖啡厅、信报箱、公告栏、自动售卖机等公共空间（图4-34）。设计时，在适当保持公共区独立性的同时，还注意保证了各个区域之间的视线贯通，这样可使服务人员同时监管不同区域，提高管理效率。

2）室外活动庭院

公寓E型的平面布局形成了两个与城市道路相隔的内向活动庭院，舞蹈演员通过首层的封闭走廊可以直接从公寓去往室外庭院，室内外的连通十分便捷。另外，庭院内注重景观绿化及座椅小品的配置，营造出幽静舒适的环境，为舞蹈演员提供了一个散步休闲的好去处（图4-35）。

3）小型多功能排练厅

在公寓首层我们设置了一处小型舞蹈排练厅（房间宽6500mm，长7500mm），以方便舞蹈演员就近进行基本功练习、编排节目等。由于在舞蹈中会有各种跳跃的姿势，所以排练厅的层高不宜低于4.8m。设计中将两层空间设计为一层，通过采用上空的形式保证了层高的要求。排练厅的地面材质设计为木质地板，一面墙面设计为镜面。同时，考虑到多功能使用的需求，还设置了可移动的活动桌椅。

4）开敞式休息厅

在公寓每个楼层的走廊中部都设置了朝向庭院的开敞式休息厅。休息厅内设置报刊架、沙发及电话室，可供舞蹈演员休息、阅报及聊天使用。

3. 考虑六处无障碍安全设计

前文提到，舞蹈演员在排练及演出时容易发生各种受伤的情况，受伤后可能会有一段时间要拄拐、乘轮椅。而为了保证演出，舞蹈演员在平日的生活中更要注意防止意外受伤、跌倒等情况的发生。因此公寓设计既需要注重安全性，又要做到无障碍通行。在方案设计中，我们重点做出了以下六处无障碍安全设计（图4-36）：

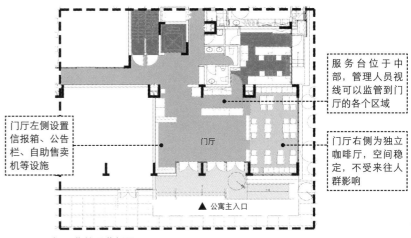

门厅左侧设置信报箱、公告栏、自助售卖机等设施

服务台位于中部，管理人员视线可以监管到门厅的各个区域

门厅右侧为独立咖啡厅，空间稳定，不受来往人群影响

▲ 公寓主入口

图4-34　门厅公共区分析图

图4-35　庭院效果图

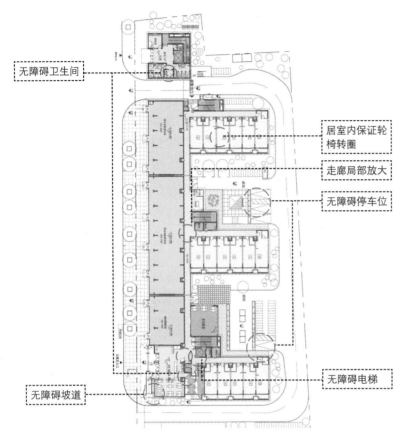

无障碍卫生间

居室内保证轮椅转圈

走廊局部放大

无障碍停车位

无障碍电梯

无障碍坡道

图4-36　公寓无障碍设计分析图

1）设置无障碍电梯

虽然公寓建筑只有5层，按照规范要求可以不设置电梯。但是考虑到入住青年舞蹈演员受伤后以及手拎行李时上下楼梯不便等问题，我们特意在靠近公寓门厅的位置设置了一部无障碍电梯。电梯轿厢的尺寸为1600mm×1400mm，可以满足轮椅进出的要求。

2）主入口设置坡道

公寓主入口处设置了无障碍坡道，坡道的坡度、形式均可满足无障碍设计要求，既能保证轮椅通行，又为拉行李进出提供方便。

3）走廊空间局部放大

为节约公摊面积，本方案中公共走廊净宽为1400mm，但在候梯区、公共楼梯起始处，将走廊空间局部放大至1500mm以上，确保轮椅回转、人员等候和短暂停留交谈的需求。

4）在居室内预留活动区域

通过对居室面宽及家具布局的设计，使房间内有一处较为宽敞的活动空间，保证锻炼活动和轮椅转圈。（详见后文套型设计分析）

5）设置无障碍公共卫生间

在公寓首层的公共活动区部分，设置了多功能无障碍卫生间，为演员如厕、临时更衣提供便利。

6）设置地上无障碍停车位

在基地用地紧张的情况下，公寓在设计中仍考虑了四个地上停车位的设置，其中有两个加宽为无障碍停车位，以方便受伤的舞蹈演员乘坐轮椅上下车。

总之，青年公寓的无障碍设计不仅是为了在演员偶然受伤时提供方便，更重要的是加强日常通行、使用的安全性、便利性，降低意外受伤发生的频率。

三　公寓套型设计分析

1. 套型平面布局形式

为了满足青年舞蹈演员单身居住、情侣同住等不同的居住模式，在公寓套型平面的设计上考虑了四种不同的类型（图 4-37），套型的使用面积在 23~36m² 之间，在平面设计上主要考虑以下要点：

1）单人居住套型占多数

考虑到单身的舞蹈演员人数比例较高，因此适合单身舞蹈演员居住的套型 A 和套型 C 数量最多，占 80%。另外在套型 A 和套型 C 的基础上，演变出了面宽稍大的套型 B 和跃层套型 D，可供情侣、夫妇居住。

2）灵活处理结构体系与套型面宽之间的关系

本方案采用短肢框架结构，主要开间尺寸与数量最多的套型 A 相适应，为 3600mm。公寓主入口空间出于功能要求，开间需要扩大至 4200mm，因此居住层利用这一大开间布置了面积较大的套型 B。

3）利用南向布置更多的套型

公寓居住部分的主要朝向为西南和东南两个方向，由于东南方向的朝向较好，因此为了使更多的套型获得较好的采光，在设计中便将南向的套型 C 和套型 D 面宽控制在 3300mm，以便在总面宽的限制范围内，多布置出一间套型。

2. 套型内部的精细化设计

在套内精装修的设计上，我们对室内家具、装修布置等方面作了许多细致的处理，以适合青年芭蕾舞演员泡澡、化妆、室内跳舞等各种特殊的要求。下面以套型 B 为例来具体分析（图 4-38）。

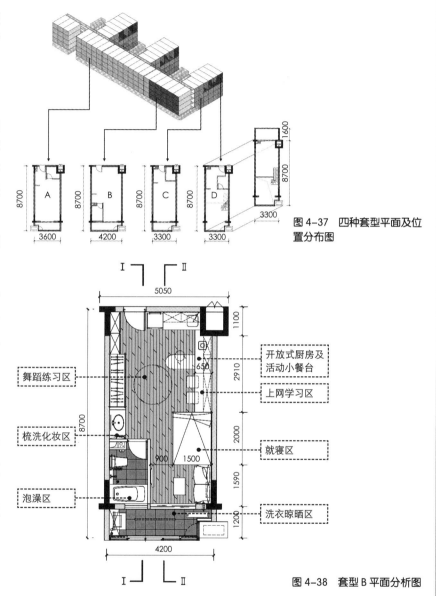

图 4-37 四种套型平面及位置分布图

图 4-38 套型 B 平面分析图

1）室内预留充分的活动区域

由调研可知，舞蹈演员们普遍喜欢在居室内做一些简单的舒展动作，因此室内应有一处较为宽敞的活动区域。为实现这一要求，我们将居室内的家具和设施都尽量沿墙布置，除了

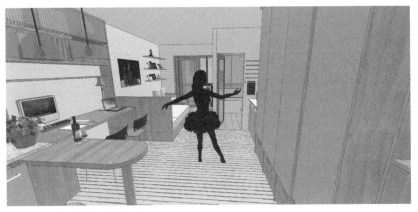

图 4-39　室内活动区示意图

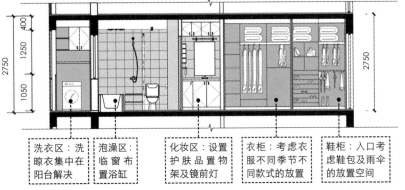

| 洗衣区：洗晾衣集中在阳台解决 | 泡澡区：临窗布置浴缸 | 化妆区：设置护肤品置物架及镜前灯 | 衣柜：考虑衣服不同季节不同款式的放置 | 鞋柜：入口考虑鞋包及雨伞的放置空间 |

图 4-40　I-I 剖面分析图

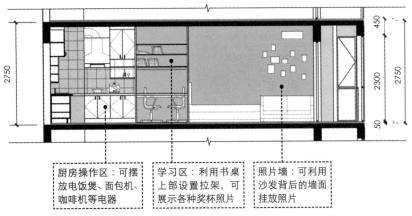

| 厨房操作区：可摆放电饭煲、面包机、咖啡机等电器 | 学习区：利用书桌上部设置拉架，可展示各种奖杯照片 | 照片墙：可利用沙发背后的墙面挂放照片 |

图 4-41　II-II 剖面分析图

卫生间独立分隔以外，其他的室内空间不设置隔断，保证居室中部有充足的活动空间，方便他们做一些转身、拉筋等动作。当舞蹈演员出现受伤的情况时，这处空间又可以满足轮椅回转的需求（图 4-39）。

2）卫生间内设置泡澡区

为满足舞蹈演员希望泡澡的心愿，我们在有限的居室面积中设置了 3.37m² 的独立卫生间。卫生间内设置了坐便器、淋浴设施及浴缸。浴缸尺寸为 1200mm×750mm，可满足演员坐在浴缸内舒服地泡澡的需求。卫生间朝向阳台设有窗户，泡澡区临窗布置，保证了良好的采光和通风（图 4-40）。

3）盥洗、梳妆空间一体化

由于职业的需要，每天舞蹈演员们用在化妆、卸妆、更衣、佩戴等整理妆容方面的时间是较多的。本套型中，将盥洗台设在卫生间外，与梳妆功能一体化设计。盥洗台周围设有置物格，可以存放大量的护肤化妆用品。镜面前面设置独立的镜前灯，保证化妆时的光线。镜子旁边还设置插座电源，方便使用吹风机，卷发棒等电器设备。

4）上网学习区域

之前提到，演员们不少都是在读的硕士研究生，多处于学习和进修的状态，因此居室内设置了一处上网学习区，以方便演员们看书和各种舞蹈视频。同时利用墙面设置书架，配置独立台灯，为舞蹈演员营造良好的学习气氛（图 4-41）。

5）开放式厨房及活动吧台

舞蹈演员们自己做饭的机会是比较少的。平时工作日较忙，再加上周末多有外出演出，只有早饭会经常在公寓中解决，因此居室内配置了开敞式的厨房操作台（图 4-42），650mm宽的操作台可放置微波炉、电饭煲、面包机、咖啡机等设备，满足煮粥、烤面包、热牛奶等操作需要。在操作台附近设置可折叠的餐台，上部设置独立的吊灯，演员们晚间归来时，餐台可以作为浪漫的吧台。若是情侣同住，俩人在此小酌一杯也未尝不可。

6）其他细节设计

舞蹈演员的奖杯、证书、演出照片等物品较多，需要一定的展示区域。设计中利用沙发上面的墙面设置明格，方便各类奖杯证书的摆放。

四　设计总结

通过对本项目设计过程的阐述，我们为大家展现了青年舞蹈演员人才公寓的调研过程及设计思路。从中应当认识到，青年人才公寓的设计重点在于满足某一类型青年就业群体的特定居住需求，而因就业群体的职业特征、工作性质和待遇有差别，对公寓的具体要求也就有所不同。设计时绝不应简单照搬其他方案，而需要通过调研，了解企业和员工的特殊要求，并落实到实际设计中。

本文仅以舞蹈演员公寓项目作抛砖引玉，希望设计人员能够举一反三，将相应的调研方法和研究视角运用在更多的项目中，共同提升青年人才公寓的建设水平。

图 4-42　开放式厨房及上网学习区示意图

住宅精细化设计 II

第五篇　老年住宅

老年人居住需求调研分析

在多次针对老年人居住状况的调研中，我们听到了不少老年人对居住条件的需求与看法。这些问题有的是亟待改善的现状，有的是对未来的憧憬。当我们试着将这些问题和需求总结起来时，发现其中很多都是一些建筑设计或室内装修中产生的问题。对这些问题的归纳总结将有助于居住区及住宅的策划与开发，也希望给建筑师、室内设计师一些设计上的启发。

我们把历次调研时听到的意见进行了分类整理，将"老年人对居住条件的需求"细分为如下四个方面：室内物理环境、房间功能布局、社区景观及公共空间、住处位置及配套设施。下面我们将针对上述内容分别进行叙述。

一 老年人对室内物理环境的需求

当问到怎样才是舒适的房子时，很多老年人都作出了这样的描述：不冷不热，不潮湿不干燥，空气好，光线好等等。这些其实也就对应了住宅室内物理环境的几个衡量指标：温度，湿度，光线，通风。较之青年人和中年人而言，老年人更加重视健康，且随着年龄的增长，他们自身的身体机能也在不断衰退，因此他们对室内物理环境要求更高。

1. 老年人对室内温度的需求

在调研中我们发现，很多老年人家中都会摆放一个甚至数个温度计，以便随时观测每个房间的温度变化。由此可见，老年人对于室内温度普遍非常关注。

我国幅员辽阔，各地区气候相差很大，具体建筑做法也不尽相同。再加上生活习惯的差异等因素，使得各地区老年人对家中温度的满意度和关注点也存在一定的差异。

1）寒冷地区的老年人主要关心供暖

在寒冷地区（如北京，沈阳），老年人对于室内夏季温度基本满意，不少老年人表示，自己的家里格外凉快，甚至可以一夏天不铺凉席，不开空调。这一方面是因为寒冷地区夏季气温相对舒适，另一方面也是因为老年人普遍不那么贪凉。

而到了冬季，老年人对室内温度的满意度就与住宅的日照时间和供暖质量密切相关了。如果住宅的采光与供暖都很好，老年人对冬季温度就比较满意。但如果供暖不足，或是住宅的主要朝向为阴面时，老年人就会觉得冷。

对于室内环境太冷的问题，比较多的老年人会首选通过装修来改善。比如增强窗户的密闭性，或是增加暖气片。而采用市场上售卖的电暖器、红外线加热器等电采暖方式来补充供暖的老年人数量就相对少一些，这一来是因为费电，二来是觉得这类用电设备（包括空调）不是局部过热、就是太干燥，让人感觉不舒服。

2）夏热冬冷地区的老年人需补充调节温度

在一些典型的夏热冬冷地区（如上海，武汉），老年人对于温度的要求显得更为复杂。由于这些地区普遍没有集中供暖，外墙保温要求也不如寒冷地区高，"冬天太冷"这句话在调研中常常被提到。为此，电热毯、电暖气、空调等电加热设备在这些地区的普及率相当高。

夏季的闷热潮湿天气也让很多老年人感觉不适。在调研中，很多老年人对家中安装的普通分体空调表示出复杂的心理。一位被调研者（男性）在谈及空调时说道："我最怕热，所以到了夏天空调要开整夜，不然我就睡不着。但是有一次吹得开始肩膀疼，以后就总疼。医生说不让我吹空调，可是不开空调夏天实在过不去啊！"

虽然冬冷夏热十分难熬，但这些地区的老年人对空调的使用频率却并不算太高。这主要是由于三个原因造成的：一是不习惯用——因为这一代老人之前大半辈子的生活经历中，并没有用过空调，也不太依赖空调；二是不敢用——长时间吹空调冷风，会引发关节痛等病症；三是不舍得用——因为不少老年人生活都很节俭，认为空调"太费电"，会尽可能不用空调。

因此对在这些地区生活的老年人来说，室内温度的控制和调节的确是个常年存在的，不小的麻烦。

3）温暖地区的老年人对夏季制冷需求强

炎热地区（如广州）的老人则主要是对"夏天太难熬"表示出强烈的感触。由于夏季漫长，炎热地区的老年住宅中，空调使用率比较高。虽然炎热地区的冬天也会有一段寒冷时期，但由于冬季比较短，所以多数老年人表示"过得去"。

2. 老年人对室内湿度的需求

湿度也是老年人非常关心的室内物理环境指标，特别是一些患有心脑血管疾病、皮肤病等疾病的老年人，对此更是相当敏感。

1）干燥地区老年人对湿度怨言不多

在调研中我们发现，寒冷地区的老年人对于冬季湿度的不满，主要是觉得暖气太热，室内过于干燥。当白天阳光充足的时候，甚至会有老年人关掉家中暖气，以避免"上火"。同时，也有不少老年人会通过养花，在暖气上搭放湿布，放置水盆，或者使用空气加湿器等方式来调节室内湿度。

总体来说，在访谈中提到"冬季过于干燥"这个问题时，老年人的普遍态度是略不满意，而非难以忍受。

2）潮湿地区老年人对除湿需求强烈

在夏热冬冷地区，老年人对于湿度的不满意则多半是湿度太大。在对江苏地区的调研中我们发现，黄梅天是很多老年人最讨厌的天气，甚至超过严寒酷暑。每到这种时候，很多老年人都觉得胸闷、喘不上气，严重的甚至会诱发心脏病。

对于闷湿天气，老年人们普遍觉得很难忍受，总是盼着这样的季节快快过去。与温度不同的是，湿度方面的不适感无法用增减衣物来解决，必须采取人工调节手段。有一部分家庭会采用除湿设备，如空调或抽湿器。

3. 老年人对室内阳光的需求

1）老年人对阳光有直接的生理需求

在以往住宅设计中，我们通常认为，北方地区对阳光的需求更强烈，而南方地区则更重视通风。从多数楼盘的销售广告来看，这一点似乎也是人们的共识。

但是，在调研中发现，不但是北方地区和中部地区的老年人喜阳，在华南很多地区，老年人也都非常喜欢阳光充足的房间。当然这是指从南向射进的阳光，而不是西晒。老年人对于阳光的渴望比年轻人更强烈，大部分老年人在选择住宅时，都会将房间朝向视为最重要的条件之一。而年轻人则普遍更注重位置和价格。即便是在北方，一部分年轻人也表示，如果位置价格都非常满意，也可以接受阴面的房间。理由有"可以开空调""工作忙白天在家时间不多"等等。

2）老年人对阳光有强烈的心理需求

阳光对于老年人来说，不仅仅意味着明亮和温暖，还意味着"卫生""消毒""安全""富足""被重视"等很多意义。老年人对于阳光的渴望，不仅是生理需求，也是心理需求。对于"希望屋子里有阳光"这一要求的理由，除了"暖和""明亮"这些代表着物理条件的因素之外，我们经常听到诸如"晒一晒屋子里味道好""坐在阳光下心情愉快""看见阳光就痛快"这一类非常感性的描述。

4. 老年人对室内通风的需求

老年人对于通风的要求可以简单地概括为两种：第一种是室内外空气交换，也就是通风。第二种则是室内各个空间之间空气交换，很多老年人形象地称之为"透气"。

1）对外窗开启的需求因人而异

对于室内外通风换气，不同生活习惯和健康理念的老年人态度不尽相同。一部分老年人觉得来自室外的新鲜空气对健康很有好处，因此他们每天都积极地开窗通风，即便是在寒冷的冬季，甚至室外空气污染的时候也不例外。否则就总觉得屋子里的空气"有味道"。

还有一部分老年人则认为吹风容易引起着凉和风寒，即便是在盛夏，仍有一部分老年人由于担心"受风"而不敢开大窗。也有很多老年人睡眠时不敢临窗，或需要关紧窗户，担心缝隙风引发感冒、头痛等问题。

2）多数老人希望室内各房间的门保持开启

对于室内各个空间的空气流通，绝大多数老年人的态度都很相似，认为非常有必要。在调研中我们发现，有部分老年人家中各个房间的门几乎从不关闭，特别是卧室，晚上睡觉的时候至少要开一道缝。否则，老年人会觉得"闷"，"透不过气来"。很多老人喜欢门的上方有可开启的亮子，以便在夜晚关门睡觉时，也能保持屋内"透气"。

通过调研我们看到：较之年轻人，老年人对室内物理环境更敏感，要求更高。对于年轻人来说尚可忍受的冷、热、闷、湿，对于老年人来说可能非常难熬，甚至容易诱发疾病。另外，老年人在家中生活的时间长，室内环境的好坏对他们的影响也更大，因此对有老人居住的室内空间，一定要更加注意其物理环境的设计。

图 5-1　两个老人分床睡保证更好的睡眠

二　老年人对房间功能的需求

1. 卧室需要高品质的睡眠空间

在调研中我们发现，越是高龄老人，就越容易出现入睡困难，睡觉时往往也越容易被外界环境影响。因此，老年人对睡眠空间的要求非常高。

1）老年人希望睡眠时不被打扰

老年人由于神经系统的衰退，睡觉时较容易受到声音的影响，但其本身入睡后又常会出现频繁翻身、起夜等情况，从而产生一些响动。为了保证睡觉时不被打扰，很多老年夫妇都会分床睡，有条件者常常还会分室而居（图 5-1）。这样可以更好地保证双方的睡眠质量，是一种彼此间的体贴与适应，而不是疏远。

在调研中我们发现，除声音外，老年人对于从窗缝漏进来的凉风，和窗帘缝隙透进来的光线也都非常敏感。很多老人在进行家中二次装修时，都会重新做一次外窗，并选用多层、厚重的窗帘，以改善漏风、透光和噪声问题。

2）老年人睡觉时对安全性的要求大于私密性

相对于中青年人群比较重视的卧室私密性，老人更需要的是安全性。由于夜间是某些老年性

疾病突发的高峰期，为便于突发疾病时及时知晓老人的情况，老年人和家人都希望卧室不要完全封闭。另外许多老年人都愿意在睡觉时开着卧室门，以便空气流通，否则会觉得憋闷、不透气。

2. 不同用餐模式带来的餐厨空间需求

不同生活方式的老年人就餐、烹饪模式各有不同。在调研中我们发现，老人对餐厨空间有一些普遍要求，也有一些因不同生活方式而导致的特定要求。

1）老年人对餐厨空间的普遍需求

• 逢年过节时与亲友在家中聚餐

中青年人常常会觉得在家聚餐"麻烦"、"地方不够"，从而更多地选择在餐馆聚餐和宴客。但老年人则会更多考虑方便、便宜、健康等多方面因素，逢年过节时，更喜欢在家中聚餐。

• 自己制作多种食品

老年人每天花在厨房里的时间远远比年轻人多，这不仅是因为他们劳动节奏相对较慢，也

是因为老年人对养生和节俭都比较在意。不少老年人不但一日三餐都是自己做，还会自制很多食品，如腊肉，酸奶，豆浆，面包等。因此老年人往往会购买一些制作食品的小电器和小工具，如豆浆机、酸奶机等。所以老年人家里的厨房台面和电源插座，经常会显得有些不够用。

2）老年人对餐厨空间的特定需求

与儿女相邻而居或是住在一起的老年人，常常会每天都为儿女准备好饭菜，等待儿女下班后来家中一起晚餐。他们需要一个较大的餐桌和较为宽敞的用餐空间，每天吃饭也比较隆重。

与儿女平时交往不多的老年人，日常三餐则趋于简单。在调研中我们也见到不少老年人就在厨房里的小桌上，或客厅的茶几上吃饭（图5-2）。从表面来看，这类老年人的用餐环境显得很凑合。但访谈中，老年人们对自己这种状态的描述却常常是"方便"，"省事"，"舒服"。

3. 卫浴空间的安全性和便利性最受重视

卫生间是家中使用频率最高的空间之一，同时，也是老年人在家中发生意外较多的空间。

图5-2　许多老人在厨房中设置了小桌子方便就近用餐

在调研中我们发现，老人对卫浴空间的主要需求如下：

1）希望卫浴空间不要过小

在历次调研中，卫浴空间总是普遍被认为面积不足，希望能增大的空间。老年人动作灵活度下降，在转身、起坐、弯腰等动作时需要更加宽敞从容的空间。空间过小时，通行会较为局促，老人动作不自如，容易造成磕碰；而且轮椅难以进入，家人也难以相助。

2）卫浴空间不能太封闭

闷热潮湿的空间有可能诱发一些老年慢性疾病的发作，而在卫生间内常常发生的诸如突然起身站立等动作，对老年人也存在一定的诱发疾病可能。所以很多老年人如厕时并不会将卫生间的门锁闭，而只是虚掩甚至开着，以便于家庭成员随时照应。

3）家中装浴缸顾虑多

虽然不少老年人都表示，在冬季能泡个舒服的热水澡确实很好。但在实际生活中，大部分老人家里的浴缸都没有发挥其"泡澡"的功能，绝大部分老人在家中洗澡都只使用淋浴设施。造成这种现象有很多种因素：首先，泡澡需要清理浴缸，比较麻烦；其次，泡澡需要用大量热水，不少老年人会觉得浪费；第三，对于有心血管疾病的老年人来说，泡澡有一定的危险性，容易引发疾病；第四，进出浴缸容易发生危险（图5-3）。

相对于浴缸而言，用电加热泡脚盆在家中进行足浴更受老年人的欢迎。有的老年人家中甚至会有两个泡脚盆，老两口一人一个。

而很多喜欢泡热水澡的老年人，也更愿意选择公共浴室，因为这样更加安全，也可以与其他老年人交流。

4. 起居室是老年人家中重要的活动场所

1）起居室应空间灵活，适应多种需求

与朝九晚五的年轻上班族不同，老年人在家中停留的时间更长。其中，起居室往往成为卧室之外老年人停留时间最长的空间。

在调研中我们发现：老年人在起居室内进行的主要活动有：看电视，待客，阅读书籍、看报纸，家务劳动（如熨烫衣物，备餐等），兴趣爱好活动（如插花，写书法，画画等）。这些活动大部分都需要一个比较宽敞的台面，在实际使用中，这个台面常常由餐桌提供。

老年人起居室的另一个特点是重视展示性，喜欢摆很多装饰品，其中很多装饰品需要挂起来。老年人起居室内常见的装饰品有：盆栽，鱼缸，字画，古玩，挂钟，挂历等。为了充分满足物品展示的需求，老年人喜欢在家中摆放带明格的柜子、有玻璃门的书架或是博古架。

此外，起居室的沙发最好能兼作卧具，可在子女亲戚来探访时打开使用。以上这些都需要起居空间较宽敞方正以适应老人对起居空间的各种需求。

2）电视与沙发视距不宜过大

对于视力与听力都有所衰退的老年人来说，起居室面宽过大反而会使看电视时看不清字或听不清声音。所以，一度很流行的大面宽起居室，在实际使用中并不很受老年人的欢迎。

图 5-3　有些老人在浴缸中架设了凳子洗浴，使用不便

5. 老年人对储藏空间的需求较多

1）老人需要大量的储藏空间

许多老人往往不舍得扔掉旧物，经过一生的积累，家中常常拥有大量的闲置物品。有些老人不但不舍得扔掉自己的东西，还会保存一些儿女淘汰的家具、电器、衣物等。因此老年人家中的一大特点就是杂物多、旧物多。如果没有足够的储藏空间，家中就会堆积很多杂物，使房间变得混乱。从实际情况来看，老年人的每个房间内都会摆放着各式各样的柜子。

当前大部分老年人居住的住宅中没有储藏间，但根据调查，多数老年人认为设置储藏间很有必要。储藏间便于贮存体积较大而又很少用到的物品，如旧家电、旧书籍等等。老年住宅中还可适当设置部分高柜、吊柜，存放一些平时很少拿取的闲置物品，以增加储藏量。

2）老年人喜欢能方便取放的置物空间

老年人或多或少地存在记忆力衰退的现象，所以他们更喜欢将物品放在容易看到和取放的

位置，例如茶几、床头柜或家具的明格内，以方便寻找和随手取用。在家具选择方面，老年人也更倾向于选择安装玻璃门而不是实木门的柜子，以便看到柜内的东西。

综上所述，我们可以看出，较之中青年人，老年人的健康状态和生活状态不同，因此他们对住宅功能的需求也有很多不同。老人在生活中的许多喜好和习惯看上去都是小细节，但在设计中尊重这些细节对老人的安全和舒适起着至关重要的作用。设计师需要深入研究老年人的生理特点和心理需求，充分考虑老年人的生活习惯，重视每一个细节的精细化设计，并为可能出现的紧急情况做好准备。

三　老年人对社区景观及公共空间的需求

老年人和孩子是社区活动场地最频繁的使用者。研究老年人对社区景观及公共空间的需求，对居住区外部环境品质的提高很重要。

1. 老人对室外活动空间的需求

1）活动场地的需求特点与居住区所处位置有关

我国老年人在健身方面有非常良好的集体活动传统，大部分社区的老年人都会参加一些诸如舞剑，跳舞，做操等需要音乐的集体锻炼活动。

• 市区老旧小区的集体活动场地希望聚集人气

从对一些建成年代较早的住宅区的调研中我们发现，老年人开展集体健身的场地并不在小区内，而是小区附近的街心花园、公园、广场等具有公共性质的室外空间。分析显示，这一方面是因为老旧小区中缺少合适的活动场地，另一方面是这一类型的公共空间可以汇集来自周边多个小区的锻炼者，容易聚拢人气，交流气氛好；而且这样的公共空间距离住宅楼较远，无须担心对其他居民造成噪声影响。如果小区附近没有这样的场所，很多老年人甚至会每天乘车前往市区其他的集中锻炼场所。

以北京为例，很多不同的公园都有自己的集体活动特色，有的公园是票友集中地，有的公园则是国标舞爱好者的乐园。这样的公园不仅会吸引附近的居民，甚至可以吸引到城区各个地点的健身爱好者。

• 城郊居民对活动场所的近便性要求高

在针对一些位于城市郊区的新小区的访问中，我们发现这里的老人对活动场地的要求与市内老旧小区的老人情况有所不同。由于这些小区位置较为偏远，周边人员稀少，且环境尺度较大，老年人普遍认为应在小区内设有近便的健身场地。特别是对于早晚锻炼的老年人来说，小区内的活动场地不但方便，而且也更安全。同时，由于郊区住宅往往人口密度小，因"健身噪声"引发的矛盾也比城区少。

2）健身器械区的设置宜充分考虑老年人的锻炼特点

• 健身器械的受欢迎程度各不相同

社区里的健身器械因为免费、露天两大因素很受老年人欢迎。在这些健身器械中，最受青睐的是可以一边练习一边聊天的设施，如简易跑步机、自行车训练器等踩踏型的训练设施。而如引体向上器，单杠等力量型训练器械的使用者，由于锻炼强度较大，则主要是年轻人和有锻炼习惯的年轻老人，其使用率也不如踩踏型训练设施高。

还有一些需要弯腰或躺倒才能进行的特殊动作训练器，如一些需要手、脚、腰部多方面配合的综合训练器，因为使用方式复杂，身体活动幅度和强度较大，老人担心练习不当会产生运动伤害，所以普遍较少使用。很多老人会坐在上面聊天，或是把东西放在上面。

• 健身器械区的位置宜考虑光线

健身器械集中设置的场地是老年人会较长时间停留的区域。因此健身器械区的选址宜尽量做到冬季有阳光，夏季有遮阴，让老年人使用起来比较舒适。场地宜与住区公共活动场地或儿童游戏场地相邻，保持一定的可通视性，以利于老人照看儿童或与儿童共同活动。

3）散步道宜考虑便利性及无障碍通过性

散步是老年人最基本和最常见的锻炼方式，散步道设计在社区景观中非常重要。对于居住区散步道，调研时老年人反映较多的问题有如下几点：

a. 冬季太冷或夏季太晒。比如散步道周围没有树木遮阴，或散步道的位置处于冬季背阴区，甚至经过风口，这些都让老年人觉得不舒适。

b. 不安全。在没有做到人车分流的小区中，老人散步时常会与机动车混行，这是让老人感觉不满意的重要因素。

c. 路线设计不当。在调研中我们发现，有些社区的散步道设计缺乏灵活、多样的路径和出入口，久而久之，就会出现由居民在草地上

图 5-4 平整的水泥铺地更适合老人活动

踩出来的"捷径"，或是居民把树篱扒开来的出口。这反映出在日常生活中人们对路径的便利性要求要强于趣味性。散步道可以蜿蜒、曲折，但是仍然要有包括近便道路在内的多条路径让人们灵活选择。

d. 地面铺材不好走。老年人普遍反映，汀步或表面凹凸不平、容易积水的碎砖地面最不便于行走。而较为平整的水泥、沥青等整体式铺装路面最受欢迎——既利于散步、慢跑，又适合推轮椅和婴儿车，是更安全、无障碍的地面铺装（图 5-4）。

2. 老人对室内活动空间的需求

在调研中我们发现棋牌室、活动室、老年舞蹈室等室内活动场所总是人满为患。即便是房间条件不够理想（如使用缺乏采光的地下室物业用房），也依然颇具人气。可见老年人对这类活动空间的需求非常强烈。

但是，我国现有的社区普遍缺乏公共活动空间。新建小区的室内公共空间很少。而商业

配套楼中的活动场所，则为了赢利考虑，多数以年轻人或是儿童为服务对象。

调研时我们注意到，老年人为了解决这样的问题，可谓奇招频出。在一个社区里，几位老年人常年占用楼里的消防通道作为麻将室，因为这里背风避光，冬暖夏凉。但这样的行为违反了消防条例，物业只能不断劝说，因此引发了不少矛盾。

老年人缺乏活动，交流，学习的场所，已经成为社区中一个普遍存在的问题。对于每天大部分时间都在社区内度过的老年人来说，"缺乏室内活动场所"已经成为影响生活质量的重要因素之一。由于我国住宅相关规范中规定将公共面积由每户住户出资分摊，因此目前我国的住宅小区设计都尽量将公共空间压缩到最小。这样虽然让每位业主获得的室内面积比例增大，但却也让小区公共空间的品质无法获得保证。

3. 儿童活动场地的适老化需求

当前我国很多老年人都在退休后，为了帮助自己的儿女，或多或少地承担了抚养下一代的任务。在一次"你们家谁带孩子"的网络调研中，超过半数的网友选择了"老年人过来帮带孩子"这一选项。这种"隔代抚育"的现象，使得居住区中的儿童活动场地也有了一定的适老化需求。但目前仍存在以下问题：

• 儿童游戏区的无障碍设计考虑不足

儿童游戏区域的铺地材质设计，应充分考虑到带孩子的老人推车行走的便利性。对于推着童车带孩子的老人来说，社区整体空间无障碍设计的连续性尤为重要。很多居住区的无障碍设计只做到单元入口处，却没有延伸到儿童游戏场所。有的小区将通向游戏场地的道路设置为汀步的形式，给老人推车进入造成很大不便；还有一些社区的儿童游戏场地选择了质地较软的块状铺材，经长期的日晒雨淋后，铺材因变形、断裂而导致地面凹凸不平。很多老年人推着童车带孩子在院内散步或玩耍时，为了推行方便，常会推着童车走在机动车道上，既影响车辆通行，也存在安全隐患。

• 儿童游乐区无处休息

很多小区内的儿童游戏场所附近都没有设置座椅（图 5-5），或是将座椅设计在不合理的位置，如冬冷夏热，或没有形成交流氛围之处。而且很多游戏场所在视线设计上不合理，让家长觉得必须时刻紧盯孩子，否则孩子就容易"跑丢"。这让带孩子的老年人深感不便。

• 老人和儿童的如厕成难题

我国大部分社区内的公共空间都没有设置公共卫生间，这对于老年人来说很不方便，带着幼儿的老年人对此感触尤深。由于老人和幼儿如厕间隔时间都比较短，总是回家上厕所又不太方便，很多老年人带孩子都是这样解决如厕问题的：老年人尽量少喝水、避免频繁上厕所，孩子则就在院子里随地解决。

通过上述分析我们发现，随着社会老龄化程度的加剧，老年人已渐渐成为社区景观和公共空间的主要使用人群，因此居住区的外部空间环境需要有更为细致的适老化设计要求。然而目前社区的景观及活动场地设计在细节方面还有很多可改进之处，一些配套设施（如可供老人活动的室内场所）还相当匮乏，远远不能满足老年人的基本活动需求。近年来,我国开展了老年友好型城市和老年宜居社区的创建活动,但总体上实践还相对滞后,整个社会尚未达到这样的认识高度。想要改变这一现状,不仅需要建筑师在设计时予以充分考虑,而且更需要相关政策法规的推动和引导,在认识上实现从满足老年人基本生活需求到对尊重老年人权利的转变,力求通过良好空间环境的营造,引导健康老龄化和积极老龄化的社区发展。

四　老年人对住处位置及配套设施的需求

1. 老人对住处位置的需求

1) 交通便利的城区是首选

"到郊区养老"曾经一度很受欢迎,大家都觉得老年人会更喜欢郊区恬静安逸的生活。但在调研中我们发现,也有不少老年人喜欢生活在城区而非郊区。随着年龄的增长,不少当初选择在郊区养老的老年人反而又开始产生了搬回城区的需求。这一现象是由多种因素造成的。

第一,目前我国大部分地区城乡差别依旧很大,城区的各项生活服务设施,特别是医疗机构比郊区发达方便得多。

第二,随着年龄的增长,老年人活动能力渐渐减弱,能够在十分钟之内步行到达周边服务配套设施的区域显得尤为重要。

第三,对于老年人来说,熟悉的环境会让他们感到亲切和安全,而且也便于和亲友来往。

所以,不少老年人仍然选择住在不够宽敞的城区老旧小区内,而非郊区新建的养老社区中。

图 5-5　儿童游戏场所缺乏老人休憩的地方

2) 要便于与子女互相照顾

选择三代同堂居住的一家人,彼此之间常常存在一定的照顾与被照顾关系。有时候是老年人生活不能自理,有时候是子女的幼儿需要老年人帮忙照顾(图 5-6)。

然而,老年人与子女在生活习惯、日常观念等方面都有所不同。所以,不管是出于怎样强烈的实际需求,这种居住模式都会带来或多或少的矛盾,侵蚀着两代人之间的感情。即便是相当宽敞的套型内,这种摩擦也依然存在。在我们历次入户调研中,老年人与子女同住的

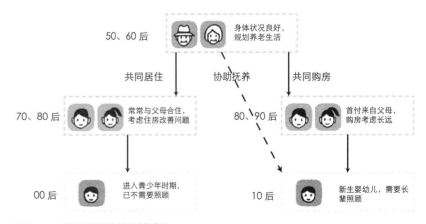

图 5-6　三代共同居住代际关系图

情况下，彼此对现状完全满意的情况并不多。

但对于有彼此照料需求的家庭来说，这样的居住方式成本低，易实现。因此，这种不够理想的居住现象，目前仍然非常普遍。

3）希望与子女保持适当距离

在调研中我们发现，当条件允许时，如果老年人和子女的住所能够就近居住，即彼此步行就可以相互往来，被普遍认为是最为理想的一种居住关系。

就近居住让双方家庭保持了一定的距离，日常生活可以相对独立；同时互相照应和帮忙也很方便，因此彼此满意度都比较高，可谓是"老人幸福，子女踏实"。

4）"就近居住"带来新的户型设计需求

就近居住常常会带来家庭中一些空间功能的变化。当老年人与成年儿女就近居住时，其中一家常常会担任"全家餐厅"的角色，从而需要更大的厨房与餐厅以及食物储藏空间。通常担任全家餐厅角色的是老年人家庭。这一来是因为子女忙于工作，无暇准备一家人的饭菜。二来"儿女到父母家吃饭"，更像是儿女每天来探望父母，而非是父母去儿女家中服务，这种形式更符合中国传统的家庭观念。

此时，子女居住套型的厨房和餐厅则可能会呈现出"退化"的趋势，不常做饭的那一家，有时候会将厨房或餐厅赋予别的功能。如在调研中我们见到有的家庭将餐厅改为书房，或者索性不设餐桌。有的家庭则将厨房改为开敞式的西式早餐厨房，甚至储藏间。

当子女有了孩子之后，常常更需要老年人帮忙看护。老年人也乐于享受幼儿带来的天伦之乐，三代人的联系就更加紧密了。

能够有经济实力，直接在一个小区买两套房，来实现就近居住的家庭并不多。不少老人都会在调研中非常满足地一遍遍讲述他们是如何全家一起早早筹划，把握机遇，及时通过房屋置换等办法才最终实现目标的。

2. 老年人对社区配套设施的需求

1）需要能解决更多实际问题的社区医院

老年人去医院的频率普遍较高。随着年龄的增长，健康程度的下降，老年人的就诊频率会越来越高。而且，老年人中慢性病患者较多，即便不需要治疗，也需要定期复查。许多慢性病患者都会每隔一两周去一次医院拿药。

由于老年人对医疗设施的需求强烈，在很多养老地产项目中会设置一个社区配套医院作为重要卖点。但调研中我们发现社区医院并不如想象中那么受欢迎。

造成这一现象的原因不仅仅是因为"大医院的医生医术好"这一观念的影响，还有很多实际问题。我国目前许多社区医院条件有限，医疗设备及药品种类不足，无法满足老年人的诊疗需求。

同时，小医院的检查结果常常不被大医院认可。各地医保政策也有所不同，有时小区配套医院的费用医保不能报销。这些因素使得老年人不得不辛苦地跑远路，排队挂号去离家更远的大医院就诊。

2）需要小型综合便利店

对于容易忘事而且行动能力有所下降的老年人来说，"楼下的小商店"非常重要，使用频率很高。目前，社区便利店越来越向生活小超市的方向发展。很多便利店同时也出售蔬菜水果，并且有自助缴费终端设备，有时还会有一些修理摊位。对于很多老年人来说，每天去小卖部买点东西，办点事，遇见熟人打个招呼，已经是日常生活中的一个习惯。

3）需要能提供照料及服务的老年活动中心

如果家中有七十岁以上老人，就很容易遇到一些关于老人照料方面的难题。一些患有突发危险疾病（如心脑血管疾病）的老人，虽然平时生活基本能够自理，但也需要随时有人监护，应尽量避免独自在家，以防止疾病突发时无法得到紧急救助。然而，这样的老人即便是和子女住在一起，当子女白天上班或是出门时，依然面临无人监护的问题。

还有的老人虽然没有危险性疾病，但行动能力减弱，已不能独立完成做饭、洗衣等家务。而聘请保姆对他们来说既麻烦又昂贵，还得不到专业的照顾。

所以，社区中除了基本的便利店、菜场、社区医院这类日常生活配套设施之外，最好还有能够提供临时监护、陪伴就医、小饭桌、社交娱乐等服务的小型社区支持照料机构，如老年人日间照料中心，或是社区老年人活动站（图5-7）。

五 关于老年人居住需求的思考

2013年8月16日，李克强总理在国务院常务会议上指出：要在政府"保基本、兜底线"的基础上，锐意改革创新，发挥市场活力，推动社会力量成为发展养老服务业的"主角"。其

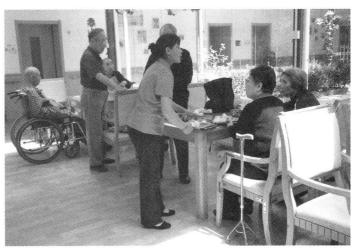

图5-7 社区中的日间照料中心与老年小饭桌受到欢迎

后，《国务院关于加快发展养老服务业的若干意见》发布，对居住区配置养老服务设施作出具体规定，要求新建城区和新建居住（小）区要按人均用地不少于 $0.1m^2$ 的标准配套建设养老服务设施，与住宅同步规划、同步建设、同步验收、同步交付使用；老城区和已建成居住（小）区要限期通过购置、置换、租赁等方式开辟养老服务设施。这些都预示着今后社会力量将更多地介入到养老领域内，而居住区中的适老化设计、养老服务配套设施将更加受到重视。

老年居住项目涉及福利制度、经济发展、社会观念等多项因素的影响，老年宜居环境的建设、发展与完善不仅仅需要制定政策和引进国外先进经验，还需要不断进行本土化的摸索和实践，才能逐步走向成熟，真正做到大面积地、有效地解决社会实际问题。因此，养老项目开发者和养老建筑的设计者需要更多地了解和研究老年人在居住方面的需求，不断探索和创新适合我国的养老产品类型，这样才能真正改善和提升我国老年人的养老居住条件。

老人对养老公寓的需求探析

当前，养老地产正在如火如荼发展之中，许多开发商正在积极探索养老地产这一新兴领域。然而，由于国内养老地产发展时间尚短、各方面经验不足，养老地产领域目前仍存在着许多困惑。我国的养老设施床位数量还远远没有达到国际公认的老年人口 5% 的比例，养老机构建设仍有巨大发展需求。与此同时，随着生活水平的提高和观念意识的转变，养老公寓越来越多地受到一些老人及其子女的青睐。

然而，中国的养老公寓市场尚处探索阶段，许多开发商对养老公寓还没有形成明确的概念，常以一般的地产开发思路来面对养老市场，有时一味追求养老公寓的设施豪华、规模宏大，而忽视了老人的养老照护需求。这成为许多养老公寓，尤其是一些高端养老公寓的开发误区。老人在什么情况下需要入住养老公寓，需要怎样的养老公寓？我们还要对这些问题进行充分的了解，才能做好养老公寓的开发与运营。

以下对于老人养老居住需求的分析基础主要来源于多年来的养老建筑设计实践经验和调研。一方面，我们在实践工作中和许多开发商展开过较多的沟通，并率领工作团队参与了部分针对养老项目产品的前期客户需求访谈，以及养老设施的使用情况调研。同时，也有幸参与到一些养老项目的研讨会中，了解项目定位及实施过程中遇到的问题。另一方面，在长期的教学研究环节中，我们专门组织学生开展针对老人养老意愿的需求调研，目前已经累计调研 500 人以上，访及全国 160 多家养老设施，积累了大量的基础资料。借此机会将这些成果进行归纳梳理，与大家分享。

下面主要从老人的入住动机、选择养老公寓时考虑的因素以及对硬件设施及环境的需求等三方面，分析老人对养老公寓的需求。

一　老人入住养老公寓的动机分析

什么情况下老人会选择入住养老公寓？通过调研分析，我们将老人的入住动机总结为如下四点：

1）希望获得及时的护理和医疗援助

获得及时的护理和医疗援助是老人入住养老设施的首要动机。随着子女异地就学、异地工作现象的普遍化，城市和农村的空巢老人越来越多。许多空巢老人随着年龄的增长，感到独立生活较为吃力或生活部分不能自理时，会产生入住养老设施的想法，以便能获得及时的护理，并在突发疾病时得到医疗援助。另外，在与子女分开居住的老年夫妇中，一方去世、另一方失去生活上的照应时，也会促使老人产生"老伴儿不在了，一个人没意思，不如去养老公寓"的想法。

2）减轻子女等家庭成员的照顾负担

从调研结果来看（图 5-8），减轻家庭的照顾负担是老人入住养老公寓第二大原因。独生子女政策的长期实施使"4-2-1"家庭结构增多，加重了 70 后、80 后子女肩上的担子：既要努力工作养育自己的子女，还要独自承担起照顾双亲的重担。这在老人身体尚为健康时或许还可承担，一旦老人身体出现严重疾病而需要长期居家照料时，子女往往要承受巨大的压力。是否要放弃工作来照顾父母？究竟由谁来照顾父母？这成为许多家庭都要面临的问题。为了减轻子女的养老负担，许多身体衰弱或不能自理的老人会选择入住养老公寓，以社会服务代替家庭照顾，减轻子女的生活压力。

3）享受晚年生活

调研中，有相当一部分健康老人表示，入住养老公寓是一种开展新生活、享受生活的体验。一方面，养老公寓常常位于城市近郊，风景好、空气清新，比家中居住环境更舒适。另一方面，许多老人表示养老公寓提供的家政服务、餐饮服务可以大大减轻自己的家务劳动负担，忙碌了一辈子终于可以轻松自在地享受晚年生活。特别是出生于 20 世纪 50、60 年代的一代，他们的消费观念较传统的老人有所转变，会更加注重追求生活品质，愿意到条件较好的养老公寓享受老年生活。

4）摆脱孤单

摆脱孤单也是许多老人选择入住养老设施的原因，尤其是空巢老人和失去老伴的老人，更需要和他人的交流。调研中，一些老人

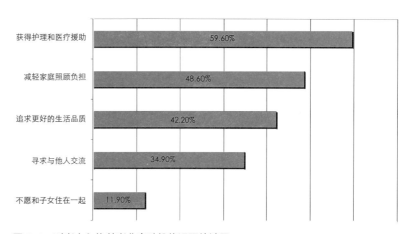

图 5-8　对老人入住养老公寓动机的调研统计图
（数据来源：2007~2011 年清华大学建筑学院学生对 255 位老人的问卷调研结果）

表示，和其他老人毗邻而居可以促进自己与他人的交流，甚至能帮助自己获得生活的信心。同时，许多老人也希望可以和过去的老同学、老朋友、老同事居住在同一个养老公寓当中，既有共同话题可以交流，又能互相有个照应，共度晚年。

然而，在调研过程中，我们也了解到一些因素的存在使得老人对入住养老公寓有所担忧。比如，一些观念较为传统的老人害怕入住公寓后，会给人一种自己被子女遗弃的印象。还有部分老人担心养老公寓生活环境缺少活力，日常生活单调，活动受限制。也有一些老人会担心与其他老人的人际关系不好处理，害怕或是不愿意与失能、失智老人做邻居。此外，服务不周、饭菜不合口味等原因导致情绪不好也是许多老人考虑入住养老公寓前所担心的问题。因此，养老公寓如果能在护理、医疗条件与硬件设施上满足老人的需求，并营造起一个温馨有爱、充满活力的环境，就会对希望入住养老公寓的老人有较强的吸引力。

二　选择养老公寓时考虑的主要因素

1. 区位环境

老人对于区位环境的要求往往是决定其选择的首要因素。从调研访谈的结果来看，老人对养老公寓位置选择的主要观点有以下两种：

1）偏爱近郊或城里，方便就医和探望

在问及养老设施的区位条件时，不少老人都表示"最好要离医院近"。许多老人都会经常到医院就医、取药，对养老设施和医院之间交通便利的依赖性很强。通常来讲，大部分条件较好的医院都位于城里，许多老人因此不愿选择远郊的养老公寓（图 5-9）。部分老人的子女也认为不能把老人送到太远的地方："工作太忙，不方便看望"。因此大多数老人希望设施最好能够距市中心车程在 30 分钟到 1 个小时左右（此处以大城市为例），既方便去城里经常去的医院，又便于子女常来探望。还有一些老人表示，设施坐落在远郊也能够接受，但应尽量靠近主要交通道路，保证与城里有便捷的连接。

2）喜欢郊区，好风景好空气是理想

环境优美是老人对养老设施的进一步要求，在美好的风景中安享晚年是许多老人的理想。然而，大部分城里的养老设施景观资源有限，通常只有到离城市略远的郊区才可能有好的环境。调研过程中，也有少部分老人并不特别在意养老公寓的远近，表示"环境好、空气好最重要，最好能有山有水，孩子们可以开车来看我"。

通过上述分析可以看出，交通便利和环境优美是老人们对区位环境的主要诉求，同时养老居住产品的类型也与区位条件具有较强的关联性。老人身体健康时，愿意开展新生活、享受晚年，可以接受住在郊区的低密度老年住宅中；当卧病在床时，则希望靠近医疗资源，离子女近，没有精力再搬到远处，城里的护理型养老设施更加适合他们；而一些具有一定经济实力、身体又需要护理的老人则可以接受城市内地段优越、配套完备但价格高的养老公寓。

2. 入住费用

价格也是许多老人考虑的重要因素之一。特别是一些高端养老公寓入住费用较高，并且往往需要交付大笔保证金或会员费，老人就更需要从各方面考虑是否可以承受入住的费用。

1）入住资金主要来自养老金、子女和原住房

通过调研，我们发现目前老人支付养老设施入住费用的资金主要来自三方面：自己的养老金或积蓄、子女赞助以及出租或卖掉原住房的资金。由于价格高昂，老人往往无法单方面

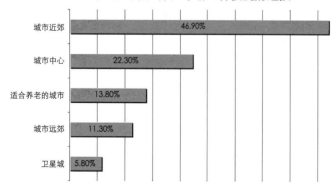

图 5-9　养老机构区位选择调研统计图
（数据来源：润土咨询《2012 中国城市养老居住模式研究报告》）

依靠养老金支付养老机构的费用，大多数老人需要加上子女的资助、原住房房租。也有一些老人干脆直接把房子留给孩子，由孩子承包自己养老的费用。

2）希望费用在自己可承担的范围内

在调研中，许多老人表示不愿意用子女的钱，希望费用能够自己承担。而一些高端养老公寓入住时通常需要支付较高的会员费或押金，老人有时无法单方面承担。因此有些老人的子女会帮助老人支付会员费或押金，老人则以养老金、出租房屋的租金支付每月的床位费、餐费等。许多子女还表示，对于入住费用问题，"不能让老人知道太清楚，老人不愿意花我们的钱"。

3. 医疗条件

如前所述，养老公寓的医疗条件也是老人决定是否入住的关键因素，许多老人选择入住养老设施正是因为在家中得不到及时的护理和医疗援助。

1）最关心"急救通道"

调研过程中，许多老人反复强调了养老公寓要有快速、便捷的急救处置通道，包括及时发现病情，应急救助，转送对接医院等等。这就对养老公寓中的紧急救助系统提出了要求，例如需为老人配备固定或随身携带的呼叫器，需安排紧急救助的医护人员及急救医疗设施，以及送往医院急救的车辆等设备。

2）希望设置老人常看的科室

在医疗方面，老人们希望养老公寓中的医疗设施能够满足急诊和日常就诊的需要。如果有条件设置医院，则希望能设置老人最常看的几个科室，包括全科、中医、小外科、心脑血管、骨科、神经内科等，并且最好能与各大特色医院合作，以保证较高医疗水平。同时，老人们还强调了公寓中的医疗机构最好要纳入医保体系，满足报销的要求。

3）希望医疗环境温馨化，服务个性化

对于就医环境，许多老人希望养老公寓的医疗环境能够比医院更温馨，更有居家感，对于高端产品还希望能够设置特需病房（安静宽敞、有卫生间、特护和订餐等服务）。同时，一些老人认为养老公寓还应提供一些个性化的医疗健康服务，例如为老人建立电子医疗档案、有专门护理人员陪同就医等。

4. 服务需求

服务水平是养老设施的整体品质的重要体现，调研过程中我们发现，选择养老设施的老人往往对护理、服务有着更多的关注，良好服务品质的持续性则是老人对养老公寓护理服务的最大心愿。

1）护理人员要有耐心、懂尊重

调研中，许多老人及其子女表示希望护理人员能有较高的素质，有耐心、尊重老人。同时希望护理人员和老人能够有一定共同语言，能主动与老人谈心聊天。

2）定时探望、巡视很重要

许多老人认为，24小时的定时巡视是非常

重要的安全保障服务，巡视的频率则应根据老人的身体状况来，"身体好的少看几趟，身体差的多看几趟"。除了一般生活上的护理，许多老人还提出了护理人员代为开药、取药以及高级代购等对高端养老机构的更高服务要求。

3）护理人员与老人的比例不必完全一对一

在护理人员和老人的比例方面，一些患有慢性疾病需要特殊照顾的老人希望能有一对一的护理；一般情况下可自理的老人则表示不必一对一护理，有需要时随叫随到即可。

4）提供保健服务，多组织养生、郊游类活动

调研中，很多老人热衷于保健，表示常做理疗、按摩，足疗等，希望老年公寓能够提供保健服务。同时许多老人表示"非常欢迎专业人士来进行康复、养生指导"，也希望养老公寓能经常组织养生讲座、郊游等活动，使生活更丰富多彩。

图5-10　美国某养老公寓餐厅：气氛与一般商业餐厅相似，给老人一种活泼的社会氛围

5. 饮食条件

民以食为天，饮食服务水平也是老人评价养老机构满意度的重要指标，调研中，当问到对饮食服务是否满意时，许多老人表示入住的设施并不能很好地满足大家的餐饮需求。

1）品种宜差异化，能照顾特殊需求

由于不同的背景和经历，不同老人口味和饮食习惯差异很大，很多老人表示希望餐厅的食物种类能够丰富、多样，满足南北方人的不同饮食需求，最好能针对个人的饮食习惯和口味提供个性化的饮食服务，并且能照顾到老人生病时特殊的饮食需求。

2）就餐环境多样化，人性化

同时，很多老人希望就餐环境能够多样化，比如夫妇两人吃饭想安静一些，单身老人又喜欢热闹，因此最好热闹的和安静的氛围都有，供老人选择（图5-10）。并且老人还希望在用餐时可以看到很好的景色，放松身心。针对高端养老产品，很多老人认为在房间内应有小的餐厅，"身体不舒服的时候，在屋子里就有人送饭来"。

3）希望设置待客餐厅和公共厨房

考虑到子女探望时的需要，许多老人希望养老公寓中能设置中高档的中式餐厅，在一般餐厅中也要有可和子女一同就餐的空间。并且，许多老人表达了对公共厨房的需求，公共厨房可以方便子女探望时给老人做饭、热菜，促进亲情交流，子女们也表示"很希望能为老人做几个喜欢的菜，一家人一起吃一顿饭"。

三 对养老公寓硬件设施的需求分析

1. 居住形式

1）偏爱中低层住宅

调研中，多数老人表示更喜欢多层的住宅形式，这一方面是因为当前一代老人（30、40后）多习惯于住在低层或多层住宅中，另一方面则是由于许多老人有"接地气"的讲究，例如喜欢带院子的一层住宅，可以养花养草。相比于高层公寓，中低层公寓与室外环境的关系更加亲切，不会产生住在高楼中的封闭感和孤独感；楼层较低也会让老人心理感觉更安全。当由于地段条件限制而需住在高层公寓中时，老人仍希望居住的层数不要太高，以防突然停电时因电梯无法运行而造成上下楼不便。

2）希望一人一室，可与朋友就近居住

由于时代的发展，50后、60后老人的经济水平和生活条件较30后、40后有极大提升，对养老公寓居住品质的要求也相应更高。当问到对套型的需求时，大多数老人都表示要有自己的生活空间，保证独立性和私密性。多数老人夫妇倾向于选择有两间卧室的套型，因为分房睡更能保证双方较好的睡眠质量；而一些独居老人倾向于住面积稍大的一室一厅套型（70m²左右），认为这样的套型"空间宽敞、不压抑"，还方便接待客人。总之，老人们比较注重能有相对独立的居住环境。有的老人说："一个人住的话，不需要将卧室、起居空间分隔开，住宽敞的零居大开间套型也可以"。

同时，老人在居住方式上还提出更加多样

的需求。有些老人表示希望和老朋友、老同学一起住在同一个养老公寓中，"互相照应，不孤单"。例如最好能够和朋友在一套单元内邻近分室居住，这样既可以共享起居活动空间，也不会因为生活习惯不同而产生矛盾。还有老人表示，考虑到子女来探望时暂住的需求，愿意选择稍大一些的一室一厅或两室一厅套型。

2. 公共活动空间

1）室内公共活动空间丰富多样、开敞集中

丰富的活动对于老人老有所学、老有所乐是非常必要的。通过调研与统计，图书室、棋牌室、合唱室、公共电视厅、书法室、手工艺室等是老人最希望设置的几个活动空间。在空间形式上，老人希望公共活动区能够集中而开敞，形成热闹的氛围（图5-11）。也有一些老人表示，希望公寓里有咖啡厅、屋顶花园等场所，可以创造浪漫的气氛，并能定期举办一些社交活动，促进老人之间的交流。这也反映了

图5-11 美国某养老公寓中的半开敞图书室：促进老人们的交流

老人希望摆脱内心孤单，渴望结识新朋友的心理诉求。

2）室外活动场地宽敞、安全

对于许多年轻老人来说，锻炼身体、焕发第二青春是晚年生活中非常重要的事情。而打太极、跳集体健身操、交谊舞是许多老人每天都会开展的健身活动，养老公寓的室外环境中应为这些活动安排安全而宽敞的场地，方便和促进老人们开展锻炼活动。

3）护理康复设施适合老人

许多老人认为对于养老设施中的医疗服务，康复比诊疗更为重要。这是由于入住养老设施的老人大多年龄较大，更有许多老人经历了大病、手术或者受过伤，需要特别的康复训练与照护，因此康复设施与康复指导对老人来说是非常必要的。许多老人希望公寓中能设置康复设施、温泉、SPA、健身室、按摩室等，并希望有专人进行康复指导（图5-12）。结合老年人特殊的身体条件，在设计和选择这些康体设施时应针对老人做适当调整，如在温泉中设置水压按摩设施、在健身室中布置适合老人康复的健身器材等等。

3. 套内设施

当我们询问老人关于设备设施方面的需求时，老人也提出了许多的要求，体现出老人对独立性、舒适性及安全性的考虑，具体如下：

1）最好有自己的洗衣机

老人大都不喜欢把自己的衣服和他人混在一起洗，因此希望能有自己的洗衣机，不能自理时再交给护理人员统一洗。这就需要在养老公寓的套型设计中考虑洗衣机的位置，以及老人在室内晾晒衣物的空间需求。

2）希望有小厨房

许多老人表示在能够自理时倾向于自己有一个小厨房，方便热饭、做简单的粥和汤，满足自己的特殊营养需要（图5-13）。同时一些老人也表示，也可以通过做饭促进与子女的交流。一些老人则表示可以不需要套内小厨房，但宜设一些公用厨房，有微波炉等简单设备方便热饭即可。

3）满足泡澡需求

在调研中，许多自理老人提出泡澡是对生活的一种享受，希望套内能设置浴缸。但老人们也担心自己在泡澡时滑倒，并且卫生间内的洗浴空间有时也不够宽敞，难以设置浴缸。因此，可以考虑在公共浴室中设置浴池、水疗池等，这样既可满足老人的泡澡需求，又有专人看护、协助，保证老人的使用安全。

图5-12 日本某养老设施康复中心：专人指导，满足老人多样的康复需求

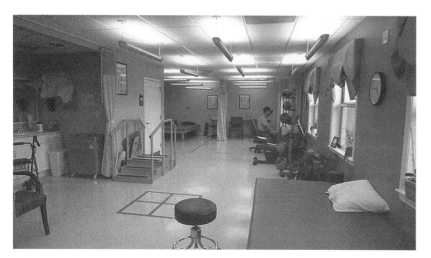

4）有充足的储藏空间

调研中我们了解到，许多老人在入住养老公寓后，会把之前家中的许多物品搬至自己的房间中，导致居室内储藏空间不足，屋内很乱，有时甚至会有绊倒的隐患。公寓内如果能提供充足且方便老人使用的储藏空间，老人的居室将显得更加宽敞、舒适。

4. 建筑风格

1）外形宜庄重、大气，偏爱中式立面风格

调研过程中，我们拿出不同立面风格的建筑照片，请老人从中挑选喜爱的样式。多数老人认为养老公寓建筑外观给人的总体感受首先应当是方正、色调温暖的，同时要体现文化感、厚重感，也有老人提出喜欢怀旧的感觉。

从调研结果看，大部分老人更偏爱庄重的中式立面，也有一些老人喜欢独特的中西合璧式。剖析原因，大概是由于老人受传统文化影响较深，部分有出国经历的老人又对西方建筑样式有特殊的感情。但总体而言，简单、大气的立面风格更受到老人喜爱。

一些老人的子女表示喜欢欧式的入口，认为比较正式、气派，并且希望从外立面可以看出养老公寓的特别和优越感，这体现了许多子女希望能够通过送父母进入高端养老公寓来体现孝心的心理。

2）室内装修宜温馨、舒适

我们在调研中提供了中式、日式、欧式三种装修风格的图片供老人选择（图5-14）。老人

图5-13　日本老人公寓中的小厨房：满足烧水、热饭菜、煮粥需求

的选择比较多样，但大部分老人认为日式装修的简约、细致给人安全、舒适的感觉，室内木色材质也让人觉得很温馨；中式装修比较符合老人的怀旧心理和文化偏好，室内空间效果较为气派，但调研中老人普遍担心中式风格会比较昂贵；选择欧式风格的老人则表示喜欢欧式装修中的地毯、沙发及整体配色给人带来的温暖、柔软的感觉。老人们也提出如果套型内的室内风格能多样化，则可以根据自己的喜好有所选择。

3）喜欢中式园林

许多老人表示希望养老公寓的室外环境能够有山有水，最好能有较大的庭院或者周边有大型公园。在园林的风格上，大部分老人都表示偏爱中式园林，认为中式景观"层次丰富、树多、好玩有趣"。老人的子女则更关注景观的

日式风格

中式风格

欧式风格

图5-14　室内风格对比：老人的喜好各有不同，但人性化、舒适化是核心

安全性，喜欢草坪和有起伏的散步道。有些老人还表示设施中的园林可以定时开放给外界，为园林增加人气。

5. 周边配套设施

在调研过程中，有些老人认为公寓内的配套设施过于单一，不能满足老人多样化的生活需求。而养老公寓周边一定的餐饮、商业等配套设施往往可以方便养老公寓中的老人生活，也使老人的活动有更丰富的选择。老人对周边配套设施的需求大概可以分为以下几点：

1）希望附近有中高档餐厅

许多老人表示希望老人公寓附近有中高档的餐厅，方便子女探望时一起外出就餐。外出就餐一方面能促进老人与子女的交流，另一方面老人的子女也希望能借此机会为老人换换口味。

2）周围有贴近老人需求的便利店、超市、药店、食品店

调研中，很多老人都反映周边的购物配套设施不足，希望养老公寓的附近能够有可以满足老人日常需要的商店，如药店、食品店、超市等等，并且商品种类能够贴近老人生活，可以买到护膝、助步器等老人很需要但一般商店难买到的商品。

3）有底商、中高档购物中心或娱乐设施供游玩

在调研中，很多老人希望养老公寓周边能有形成规模的底商或购物中心，一方面方便老人和子女买东西，一方面也能使日常生活更加丰富。一些老人的子女提出，希望养老公寓周边或设施内部能有可以陪老人在里面玩一整天的娱乐休闲设施，既满足陪老人逛街、休闲的愿望，同时也能增进和老人的交流。目前，许多位于近郊的养老设施周边餐饮、商业、娱乐等配套设施很少，许多老人表示："如果周围有玩的地方，孙子孙女就可以和孩子们一块儿过来，一家人一起过个周末。"

4）需要技术好、环境优雅的理发店

理发是生活中不可或缺的服务，尽管上了年纪，老人们仍很关注自己的仪表。很多老人希望养老公寓周边能有理发技术好、环境优雅

的理发店。然而，目前在养老公寓中单独配置的理发室往往会出现使用频率较低的情况，可以考虑充分利用社会资源，以设施周边的理发店为老人提供优质理发服务。

5）洗衣店很有必要

许多老人表示，尽管已经有了居室内的洗衣机，但养老公寓周边有配套的洗衣店也是非常必需的，可以更方便地送洗大衣、床单及换季衣物等。

通过对调研结果进行分析可知，当选择入住养老公寓时，区位交通、入住费用、医疗条件、护理水平、饮食服务、硬件设施和配套设施是老人考虑的几大方面因素，它们是老人对养老公寓的基本物质需求。而老人在这些方面需求可进一步凝练为三方面，即：保障安全的需求、享受生活的需求与摆脱孤独的需求。

然而，在满足老人生活的安全性、便利性、舒适性基础上，养老公寓应当进一步关注老人的精神生活，使他们拥有积极的生活态度，做到老有所为、老有所乐。一方面，应尊重老人的生活习惯，满足老人独立、自主、个性化的生活需求，提供针对不同护理程度老人的照护服务。另一方面应积极为老人提供种类丰富的活动和与之配套的活动空间，帮助老人度过健康、充实、快乐的晚年。

目前，许多养老公寓的开发和设计片面考虑设施的高档豪华或者规模的大型化，正在步入"高端化"误区。而从上面的分析可以看出，在考虑入住养老公寓时，老人们最关注的往往不是设施的豪华或者规模的宏大。因此，只有从老人的养老需求与期望出发进行规划、开发、设计、运营，才能使养老公寓成为老人理想的养老场所。

多代居住宅适老化设计要点

在老龄化严峻、城市化加速及房价高启的背景下，多代共同居住的需求增加，但当前市场中的套型并不能很好地满足这种需求。我们将在这一部分通过对日本两代居住宅设计经验进行归纳，结合调研总结出当前套型的设计误区，从空间布局及细部适应性设计两方面对多代居住宅适老化提出设计建议。

多代居住宅的概念是从两代居引申而出的，指超过两代人，通常为老人、子女及孙子女共同居住在同一套住宅中，他们在生活上相互照顾，有一定的联系，同时在住宅中各代也都有相对独立的空间。

多代居住宅中需满足各代对独立性及代际交流的需求，对面积要求较高，因此多代居为集合住宅时，一般为包含三室或以上的套型，多代居也可能为"双拼"、"大平层"等更容易满足面积要求的低密度住宅。这两类多代居住宅的适老化考虑不同，以下主要对集合住宅中的多代居进行探讨。

一　多代居住宅产生的背景

我国传统观念重视亲情和孝道，一直以来多代同堂居住是普遍现象。随着经济发展和城市化进程的加快，核心家庭独立居住的比例越来越高，然而由于近年来老龄化速度加快，加之房价高涨及房屋限购等因素，很多老人需要与子女共同居住，城市中多代居现象更加普遍。具体分析其原因主要可分为以下6点：

1. 老龄化形势严峻

目前我国老年人口数量庞大。2013年我国老年人口数量达到2.02亿，老龄化水平也达到14.8%[1]。同时据预测，我国老年人口规模在2050年之后将稳定在3亿~4亿，老龄化水平基本稳定在31%左右[2]（图5-15）。在老龄化背景下，老年人的居住需求及对老年人的照顾成为亟待解决的问题。

2. 老人仍有与子女同住的养老意愿

中国传统观念中老人主要依靠子女养老，尽管目前老人有足够的资金度过晚年，大部分家庭也更倾向于子女独立居住的状态，但老人仍有与子女同住养老的意愿。在"中国经济生活大调查2013~2014"对老人养老意愿的调查中，大多数老人愿意在年老需要家人照顾时，选择与子女同住，

1　中国社会科学院.中国老龄事业发展报告（2013），2013.
2　全国老龄工作委员会办公室.中国人口老龄化发展趋势预测研究报告，2006.

以便子女提供帮助、护理照料等（图5-16）。多代共同居住意愿比例的增加，使得市场对多代居住宅产生较大的需求。

3. 老人帮助照看孙子女

年轻人工作繁忙，对幼小孩子的照顾成为较大的问题。这时年轻人的父母可能刚步入老年阶段，身体健康程度较好，愿意也有能力帮助子女照看孩子。为了照顾方便，老人往往选择与子女同住。这种居住模式和关系也需要多代居住宅的支撑。

4. 大城市"两地婚姻"现象带来大量潜在的异地养老人群

"两地婚姻"指双方中有一方或两方均为外来人口的婚姻。目前步入婚育期的人群多为"80后独生子女"一代，而他们的父母也正步入老年行列，面临养老问题。这些老人部分选择跟随子女到大城市中养老，而在大城市房价高涨及房屋限购的情况下，一般家庭很难为老人单独购买一套住宅，因而异地养老人群更有可能选择与子女同住。

根据高颖在《从"两地婚姻"看大城市的潜在人口问题》[1]的研究中对北京市民政局信息数据库所记录的2004~2012年北京市婚姻登记信息数据的统计分析，可以看到"两地婚姻"现象在北京十分普遍，初婚夫妇中有近60%为此情况，保守估算潜在进京养老人口为105万人。由此可见，异地养老人群对多代居的需求不容小觑。

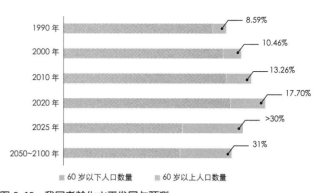

图5-15 我国老龄化水平发展与预测
（数据来源：1990年、2000年、2010年人口普查数据及《中国人口老龄化发展趋势预测研究报告》）

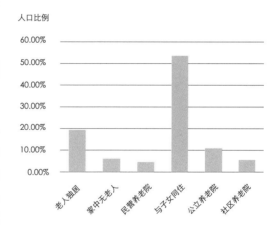

图5-16 老人养老意愿
（数据来源：中国经济生活大调查2013~2014）

5. 高房价推动两代共同购房现象

80后独生子女一代进入婚育期后，大部分人希望离开父母独立购买新住房，然而在房价急剧上升的背景下，部分80后需要依靠父母帮助缴纳住宅的首付或大部分款项才能购房，两代家庭共同购房的现象逐渐增多。

1　高颖，从"两地婚姻"看大城市的潜在人口问题，北京师范大学社会发展与公共政策学院，2014.

与此同时，80后的父母也在这一时期逐渐步入老年，受中国传统观念和独生子女政策的影响，很多家庭问题如育儿、养老等都需要两代家庭同心协力一起完成，因此选择两代共同居住、相互扶持的家庭比例越来越高（图5-17）。

6. 房屋限购等政策使得购买第二套住房困难

在房价高涨的背景下，部分家庭在初次购房时选择了中小套型，随着家中孩子的出生、老人搬入同住，家庭中居住人数发生变化，现有住宅的空间布局及大小可能已经不能满足需求，若经济条件允许，部分家庭会考虑购买第二套住宅，但"限购令"及"提高第二套及第三套住房的贷款首付比例及利率"等政策使得购买第二套住房更加困难，大部分家庭仍需在同一套住房中共同居住。在这样的背景下，同一套房如何满足变化的居住需求成为新的议题。

综上所述，在老龄化严峻、"两地婚姻"趋势增长、高房价、房屋限购等背景下，多代共

同居住的比例正在不断增长，未来对多代居的需求也会保持在较高水平。然而，目前市场中并未很好地设计出适应这种需求的套型。开发商主要关注房间的数量及面积，同时由于住宅设计周期短，设计者多数为年轻人，缺少对老人生活的了解，导致套型设计偏向模式化，大部分套型在空间布局及细节设计上不适合老人及多代人共同居住。

二 日本两代居住宅发展背景及设计理念

日本两代居住宅指老人一代与子女一代共同居住的住宅，其中子女一代中除包含子女外，也包含还未成年的孙子女，因此日本两代居的居住模式与我国多代居住宅相似。

日本社会进入老龄化早、经济发展进程快，又因为日本与我国也有着相近的文化背景，重视亲情和孝道，两代居住宅已出现了较长时间，特别是对住宅中代际关系及细节设计研究深入，这些经验值得我们了解学习，下面将对其两代居发展背景及设计经验进行总结介绍，希望为我国多代居住宅的设计提供一定的参考。

1. 日本两代居住宅发展背景

1）社会高龄化和少子化

日本在1970年初步入老龄化社会，到2013年时老龄化率已经达到25.1%[1]，同时随着战后生育高峰期出生的一代人即将达到65岁，老年人口数量大幅增加（图5-18）。除此之外，

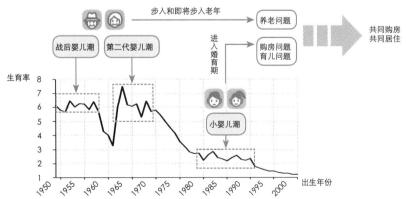

图5-17 80后与父母共同购房关系示意

1 人口推定（平成25年（2013年）10月）. 日本统务省统计局 . 2013.

随着日本老年人平均寿命的增长，日本社会的高龄化问题十分严重，到 2012 年为止，75 岁以上的高龄老人占老年人口的 47%[1]，接近一半。

在高龄化的同时，日本的少子化现象也十分严峻，长期以来的低生育率已导致劳动力不足，社会对老人的照顾能力有限，为了减少护理老人对劳动力的需求，近年来多代共同居住的比例开始逐渐增长。

2）土地资源紧张，住宅建设费用高

日本战后经济高速发展，城市化进程加快。1960 年左右，大量年轻人涌进城市并在城市中定居，而他们的父母仍留在家乡，这时城市中的家庭模式不再是传统的大家庭，而逐渐转向核心家庭的状态。当在城市中定居的第一代人群进入老龄阶段，子女成人进入独立期，需要离开父母时，城市中的土地资源已经在不断发展的过程中越来越少，加上高昂的住宅建设费用，导致子女难以独自购买新住宅，因而越来越多的年轻人不得不与父母合住，打破了以核心家庭为主流的状态，城市中家庭再次转向多代共居模式。

3）女性思想观念的转变

在传统日本女性中，结婚或生育后离开工作岗位成为全职家庭主妇的比例较高。随着社会

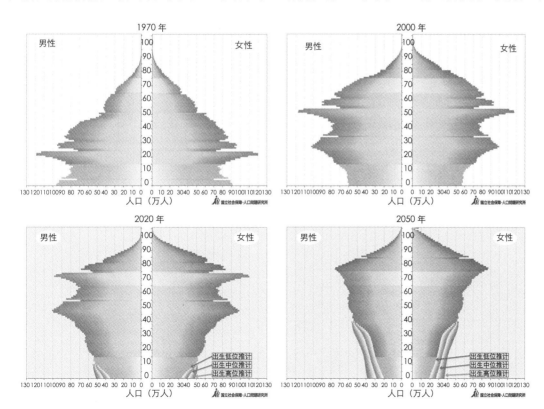

图 5-18 日本人口结构变化

---

1 日本総務省統計局．人口推計（全国：年齢（各歳），男女別人口・都道府県：年齢（5 歳階級），男女別人口），2012

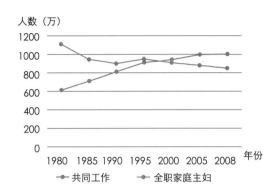

图 5-19　日本女性工作状态变化
（数据来源：くらしノベーミョン研究所．ヘーベルハウスの二世帯百科．東京：旭化成ホームズ株式会社，2010.）

经济疲软及女性社会地位的提高，这种状态有所转变。根据日本厚生劳动省的调查结果，可了解到从 1980~2010 年，全职家庭主妇的比例由 35.1% 降低至 16.4%，同时夫妇共同工作的比例由 17.4% 增至 20.8%（图 5-19）。夫妇共同工作后对孩子的照顾成为主要问题，部分夫妇会请老人来帮助，为了方便照看，一般家庭会选择共同居住，因此多代居家庭逐渐增多。

2. 空间设计注重家庭代际关系

日本两代居住宅在空间设计上注重家庭代际关系，希望通过建筑设计减少家庭代际间的矛盾、体现对老年人的尊重，因此在空间布局上一方面保证两代都有相对独立的生活空间，同时注意创造代际间共处交流的空间。

1）保证多代之间的独立私密需求

日本两代居住宅中重视各代对私密性的需求。在传统 2~3 层独立住宅的基础上，两代居住宅在空间布局时一般将老人空间安排在首层，子女及孙子女的空间布置在上层，通过分层的方式使老人与子女辈都有较完整的生活功能区，从而在两代人邻近居住的同时保证了各自的独立私密性。

不同家庭中老人与子女辈对空间的分离程度要求有所不同，如老人与儿子、儿媳同住时对私密性的要求较高，而老人与女儿同住时两代之间的交流联系更多，根据不同的分离要求，日本两代居住宅的空间关系从独立到融合分为以下三种类型：

- 独立型两代居（图 5-20）

在一栋住宅中将各代的所有居住功能空间均分开独立设置，如一层为老人使用空间，子女的空间全部位于二层，并设置单独的楼梯供子女使用。

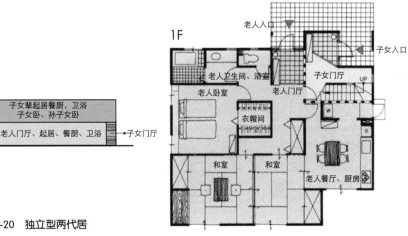

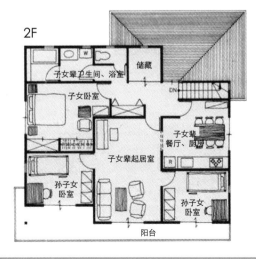

图 5-20　独立型两代居

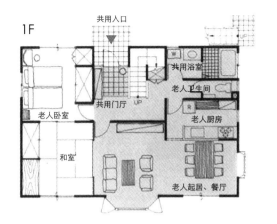

图 5-21 半分离型两代居

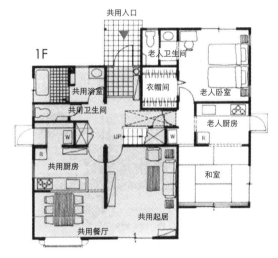

图 5-22 融合型两代居

• 半分离型两代居（图 5-21）

两代共用门厅及浴室，其他空间单独设置。

• 融合型两代居（图 5-22）

两代的门厅、起居、餐厅、浴室空间均为共用，卧室、厨房及卫生间独用。

日本两代居住宅能根据不同家庭对分离程度的不同需求及经济条件的不同，在空间设计上保证两代人可相互帮助，融洽地生活。

2）需照护老人的卧室与家庭主要活动空间邻近布置

需要照料的卧床老人往往希望与家人有更多的交流来减少孤独感。日本两代居在空间布局时多将需照护老人的卧室与家庭起居空间邻近布置，同时在老人卧室与起居室之间采用推拉门相隔，需要时可将推拉门打开，使老人卧室与起居空间有较好的视线联系，方便家人在起居活动的同时照顾老人（图 5-23）。

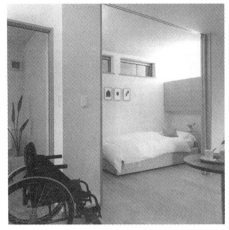

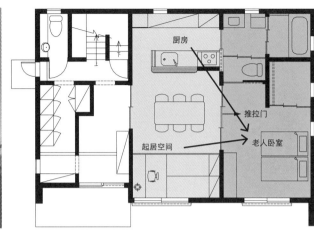

图 5-23　老人卧室邻近起居空间布置

图 5-24　老人卧室与厨房空间邻近

部分两代居中还将老人卧室与厨房等家务空间相邻布置，使家人在进行家务劳动时，可以随时照看到卧床老人（图 5-24）。

3. 使住宅适应老年人身体变化的需求

日本两代居住宅设计除了注重满足各代对空间私密性的需求外，更关注老人使用空间的便利性与安全性。

如图 5-25 所示，根据老人身体情况的变化，日本相关研究将老人的年龄分为三个阶段。第一个阶段，老人刚步入老年，身体健康；第二个阶段为老人 80 岁左右，处在这个阶段的老人身体灵活性下降，空间需要保证他们活动的安全便利；第三个阶段为老人达到 95 岁高龄后，这个阶段大部分老人已经卧病在床，需要长期护理，老人对空间除了安全便利性的要求外，还增加了与家人交流的需求。

针对老人在不同年龄阶段变化的需求，日本两代居住宅在初期设计及后期改造中分别有所应对。例如初期设计时在老人卧室邻近的储藏间等空间中预留管线，从而方便日后增设卫生间，满足需护理老人就近使用卫生间的要求。另外，在老人身体变化的过程中，也会不断对两代居进行改造，如在入口处增设坡道、扩大门及走廊的宽度等，保证当老人行动不便或使用轮椅后仍能安全便利地使用住宅空间。

图 5-25　老人年龄变化过程中身体及需求的变化

三　我国多代居住宅设计中常见问题

　　相比较日本，我国对亲情孝道的观念更为重视，同时受到老龄化、高房价的影响，我国多代共同居住的现象比日本更为普遍，但在调研中发现多代共同生活有时会带来一些矛盾问题，而部分问题的产生可能与住宅的空间布局有关。

　　从平时大量的入户调研中，我们发现随着人口结构、生活习惯的变化，一般家庭对住宅的空间需求已经有所改变，但由于缺乏对这些变化的认识与研究，设计时并未改变现有住宅套型的模式，使得很多套型已经不能很好地满足现有需求，更不能适应未来需求的变化。下面我们将根据调研总结，尝试列出 3 个常见的设计误区，并进行分析。

1. 卧室集中布置，缺乏私密性

　　一般在住宅设计时主张动静分区，将卧室、书房等安静的空间集中布置，与起居、餐厅等活动空间分开。这种布局方式在老人与子女同住时容易产生声音或视线上的干扰，从而引发代际间矛盾。

　　当老人卧室与子女卧室相邻布置时，因两代人作息时间的差异，子女房间的声音及空调室

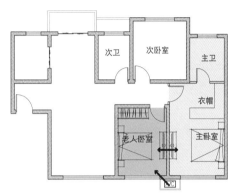

a. 两卧室相邻布置时声音上相互影响

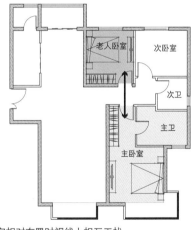

b. 两卧室相对布置时视线上相互干扰

图 5-26　卧室集中布置容易产生声音及视线上的干扰

外机开启的噪声容易影响老人休息（图 5-26a）。

　　若老人与子女分别在相对的两卧室中，对开门的方式在夏季需要开门通风时，会使两卧室间产生视线上的干扰，对两代的私密性有较大影响（图 5-26b）。

2. 老人卧室与卫生间距离远

在三室二卫的套型中常有将一个次卧室单独布置在靠近入口处的方式，一般家庭也会将这个朝向好且独立的卧室作为老人卧室。但为了卫生间的通风及管线等问题，设计时仍会将次卫与主卫相邻布置在一起（图5-27），导致次卫与老人卧室距离较远，不便老人夜间使用。

这类套型在设计初期也并未考虑将来在老人卧室附近增设卫生间的可能性。一方面老人

卧室进深不大，空间条件不允许。另一方面即使有空间满足加建卫生间的需求，也会由于无法安排上下水而难以完成。

3. 卫生间空间小，难以改造扩大

老人身体健康程度下降后，可能会使用轮椅或需要在家人协助下洗浴及如厕，此时需要卫生间有较大的空间。然而目前中小套型住宅的设计为争取主要空间的面积，卫生间往往被压缩得较小，仅布置了洗脸池、坐便器、淋浴三件套满足基本需求。再加上在初期设计时对管线、结构等问题考虑不周，导致日后即使想扩大卫生间，也常因结构、管线无法移动而很难做到，无法满足老人使用轮椅或需要他人护理时的空间需求（图5-28）。

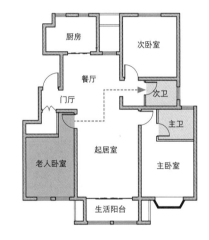

图5-27　老人卧室与卫生间距离远，老人夜间使用不便

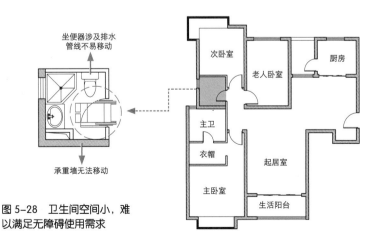

图5-28　卫生间空间小，难以满足无障碍使用需求

四　多代居住宅适老化设计建议

与专门为老年设计的纯老年住宅不同，在多代居的适老化设计中要多考虑住宅的适应性。多代居中各代的关系其实也在变化，例如当前住宅的主要购房者为子女，老人与子女同住，随着购房者一代步入老年，则居住模式变为购房者下一代子女与之共同居住。这种代际关系的变化也会影响对住宅空间的需求，因此在空间布局及各空间的细部设计时都应预先考虑到这些变化，使多代居住宅具有更好的适应性。

根据目前市场上已有的套型，以改动最小为原则，下面我们将分别从空间布局及细部适应性设计两方面对多代居住宅的设计提出建议。

1. 多代居的空间布局建议

建议三室户中将起居布置在中部，主卧室与次卧室 1 分别布置在起居两侧，次卧室 2 布置在主卧对面。相比较于常见的卧室区与起居、餐厅动静分开的模式，这样的布局方式更能满足多代居中各代对独立私密性的需求，并能适应不同阶段代际关系变化（图 5-29）。

目前多代居的主要购房者为子女，子女的空间一般为套型里侧的主卧室，与子女同住的老人的空间则为靠近入口的次卧室。这时位于中部的起居空间使两代人的卧室有一定分隔，保证了各代的独立私密性（图 5-30a）。

随着购房者一代步入老年，他们的居住空间仍为主卧室，也有可能出现购房者一代夫妇分别使用主卧室及次卧室 2 的情况，这时入口处的次卧室 1 则为购房者下一代子女的居住空间。这种布局方式仍能保证两代人对私密性的需求（图 5-30b）。除此之外，当子女成年独立搬离之后，还可通过入口门厅处门的位置改造使次卧室成为相对独立的居室用于出租（图 5-30c）。

通过以上的分析，可以看到这种将两代人的卧室分离的布局方式具有较强的适应性，能更好地满足代际关系变化时的需求。但考虑到次卧室 2 中配备的卫生间在中部，容易成为暗卫，我们觉得这种布局方式更适合北方地区。

2. 空间细部适应性设计建议

1）考虑卧室可分可合

家庭结构和家庭成员间关系的变化会引起不同的卧室空间分配方式，从而影响卧室空间

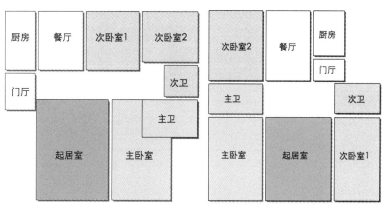

a. 卧室集中布置，两代之间容易产生声音及视线上的干扰　　b. 卧室分别布置在起居两侧，满足独立私密性需求

图 5-29　多代居布局方式比较

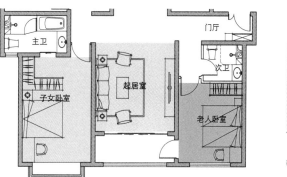 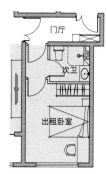

a. 主要购房者为子女，子女空间为主卧室，老人卧室位于入口处较独立的次卧室　　c. 子女搬出后加一个分隔门，将次卧独立出来用于出租

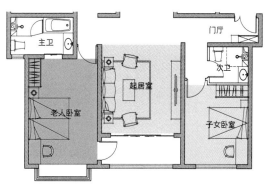

b. 购房者步入老年，他们的居住空间仍为主卧室，购房者子女的卧室为入口处较独立的卧室

图 5-30　将一个卧室单独布置的布局方式容易满足代际关系变化需求

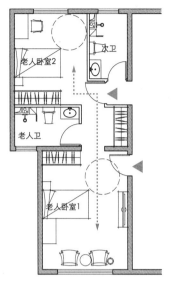

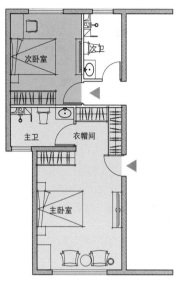

a. 主、次卧为老人夫妇卧室时，内部联通，方便照应

b. 主、次卧分别为两代人卧室时，以衣帽间分隔，保证私密性

图 5-31　根据代际关系不同，卧室可分可合

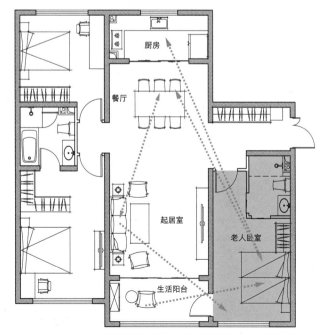

图 5-32　老人卧室与家庭公共空间有视线联系

的布置关系。例如常见的南向主卧室与北向次卧室，在应对不同的代际关系时，可能有以下 2 种处理方法：

若两卧室分别为老人夫妇居住，空间上需要有一定的联系，因此在设计时可考虑两卧室内部连通，形成相对独立又有一定联系的卧室区，满足老人分房休息同时相互照顾的需求（图 5-31a）。

若主卧室与次卧室分别为两代居住，则在设计时可用衣帽间将两卧室分隔开，保证两代的独立私密性需求（图 5-31b）。

2）尽量保证老人卧室与其他空间的视线联系

在老人卧室设计时，除了考虑根据代际关系可分可合外，还应尽量满足老人与家人交流的需求。通过老人卧室门及内窗的设计，保证卧室与餐厅、起居室都有视线联系，家人在活动或做家务时都可以照顾到老人，也可减少老人的孤独感（图 5-32）。

3）尽量为老人就近单独布置卫生间

部分住宅设计时仅设置一个共用卫生间，容易在使用高峰时产生冲突，同时也可能因为两代人生活习惯不同而产生矛盾，因此多代居设计时可考虑除共用卫生间外，为老人单独就近布置一个小卫生间或考虑在老人卧室附近的空间预设上下水，以便将来增设卫生间满足老人的就近使用需求。

除了在老人卧室附近布置卫生间外，也应考虑卫生间改造扩大的可能性。老人年龄增长、身体活动能力下降后，可能会使用轮椅或需要他人协助，需要较大的卫生间空间。因此卫生间部分墙体宜采用便于拆改的轻质隔墙，以便根据需要调整隔墙位置扩大卫生间，方便轮椅进入。

同时，为了方便老人夜间使用卫生间，也可在老人卧室方向增设卫生间门。另外当老人卧床后，因把老人移动到卫生间洗浴会十分困难，可考虑在床与卫生间之间设置滑行吊轨装置，借助装置移动老人，从而减轻护理人员的负担（图5-33）。

4）生活阳台最好与老人卧室联系

当前的套型设计一般将阳台布置在主卧室及起居室外侧，而考虑到许多老人都喜欢在阳台上晒太阳、种花、看风景等，老人对阳台空间有更大的需求，因此在阳台位置选择上建议尽量与老人卧室直接联系。

综上所述，在三室二卫套型设计时采用将一个卧室分离布置的方式，并对卧室区、卫生间、阳台等空间进行适应性设计，可以使多代居住宅更好地满足各代对独立私密性的需求，也能保证老人在空间使用上的安全、便利性。

五　多代居住宅套型适应性设计案例解析

本节将以上海某住区项目套型设计为例，应用上文探讨的手法进行设计，并分析家庭生命周期不同阶段的适应性方案。

该项目为百年住宅示范工程[1]，百年住宅是以可持续居住环境建设理念为基础，力求通过建设产业化，全面实现建筑的长寿化、品质

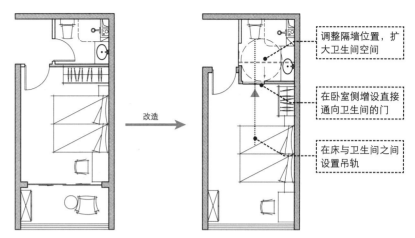

改造

调整隔墙位置，扩大卫生间空间

在卧室侧增设直接通向卫生间的门

在床与卫生间之间设置吊轨

图5-33　卫生间适老化改造

优良化、绿色低碳化。

百年住宅中采用了SI技术体系，将住宅分为承重结构部分（S=Skeleton）和内装设备部分（I=Infill），并选择大空间结构体系，保证套内墙体均为非承重结构，可灵活移动。除此之外，在百年住宅中也应用了排水竖井外置、同层排水等技术，使套型有更强的适应性。

考虑到90m² 套型具有更为广泛的参考意义，下面将对90m² 套型进行细化设计并进行分析。

案例：90m² 套型适应性设计

该套型为两室两厅一卫，使用面积约为60m²。在套内布置灵活空间、设置轻质隔墙等，使套型可以满足多代共同居住时各代对独立私密的需求，同时当家庭人口结构改变时，套型也可经过改造满足居住需求的变化（图5-34）。

家庭生命周期不同阶段适应性设计方案如图5-35至图5-40所示。

1　中国百年住宅建筑体系是新型的产业化住宅建筑体系，该项目为作者之一在中国建筑标准设计研究院刘东卫工作室的实践项目。

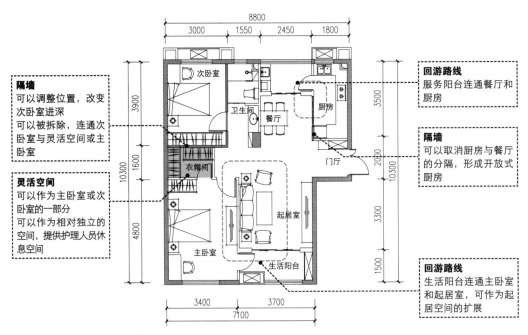

隔墙
可以调整位置，改变次卧室进深
可以被拆除，连通次卧室与灵活空间或主卧室

灵活空间
可以作为主卧室或次卧室的一部分
可以作为相对独立的空间，提供护理人员休息空间

回游路线
服务阳台连通餐厅和厨房

隔墙
可以取消厨房与餐厅的分隔，形成开放式厨房

回游路线
生活阳台连通主卧室和起居室，可作为起居空间的扩展

图 5-34　90m² 套型适应性设计要点

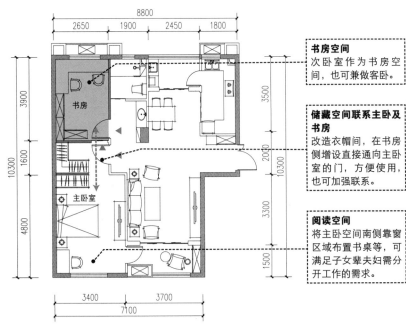

书房空间
次卧室作为书房空间，也可兼做客卧。

储藏空间联系主卧及书房
改造衣帽间，在书房侧增设直接通向主卧室的门，方便使用，也可加强联系。

阅读空间
将主卧空间南侧靠窗区域布置书桌等，可满足子女辈夫妇需分开工作的需求。

图 5-35　家庭形成期套型平面

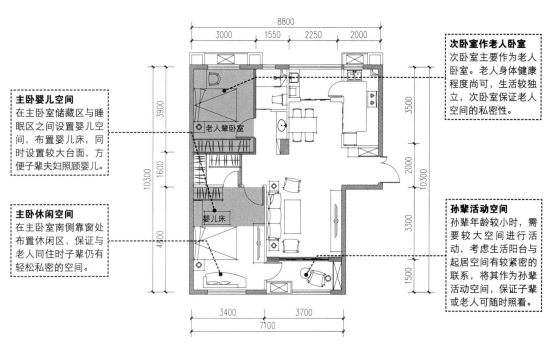

次卧室作老人卧室
次卧室主要作为老人卧室。老人身体健康程度尚可，生活较独立，次卧室保证老人空间的私密性。

主卧婴儿空间
在主卧室储藏区与睡眠区之间设置婴儿空间，布置婴儿床，同时设置较大台面，方便子辈夫妇照顾婴儿。

主卧休闲空间
在主卧室南侧靠窗处布置休闲区，保证与老人同住时子辈仍有轻松私密的空间。

孙辈活动空间
孙辈年龄较小时，需要较大空间进行活动，考虑生活阳台与起居空间有较紧密的联系，将其作为孙辈活动空间，保证子辈或老人可随时照看。

图 5-36　家庭扩展期（孙辈 0~2 岁）平面图

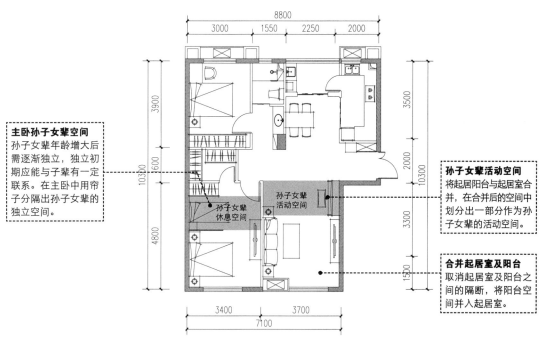

主卧孙子女辈空间
孙子女辈年龄增大后需逐渐独立，独立初期应能与子辈有一定联系。在主卧中用帘子分隔出孙子女辈的独立空间。

孙子女辈活动空间
将起居阳台与起居室合并，在合并后的空间中划分出一部分作为孙子女辈的活动空间。

合并起居室及阳台
取消起居室及阳台之间的隔断，将阳台空间并入起居室。

图 5-37　家庭扩展期（孙辈 3~5 岁）平面图

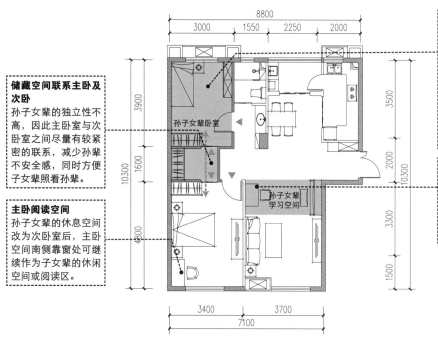

储藏空间联系主卧及次卧

孙子女辈的独立性不高，因此主卧室与次卧室之间尽量有较紧密的联系，减少孙辈不安全感，同时方便子女辈照看孙辈。

主卧阅读空间

孙子女辈的休息空间改为次卧室后，主卧空间南侧靠窗处可继续作为子女辈的休闲空间或阅读区。

次卧室作为孙辈卧室

孙子女辈年龄继续增大时，独立性更强，需要有单独的房间，同时考虑到孙子女辈入学后，不再需要长时间照顾，老人可能选择不再与子女辈同住，可将次卧室作为孙辈卧室。

孙辈学习活动空间

孙子女辈刚进入学龄期时，为了孙辈能较好过渡，可考虑将学习空间布置在起居空间中。

图 5-38 家庭稳定期（孙辈 6~10 岁）平面图

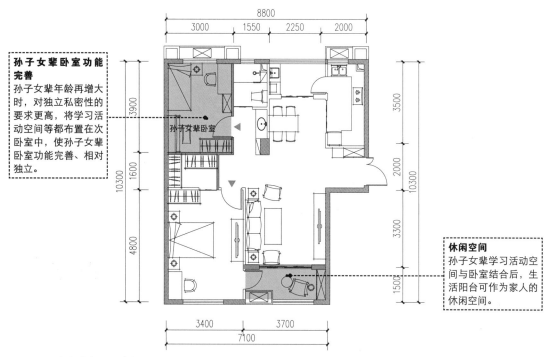

孙子女辈卧室功能完善

孙子女辈年龄再增大时，对独立私密性的要求更高，将学习活动空间等都布置在次卧室中，使孙子女辈卧室功能完善、相对独立。

休闲空间

孙子女辈学习活动空间与卧室结合后，生活阳台可作为家人的休闲空间。

图 5-39 家庭稳定期（孙辈 11~18 岁）平面图

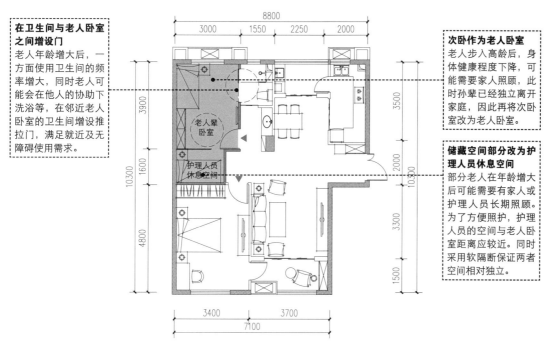

在卫生间与老人卧室之间增设门

老人年龄增大后，一方面使用卫生间的频率增大，同时老人可能会在他人的协助下洗浴等，在邻近老人卧室的卫生间增设推拉门，满足就近及无障碍使用需求。

次卧作为老人卧室

老人步入高龄后，身体健康程度下降，可能需要家人照顾，此时孙辈已经独立离开家庭，因此再将次卧室改为老人卧室。

储藏空间部分改为护理人员休息空间

部分老人在年龄增大后可能需要有家人或护理人员长期照顾。为了方便照护，护理人员的空间与老人卧室距离应较近。同时采用软隔断保证两者空间相对独立。

图 5-40　家庭收缩期（老辈 80 岁以上，子女辈 50 岁以上，孙辈 18 岁以上）平面图

六　关于多代居住宅套型设计的思考

随着时代的发展，我国家庭人口结构及生活习惯已经逐渐发生了变化，一般家庭对住宅空间的需求也随之改变，家庭中代际关系的变化会直接影响对空间的需求，因此在多代居设计时，应对这些变化进行研究，打破套型设计的惯有思维模式，提出既能满足当前的需求，也能对远期具有较强适应性的方案。这里提出的设计建议仅是对多代居住宅适老化设计的一部分，还很不成熟，在此抛砖引玉，希望今后能有更多机会与业内设计师及专家共同研究探讨。

养老社区的规划设计要点

养老社区是当前老龄化发展浪潮下的新兴事物，各地方政府和开发商都在积极开展养老社区建设。本文中我们将针对目前市场上养老社区的主要类型，分析其规划建设中存在的问题，进而结合我们近年的研究成果和设计实践经验，以综合型养老社区为例，从选址与规模、道路与交通组织、建筑功能与布局形式等几个方面尝试给出相应的规划原则与设计建议，供大家探讨。

一　背景

随着我国老龄人口的快速增长，养老成为最受全社会关注的问题之一。根据未富先老、快速老龄化的基本国情，以及考虑我国传统居住文化的特点，政府确立了基本养老方针：即以居家养老为基础，社区养老为依托，机构养老为支撑。同时确立了"9073"养老格局：90%的老人在社会服务协助下通过家庭照顾养老，7%的老人通过购买社区照顾服务养老，3%的老人入住养老服务机构集中养老。

从政府提出的养老政策中可以看出，居家养老和社区养老将成为我国老人的主要养老方式。这与我国老年人的养老居住意愿相符合。根据 2010 年我国老龄科研中心的资料显示，城镇老人中仅有 11.3%的老人希望在机构中养老，农村老人中则为 12.5% [1]。这是有其内在合理性的。老人在家和社区中可以亲近家人和朋友，可以利用各类熟悉的社区设施，可以继续在原有的社会关系中交往和参加各类活动。这有助于保持老年人的身心健康，给予其长期的精神支持，也能真正提高养老生活的质量。因而进行养老社区的建设是实现居家养老和社区养老的重要环节。

二　当前养老社区的发展状况与问题

近两三年来，老龄化的发展逐渐掀起了养老社区开发建设的热潮。中国老龄事业发展"十二五"规划中指出，未来五年间将新增各类养老床位 342 万张 [2]。最近各地方政府都在大力加强各类养老社区或养老服务机构的建设。同时，一些社会力量如房地产开发企业，保险、投资公司，酒店管理及相关服务管理企业等都看到养老地产的商机，积极涉足养老社区的开发建设。市场上也有一些较为成功的案例，如北京太阳城国际老年公寓和上海亲和源老年公寓等等。

1　全国老龄委 . 2013 年社会服务发展统计公报。
2　国发〔2011〕28 号 . 国务院关于印发中国老龄事业发展"十二五"规划的通知。

1. 养老社区的主要形式

从目前市场上已有的养老社区形式中，我们归纳出了三种主要类型：一类是配建于普通居住区中的养老社区或养老住宅，一类是专门建设的综合性养老社区，还有一类是结合旅游、养生地产开发建设的度假型养老社区。每个类型的养老社区均有其鲜明的特点。

1）普通居住区中配建的养老社区或养老住宅

这种配建式的养老社区是指在普通居住区中加入老年人居住组团、楼栋或套型，以及一些适老化的配套设施（图5-41）。相比于仅有老人居住的社区而言，这种"混居"社区能够让老年人接触到其他年龄段的居住者，保持与外界环境的接触，同时老人还可以与自己的子女或亲友邻近居住在同一个社区中，便于相互照顾。

2）专门建设的综合型养老社区

与第一种类型不同，综合型养老社区中的居住者主要都是老人，其特点是通常建设在市郊环境较好的地方，规模从几十亩到几百亩都有，包含养老住宅、养老公寓、养老护理机构等多种适合老人的居住类型，可以为各类身体状况（健康、半自理和不能自理）的老年人提供持续的生活照护。社区中会配有老年活动中心、康体中心、老年医院、老年大学等公共服务设施（图5-42）。

3）结合旅游、养生地产建设的度假型养老社区

度假型养老社区的最大特点是依托旅游、养生等特色资源开发建设，例如一些在海南、云南等地区建设的养老社区。这类养老社区中通常可根据自身的资源特色而搭配相应的养生、

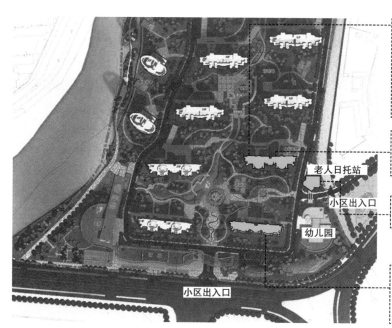

老少户可设置在住宅楼栋的边角单元，其形式一般为：
①同一户型中设置的老人居室；
②同一楼层中相邻或相近的两套住宅；
③同一单元内上下层相邻的两套住宅。

老人专用户型设置在住宅楼栋首层，便于进行无障碍设计，可提供底层花园。

老人日托站可为社区内的老人提供日间照料等服务。

老人公寓可租赁也可出售；老年公寓底层为**综合服务设施**，包括医疗、娱乐、康复等项目，方便老人就近医疗，可以为几个社区共用一个。

图5-41 普通居住区中可进行配建的四类养老居住产品

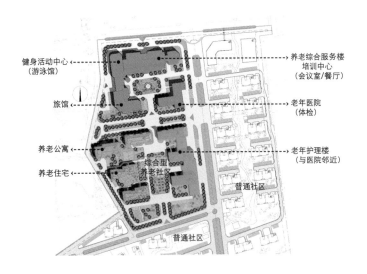

健身活动中心
（游泳馆）

旅馆

养老公寓

养老住宅

综合型
养老社区

养老综合服务楼
培训中心
（会议室/餐厅）

老年医院
（体检）

老年护理楼
（与医院邻近）

普通社区

普通社区

图 5-42　综合型养老社区的配套设施组成示意图

康复、休闲业态，例如农业采摘、温泉水疗等等。老人可以在一年当中的某个季节或时段来此居住，也可以与家人共同前来度假，是一种具有季节性特征的居住形式。

2. 目前养老社区在规划设计时存在的问题

1）缺乏专门的养老社区规划建设标准

养老社区的建设应从城市整体规划布局的角度来考虑。目前由于养老社区的发展尚属起步阶段，各地方政府虽然制定了建设指标和建设量，但并未给出更为具体的规划指导意见，可供参考的成功案例又不多，这就加大了开发和设计时的难度。

我国目前还没有专门针对养老社区建设的规范标准或指导手册。普通居住区在建设时可参照《城市居住区规划设计规范》[1]等，但针对养老社区这一新兴的居住区形式来讲，并没有专门的规划建设标准。一些已有的老年建筑相关规范如《老年人居住建筑设计标准》[2]、《老年人建筑设计规范》[3]中，由于考虑到普适性的要求，没有过多地针对养老社区或养老住宅进行专门讲解。这些规范为了适应各类老年建筑的设计要求，通常会更多地强调无障碍等基本设计原则，对于针对老人特殊要求的设计要点讲解得并不详细，不能够较好地指导养老社区规划设计。

发达国家对于养老社区或养老住宅通常都有专门的建设标准或行业指导手册。例如美国的设施指南研究所编制的医疗保健设施设计指导手册，其中对各类养老机构的规模、选址要求等都有具体规定；日本不仅拥有国家对各类养老设施和养老住宅相应的建设规范和运营标准，各地方政府和相关行业领域也都编写了相应的设计手册和标准图集，对设计有很好的指导作用。

另外，已有的规划指标要求并没有受到重视。我国一些地方对于居住区公共服务设施中应配建的养老机构及相应配套设施有具体的设计指标要求，但并没有得到很好的执行。

2）对养老社区规划设计感到无从入手

目前政府鼓励社会力量参与养老社区的建设，很多企业都想开发养老社区，但在规划设计过程中往往遇到许多困境。

首先，开发和投资企业对于自身如何获得土地以及采取何种开发模式仍在摸索，在拿到土地后也并不知道如何进行规划。目前开发商拿到的养老社区建设用地大多集中在城市郊外，

1　中华人民共和国国家标准 . 城市居住区规划设计规范 . GB 50180-93.

2　中华人民共和国国家标准 . 老年人居住建筑设计标准 . GB/T 50340-2003 .

3　中华人民共和国行业标准 . 老年人建筑设计规范 . JGJ122-99.

地块规模通常较大，有的甚至达到几千亩。面对这样一大片土地该从何入手，开发商往往没有头绪。有的提出要建设几千张甚至上万张床位的"老年城"，而事实上老人并不一定希望集中居住在一起，过大的社区规模对于后期运营管理也会带来很大困难。

其次，在进行养老社区规划时不知如何做到与老人生活相关。我们接触到的很多开发商都提出要做最高端的养老社区，其实对老年人的实际需要并不理解，仅限于建设高尔夫球场、温泉，让居住房间达到几星级别等等。养老社区在规划时不仅仅是增加一些老年活动场地或者设置无障碍坡道，而是应该针对老人需求有特殊分析。例如社区中为老人提供的跳舞场地，其位置既要考虑日照、遮阳、风力等条件，又要想到须设置休息座椅、提供插座等细节。

还有的规划项目标榜"养老社区"，拿"养老"、"养生"当概念，但实际没有做到真正的适老化，导致养老社区仅仅流于口号和表面形式。一些开发企业错误地认为规划建设不重要，只要后期能够提供相应的服务就可以，但其实服务与硬件设施是有很大关系的。如果没有前期在设计上做好伏笔，后期服务管理的很多工作都难以完成。

3）简单照搬国外模式，缺少深刻理解

最近的养老地产开发热潮促使很多开发商、投资者或政府人员都到国外参观考察，从中学习了一些先进的设计经验和管理模式，并希望能够将其在国内推行和实现。然而养老建筑发展是带有时代和地域特征的，从国家整体的政策环境、经济发展水平到老年人的居住习惯，再到社区的服务管理模式，都会对规划建筑形式产生影响。如果对发达国家的发展背景不够了解，直接"生搬硬套"，就会产生一些问题。

第一，盲目追求"高端"形式，与我国现阶段发展水平不匹配。发达国家步入老龄化社会已有百年以上的历史，其养老设施体系比较完善。我们目前看到的国外高端、豪华的养老社区设施是在经历了很长的发展历程后所形成的，并且也仅仅是其养老体系中的一部分。我们应当分析我国当前的老龄化程度等同于发达国家历史上的哪一时期，当时他们的养老设施形式是什么特征。通过对比发现，中国当前 65 岁以上的老年人口比例为 9.7%[1]，接近日本 20 世纪 80 年代的比例 9.1%[2]，与美国 20 世纪五六十年代相近[3]。日本在 80 年代的养老设施中仍以多人间（四人间或者六人间）为主要居住形式，直到 90 年代中后期才向双人间、单人间转变，继而到 2000 年以后开始全部推行单人间。我们现在建设养老社区也应在一定总量关系下平衡不同经济状况老人的比例关系，而不应一味追求高端的设施配备、追求房间的数量和大小，否则既造成土地资源的浪费，又增加了运营管理成本。这其实与我国"未富先老"的国情并不相符。

第二，忽略了规划形式上的差别。有的养老社区在规划时直接套用国外的规划形式，如低密度的规划形式、中廊式的建筑形式、多朝向的房间布局等（图 5-43）。虽然有很多优点，

1 民政部 . 2013 年社会服务发展统计公报 .
2 省統計局 . 高齢者人口及び割合の推移（昭和 25 年～平成 22 年）. http：//www.stat.go.jp/data/topics/topi481.htm.
3 He, Wan, Manisha Sengupta, Victoria A. Velkoff, and Kimberly A. DeBarros, U.S. Census Bureau, Current Population Reports, P23-209, 65+ in the United States：2005, U.S. Government Printing Office, Washington, DC, 2005：10.

但是却不一定符合我国国情。通过以往的调研发现，中国老年人的居住习惯更加重视房间朝向和节能，他们比较喜欢南向，喜欢阳光和自然通风，重视节约用电，不习惯长时间使用中央空调。这些都与外国老人的生活习惯不同。我国建筑设计规范中的要求与国外也有所区别。如果简单照搬国外的规划形式，就不能适应我国本土化的需要。因此我们应在理解其规划形式的基础上进行创新，从而得到适应我国国情的规划和建筑形式。

第三，没有考虑运营管理模式上的差异。调研中发现，目前我国很多养老社区因管理条件所限，对于需要长期护理的老人或失智老人多采用"一对一"的护理模式，即一个护理人员专门服务一位老人。这些护理服务员主要是来自农村的中年妇女，自身并不具备专业的护理知识和技能。这一现象是由于我国劳动力相对低廉、护理服务专业化不足造成的。而发达国家主要采用组团化护理模式。这些运营管理模式上的差异必然对建筑功能配置产生影响。有的开发企业希望引入国外的管理团队来帮助运营，但国外劳动力昂贵，运营管理费用较高，我国老人往往负担不起；即便是引进先进的管理模式，同时也还需用到中国的基层护理人员，因此必须考虑如何让其在中国"落地"，这是一个需要长期深入探索的问题。

三 养老社区的规划原则——以综合型养老社区为例

长期以来，我们一直针对国内外养老社区的开发模式和规划设计展开研究，多次赴美、日等国家参观调研，收获了很多经验。同时我们对国内养老社区或养老机构进行调研，又与许多国内的开发企业有过接触，对其养老社区项目进行过咨询，并完成了一些实际项目的规划设计。在这里我们尝试以综合型养老社区为例，对其规划设计原则进行总结，希望抛砖引玉，与大家共同探讨。

1. 选址与规模

1）选址要考虑三大因素

综合型养老社区的选址应当考虑三个影响因素：环境、交通和配套。从我们对北京市养老机构的调查中可以看出，一些较大的综合养老社区通常靠近城市周边的城乡交界处，或者毗邻景观资源，其位置既有相对宜人的居住环境，又有城市快速路或轨道交通能够方便到达。一些养老社区为了方便老人出行和亲友探望，

图 5-43 国外养老社区规划形式示例：美国拉尼尔湖持续照护养老社区

还专门设置班车往返于社区与轨道交通站点或公交车站之间。

在养老社区的周边配套中，医院对于老人来说最为重要。社区附近 10 分钟车程[1]内应有医院或急救站，以解决老人的就近医疗和突发疾病等问题。另外，养老社区还可以与周边医院建立合作关系，在社区中设置医疗救助站，以便在老人有突发性疾病的时候可以迅速地进行处理。以北京太阳城为例，其社区内设有北京市红十字会 999 急救中心站点，专门为社区老人服务。

2）建设规模宜有所控制

养老社区的建设规模不能过大。目前我们所接触到的综合型养老社区用地范围从几十亩到几千亩都有，预想居住人数从几百人到几万人不等。对于超大型养老社区或"老人城"等形式我们并不提倡，因为这不利于老人与外界的联系。以美国 CCRC 连续照料养老社区为例，其用地规模通常在 80~300 亩之间，所包含的居住单元在 100~400 个左右；个别大型的 CCRC 占地面积会超过 300 亩，居住单元在 400 个以上[2]。而我国目前想建造的养老社区的规模远远大于美国和日本等国家的养老社区规模。

养老社区应将居住规模控制在一定范围内。我国由于老年人口总数大，一定量的大型养老社区必然会出现，此时可以通过组团化的布局方式将居住规模控制在一定范围内，以增强居住环境的亲切感（图 5-44）。《城市居住区规划设计规范》中指出普通的居住组团规模在 1000~3000 人左右，我们建议养老

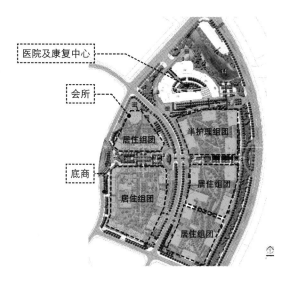

图 5-44　养老社区的组团化布局示意图

社区的组团规模应更小一些，并宜采用多层的住宅形式，例如健康老人的居住组团可以在 500~1000 人，需护理老人的居住设施为 150~300 人左右。一方面老人的行动能力有限，过大的居住组团不利于其外出行动，也不便于社区提供服务；另一方面，人到老年后记忆力和认知能力有所衰退，对于居住环境和周围人群的辨识力下降，并不能够记住太多的邻居并与其密切相处。因此养老社区的组团规模应当较小，以便使老人能够更好地熟悉周围的居住者，获得对社区的归属感。

2. 道路与停车组织

我们认为，养老社区的道路系统应与普通社区有所区别，除了要保证"顺而不穿，通而不畅"的基本原则外，还应重点考虑人车流线组织和停车场地设置两方面问题。

1　北京 999 急救中心急救反应时间平均为 10 分钟左右，上海中心城区平均急救反应时间为 12 分钟。
2　（美）布拉福德·珀金斯等. 老年居住建筑. 李菁译. 北京：中国建筑工业出版社，2008。

1) 分开组织人车流线，保证车辆就近停靠

养老社区既要保证人车分流，又应做到就近停车。人车分流的目的是保证老人在社区内能够安全的行走，不会受到机动车的干扰；就近停车是为了让车辆在必要时可以停靠在楼栋出入口附近，例如接送行动不便的老人，搬运

图 5-45　养老社区内主要楼栋和设施之间宜设置带遮蔽的连廊

图 5-46　养老社区可以设置环行电瓶车乘载老人出行

图 5-47　日本养老公寓外设置的专用停车场，供接送老人的专用车辆和救护车的停放

家具等重物，以及救护车紧急时停靠等等。

社区内的主要车行道应串联各个组团，步行道路应尽可能呈环形接通。社区内各楼栋和设施之间最好能设置带遮蔽的连廊（图5-45），以便雨雪天气时老人仍可安全出行。目前一些养老社区的规模较大，老人从居住组团到公共服务设施的距离过远，这不利于老人生活，不得不这样时应提供社区电瓶车等乘载老人出行（图5-46）。

2) 考虑三类停车场地，非机动车位不宜设在地下

养老社区中应有三类停车场地，分别是机动车停车场、紧急救护车停车场和非机动车停车场。在设置机动车停车场时，除了应有集中的地下车库或临时客用场地外，还应在各居住组团出入口处及楼栋单元出入口分散设置小规模临时停车场，提供给救护车、小区电瓶车或亲友探访时临时停车使用（图5-47）。社区中还应为自行车、电动车或三轮车这些老人出行常用的车辆提供近便的停放位置。

特别需要强调的是，养老社区的非机动车停车位不宜设在地下。调研中发现，有些居住区为了追求社区环境的整洁和美观在设计时将非机动车停车库设在地下，平时居民停放车辆时都要上下坡道。这对于老人来讲是十分不便的，一方面自行车、电动车等每天都会使用，停放在地下存取不方便；另一方面电动车、三轮车车身较沉（一部电动自行车的重量通常在50公斤左右），老人推行车辆上下坡道会很费力和危险，在购买较多物品时，推车上下坡道更加不便，若再从地下车库将物品拎持回家，就更为吃力。因此养老社区在停车设计上不应为

了追求美观而造成老人使用时的安全隐患，而应当就近各个楼栋出入口设置一小片停车区域（图 5-48）。

3. 建筑功能与布局形式

1）养老社区应合理划定分区

目前的综合型养老社区中通常会有老年住宅、老年公寓等多种居住类型，这些居住类型的使用对象各不相同，例如老年住宅通常面向健康、自理的老人，而老年公寓中会有一部分提供给需要照料和帮助的老人。不同居住类型的经营和管理模式也会有所差异，例如有的是出租，有的是出售，入住老人所缴纳的费用也不同。我们曾经在调研某养老社区时发现，由于社区餐厅设在某栋老年公寓里，公寓住户就不希望社区里的其他住户来这里打饭或用餐，认为双方缴纳的物业管理费用不同，其他住户占用了公寓的公共空间，由此还引发出一些矛盾。所以综合型养老社区应在规划布局上将不同的居住类型分区设置，如健康型养老公寓和护理型养老设施，并在一些公共设施和室外环境上也有所划分，形成一定的专属和独立性，以避免管理和使用时出现矛盾。

2）建筑布局形式追随功能

不同的居住类型由于功能配置需求不同，其建筑形式会有所差异。为健康老人而建的老年住宅可以是单元式，而为半自理或不能自理老人设计的住宅通常会采用廊式，走廊及走廊边缘的放大空间兼有活动、服务和管理功能。从建筑布局上来看，健康老人居住的老年住宅与普通住宅类似，可以是单元楼栋状；而

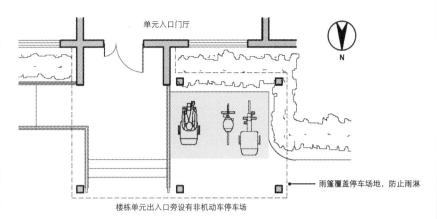

单元入口门厅

雨篷覆盖停车场地，防止雨淋

楼栋单元出入口旁设有非机动车停车场

图 5-48 养老住宅的楼栋单元旁应就近设置非机动车停车场

可提供照护服务的老年公寓出于管理效率的考虑，宜采用集中式居住的形式，建筑内部应有走道连通，建筑布局通常为工字形、王字形、L 字形、E 字形或鱼骨形等等（图 5-49），在保证南向房间最多的情况下兼顾服务人员的工作效率，尽量缩短走廊的长度。

3）养老建筑宜在功能形式上创新

针对旅游休闲度假型的养老社区，还应考虑在建筑功能形式上的创新，以适应多样化的居住需求。例如一些相互熟识的老人可能会结伴入住，也可能会有子女陪伴共同居住，那么就应为他们提供相对私密并具有家庭氛围和独享的活动空间。例如放大廊式公寓的端头部分，设置家庭套间（图 5-50），在需要时可将走廊中的门关闭，使这部分成为一个稳定和独立的空间，走廊也可用作公共起居室；不需要时将走廊的门打开，仍可还原为一般的酒店公寓房间使用。这种处理手法要比普通的廊式公寓更能迎合老人们的需要，满足他们与亲属、朋友、家人共同居住、共同活动的需求。我们建议在一些毗邻风景旅游资源的养老社区中可以采用这种形式。

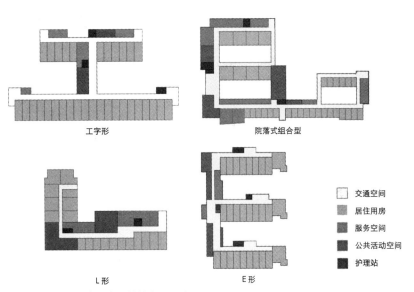

工字形

院落式组合型

L形

E形

交通空间
居住用房
服务空间
公共活动空间
护理站

图 5-49 养老公寓的常见楼栋布局形式

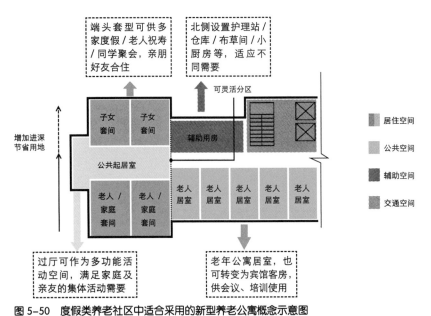

端头套型可供多家庭度假/老人祝寿/同学聚会，亲朋好友合住

北侧设置护理站/仓库/布草间/小厨房等，适应不同需要

可灵活分区

增加进深节省用地

子女套间
子女套间
辅助用房

公共起居室

老人/家庭套间
老人/家庭套间
老人居室
老人居室
老人居室
老人居室
老人居室

居住空间
公共空间
辅助空间
交通空间

过厅可作为多功能活动空间，满足家庭及亲友的集体活动需要

老年公寓居室，也可转变为宾馆客房，供会议、培训使用

图 5-50 度假类养老社区中适合采用的新型养老公寓概念示意图

4. 服务配套设施

在养老社区的服务配套设施规划方面，与老人相关的有以下几个要点：

1）配套设施宜按类型进行合理分区

养老社区的配套设施应注意动、静分区和主、次分区。一些大型、公共、常用的配套设施，例如社区活动中心、老年大学、健身中心等可集中布置在社区入口等人流集中场所，营造热闹氛围，并要注意与老人居住组团动静分开，以免声音上的影响。一些可兼顾对外经营的设施（如医院、药店）可靠社区边沿布置，方便社区内外的居民共同使用。

小型、常用的服务设施宜就近、多点设置。例如小超市、理发店、按摩店、公共餐厅、医疗服务站等与老人日常生活紧密相关的、使用频率较多的服务设施应就近每个居住组团出入口设置，方便老人途经使用。

2）按老人行动能力确定配套设施的位置

常用服务设施不应超出老人的步行适宜范围。我国老人日常生活中的出行方式仍以步行为主[1]，与出行方式较灵活的年轻人相比，老人更需要近便的、步行可及的配套设施。因此养老社区配套设施的位置需根据使用频率和老人的行动能力而确定。据一项针对北京老人出行行为的调查显示，老年人 75.5% 的出行距离都在 2km 以内，62.5% 的出行时间在 20 分钟以内。因此我们建议，社区配套设

---

1 张政等. 北京老年人出行行为特征分析. 交通运输系统工程与信息，2007（12）

施与老人居住楼栋的距离不宜超过上述范围。当社区规模较大，部分公共服务设施与老人居住组团距离较远时，宜设置电瓶车或班车乘载老人出行。

医疗服务站点宜就近老人居住楼栋。随着年龄的增长，老年人因看病而出行的比例也会大幅增加。为了保证老人特别是高龄老人能够方便的到达，医疗值班站点距离老人居住楼栋不宜超过1km。这样也能保证在老人突发疾病时，护理人员可及时地作出反应和处理。

四 关于养老社区规划设计的思考

养老社区是当前老龄化发展浪潮下的新兴事物，在开发模式、经营管理和规划设计等方面都需要进一步探索。综合型养老社区的规划设计有很高的技术含量，需要开发商、设计者掌握全面、系统的知识。在规划时应摆脱对一般居住区规划的既定思维方式，考虑老年人群的特殊要求，并在规划布局和建筑功能形式上进行创新。此外，规划设计要与养老社区的经营模式与后期运营管理统筹考虑，做好灵活应对的准备，实现可持续发展。

养老社区的住宅产品设计要点

随着我国老龄化的日趋严峻，目前市场上已出现了不少位于郊外风景区的养老地产项目。我们近期在参观调研和设计咨询工作中，也接触到了很多这一类型的项目。但现在市场上许多养老社区被人称为是"挂羊头，卖狗肉"，这从一定程度上反映出养老社区的开发建设仍存在许多问题：首先，有些开发商仅是以养老的名义"圈地"，争取土地优惠政策；第二，一些项目只将养老、养生当作口号或卖点，但实际规划设计出来的产品形式和普通住宅没有差异；第三，忽略老年人的居住需求，对老人的需求并不了解。

在这一章节中，我们重点以低密度养老社区为例进行产品设计要点的探讨。首先对于当前低密度养老社区规划设计中存在的问题进行分析，而后从交通空间、老人活动空间、休息空间等几方面提出一些低密度养老社区及相应住宅产品的适老化设计要点，最后将通过 2 个低密度住宅的设计案例，进行应用设计探讨。

一　当前低密度养老社区开发的误区

低密度养老社区的开发究竟存在着哪些问题呢？为此，我们对于目前市场上较为典型的低密度养老社区的产品信息进行了梳理，由此归纳出了当前低密度老年住宅产品的一些设计误区。

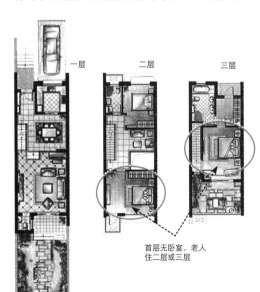

一层　二层　三层

首层无卧室，老人
住二层或三层

图 5-51　联排住宅主卧设在
三层，不适合老人居住

1. 误区一：主卧设在三层

现在许多低密度养老社区选择了联排住宅这一产品类型，这是因为市场上一般认为联排住宅独门独院，档次相对较高。而联排住宅的面宽窄小，一般一楼只能布置下餐厅、起居、厨房，二楼是子女卧室，三楼才是主卧室（图 5-51）。但现在的居住者和购房者中有很多都是已经上了年纪的五六十岁准老年人，主卧布置在三层，势必造成经常上下楼，这给老人的生活带来了很多不便。在这类项目的调研过程中，我们听到一些住户反映，"周末去别墅住了一下，楼上楼下的爬了好多回，回来上班都觉得腰酸腿疼"。并且，随着居住者年龄增大，逐渐步入老年，这类主卧在三层的布置方式给他们带来的麻烦也将会越来越明显。在一家调研时我们看到，一位入住一段时间后的老人由于腿部手术后无法上楼，只得将一楼的厨房改造为卧室，又在其外加建了一个小厨房，空间品质大大降低。

餐厅、起居室之间有高差

2. 误区二：同层中有高差

一些大平层或者普通多层住宅的套型内部本身没有高差，不需要上下台阶，但有部分套型为了追求"别墅感"，在主要空间之间（例如起居室、餐厅中间）刻意设置了几步台阶（图5-52），日常生活时需要反复上下，这对于老人尤其是腿脚不便或乘坐轮椅的老人来讲，十分不利。台阶处十分容易摔跤，不论是老人还是孩子使用时都存在较大的安全隐患。

3. 误区三：老人卧室在北向

很多双拼、叠拼套型将首层全部布置为会客空间，南面宽分配给起居室和餐厅，除了一层北向设置一间客卧之外，其他卧室均在二、三层。当家中有老人长期居住时，由于不便于每天爬楼梯，往往只能居住在北边的这间客卧（图5-53）。北卧室的采光条件不好，并且作为客卧与主要的家庭起居空间距离也较远。这类套型设计只考虑了客房而忽略了老人房，结果使老人长时间居住在北向客卧中，很不利于老人的身体健康。

4. 误区四：卧室、卫生间距离较远

主卧室和卫生间的距离较远也是一些豪宅设计中常会出现的问题。如图5-54中的卧室与

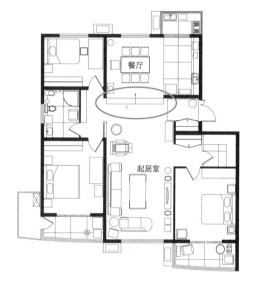

图 5-52　部分套型同层中设有高差，存在安全隐患

图 5-53　老人卧室设在北向不利健康

图5-54 卧卫距离较远，给老人如厕带来不便

卫生间布置在套型的两端，从卧室需要穿过衣帽间、盥洗空间，走较长的距离才能达到如厕空间，给老人使用带来了不便。特别是晚上起夜时，老人要在困倦的状态下走很远才能如厕，容易发生危险，即使是中青年人使用也是很不方便的。

二 我国低密度养老社区如何做到适老化

低密度养老社区的住宅产品具体该如何做到适老化呢？下面从住宅套型的楼电梯设置、起居室和卧室布置，以及空间联系几个方面，逐一进行设计上的探讨。

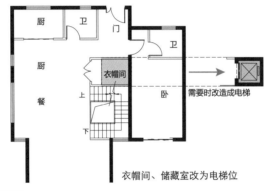

图5-55 设置电梯或预留电梯位置

1. 设置电梯或电梯预留位

目前，大多数的跃层住宅都不设电梯，即使是建筑面积很大、定位很高端的住宅也是如此，给老人上下楼梯带来了很大麻烦。这样使得当老人需要以轮椅代步时，则基本没有使用上层空间的可能。尤其是采用老年人不居于首层的空间组织模式时，更应设置电梯，连接地面层与老人的生活层。当住宅中暂时不需要电梯时，也可留出电梯预留位，例如可以考虑利用衣帽间、储藏室等空间作为电梯预留位（图5-55），以便在将来需要时加装上电梯。

2. 楼梯位置避免与其他动线冲突

老人在上下楼梯时，本就不太方便，而一些套型的楼梯位置往往又设置得不当，很容易构成安全隐患。如图5-56a，楼梯设置在卧室和卫生间中间，老人打开卧室门去其他房间时，

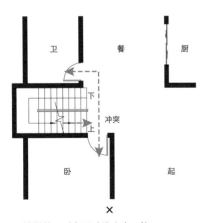

a. 楼梯位置对主要动线产生干扰

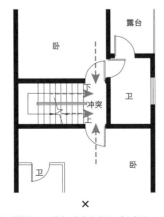

b. 楼梯上下处与卧室门的距离过近

图5-56 楼梯的位置设置不当引发动线冲突

容易与上下楼梯的其他家人相撞；图5-56b中楼梯的上下起步处与卧室门的距离很近，没有足够的空间避让或躲闪，存在发生冲撞或者从楼梯上跌落的危险。

3. 老人起居室的面宽不宜过大

一些豪宅的起居室采用了较大的面宽、进深尺寸，而其间没有再划分区域，除了布置常见的组合沙发外并没有增加新的功能，不但比较浪费空间，并且过大的起居室对老年人而言也是不利的。首先，空旷的起居室缺乏老人行走时能够撑扶的地方，老人容易摔跤出现危险；其次，大面宽起居室的电视视距往往过大，老人看电视时不容易听清或看清。以常见家具尺寸和电视视距为组合沙发的尺寸标准，组合沙发区域的宽度在3300~5100mm之间较为合适。当起居空间的宽度大于此范围时，应考虑划分出其他的功能区域（图5-57）。

4. 尽量在南向布置老人卧室

老人通常需要较好的采光条件，应将老人卧室尽量布置在南向；考虑到老年人上下楼梯的不便，最好能够在首层南向布置老人卧室。在设计低密度老年住宅产品时，我们认为卧室的布置情况由最好到次好的选择顺序为：a. 首层设置两间卧室（均是南向或一间南向、一间北向），可供两位老人分室休息；b. 首层设置一间南向卧室；c. 首层设置一间北向卧室，但需保证该卧室与家庭活动空间临近；d. 首层没有卧室但有电梯或电梯预留位置，方便老人使用楼上的卧室（图5-58）。

5. 考虑空间回游，便于照护老人

在一些面积较大的住宅套型中，为了解决各空间距离较远、家人不便照看到老人的问题，

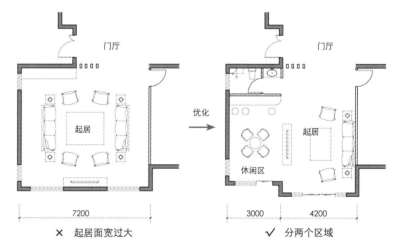

图 5-57 较大的起居室应划分功能区域

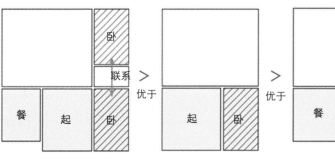

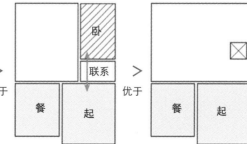

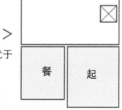

图 5-58 老人卧室布置的优劣比较

可以在老人卧室和起居空间之间设置回游路线，从而缩短老年人在各室之间的行走距离，同时老人在某个空间发生意外并挡住空间入口时，家人可以通过回游动线上的另一个入口进入该空间救助（图 5-59）。另外，回游动线对于增进视线、声音联系也具有重要意义。通过回游路线上门洞的设计，让家人能够及时看到、听到老人的情况和需求。

 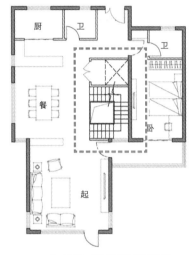

✕ 从卧室到起居的动线过长　　✓ 卧室、起居联系更加近便

图 5-59　加强空间回游设计，缩短流线，增加各空间联系

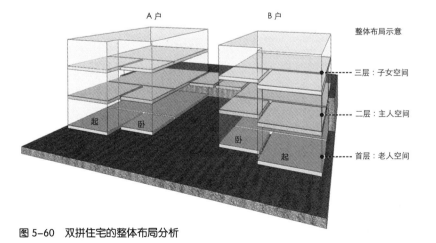

图 5-60　双拼住宅的整体布局分析

三　低密度住宅套型适老化设计案例解析

以上从适老化的角度探讨了当前市场上一些开发误区和可采取的设计手法，下面以湖南长沙某养老社区项目的住宅套型设计为例，进一步分析说明低密度养老社区套型设计手法。

该项目位于湖南长沙市郊区，地形现状为丘陵地。项目定位于养老养生社区，以持续性照顾养老社区（CCRC）为特色。本文主要介绍其中的双拼和联排两种住宅的适老化套型设计。

1. 双拼住宅的套型适老化设计

该双拼住宅的建筑面积在 350m² 左右，位于北高南低的坡地之上。设计依据地形，将套型设计为从南侧可进入首层，从北侧可进入二层的模式，使首层和二层均可直接从室外入户；同时重视老人使用区域的设计，将首层全部划为老人空间，布置了独立完善的生活空间，而二层为主人空间，三层为子女空间（图 5-60）。

在套型设计中，将休闲区、休息区、活动区、护理区就近布置，方便了老人的日常生活，也使护理者的服务流线更加简洁，同时注意各空间的视线联通，便于老人掌握各空间动态，也增进了在不同空间中活动的家庭成员间的交流。具体的套型设计及适老化要点如图 5-61 至图 5-64 所示。

2. 联排住宅的套型适老化设计

目前常见的建筑面积在 250m² 左右的联排住宅，总面宽多在 6~7m 之间，首层南向只能划出 1 个功能空间的面宽，通常用于布置起居

护理区流线简洁
护理人员空间也设置在本层，以便于护理员照料老人。家政间、厨房、工人房紧邻布置，并设置回游路线，使护理流线更为简洁。

南向老人休闲区与休息区并置
两个南面宽分配给了老人卧室和起居室，使老人的休息和生活空间都有良好的朝向。

设置老人室外活动区
在南向设置了老年人室外活动场地，方便老人在室外晒太阳或锻炼身体。同时设置独立出入口的条件，当家中来客人而老人不愿意相互干扰时，可以独立出入。

老人休息区设置卫生间
老年人的如厕频率较高，因而为老人卧室配置了卫生间。日后如有需要，还可将两个卫生间合并以扩大空间。

布置菜园营造交流区域
很多老年人都有种菜种花的爱好，因而在南向庭院外布置了一块菜园，两户相邻，两户的老人可以在此交流。

图 5-61 首层（老人空间）功能区就近布置

视线通达性设计
通过对各空间的相对位置以及门窗洞口的设计，使老年人的起居、餐厅，以及卧室、家政间、入户庭院等空间之间都有直接的视线联系，便于老人观察各空间的情况，同时也方便照应。

1. 餐厅与楼梯间的视线联系
2. 餐厅与厨房的视线联系
3. 餐厅与家政间的视线联系
4. 餐厅与老人卧室的视线联系
5. 起居与餐厅的视线联系
6. 起居与楼梯间的视线联系
7. 起居与阳台的视线联系
8. 起居与大门的视线联系
9. 厨房与家政间的视线联系
10. 家政间与老人卧室的视线联系
11. 老人卧室与阳台的视线联系
12. 阳台与大门的视线联系

图 5-62 首层（老人空间）视线设计考虑各空间的联系

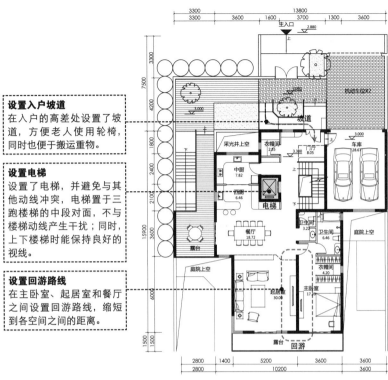

设置入户坡道
在入户的高差处设置了坡道，方便老人使用轮椅，同时也便于搬运重物。

设置电梯
设置了电梯，并避免与其他动线冲突，电梯置于三跑楼梯的中段对面，不与楼梯动线产生干扰；同时，上下楼梯时能保持良好的视线。

设置回游路线
在主卧室、起居室和餐厅之间设置回游路线，缩短到各空间之间的距离。

图 5-63　全面考虑保障老人无障碍通行（二层平面图）

图 5-64　二层车库空间变为其他空间使用的情况

室，难以设置老人房间。本设计打破了这种常见布局，将2个套型的南面宽结合起来考虑，南面宽分配给起居室、卧室、起居室3个空间，其中一户的首层布置老人卧室，另一户布置在二层南向，并设电梯，增强了卧室的可达性（图5-65）。

在套型设计中，通过回游动线、电梯配置、入口坡道的设计，充分考虑老人在室内外活动过程的无障碍化。此外，在空间布置中，注意老人各生活空间的就近布置以及与其他家庭成员生活空间的关系，并考虑了空间使用的灵活性。具体的套型设计及适老化要点如图5-66至图5-68。

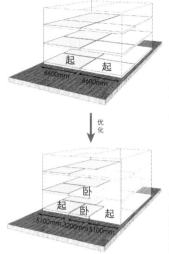

常见250m² 联排住宅
总面宽 6600mm
首层南向一个大面宽的起居室难以布置老人房间

优化

优化说明
增加卧室
重新分配一层面宽
南面宽中增加一间老人卧室

图 5-65　联排住宅通过优化面宽分配增强卧室可达性

四　关于养老社区住宅产品设计的思考

住宅的适老化设计需要得到重视。社会老龄化的"井喷"时代就要到来，目前郊区建设的大量低密度住宅将会有越来越多的老年人居住。其中五六十岁快要退休的人，可能是今后低密度老年住宅的主要购买者和使用者，他们的思想跟以前老年人有所不同，对郊外舒适住宅的要求也非常高。大家都说开发商做养老项目另有目的，而在我们接触中发现，很多开发商也想做适合老年人的住宅，但是对这一领域还不太了解，有时也不知如何下手。低密度老年住宅需要"挂羊头卖羊肉"，在设计中不能妥协和忽略老年人的实际需求，也不能把适老化想得过于简单。

目前的产品设计对适老和高端的关系认识存在误区，认为做高端就做不到适老，或者高端就是适合老人都是不正确的。适老化是精细化设计的一部分，不但对于老年人，对普通人而言也是很有意义的。我们相信，只要用心就一定能够做好真正适合老年人居住的住宅，也一定能够很好地为老服务。

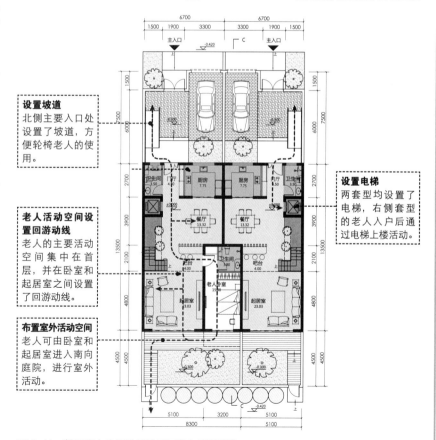

设置坡道
北侧主要入口处设置了坡道，方便轮椅老人的使用。

设置电梯
两套型均设置了电梯，右侧套型的老人入户后通过电梯上楼活动。

老人活动空间设置回游动线
老人的主要活动空间集中在首层，并在卧室和起居室之间设置了回游动线。

布置室外活动空间
老人可由卧室和起居室进入南向庭院，进行室外活动。

图 5-66　首层老人生活活动线注重回游与无障碍化

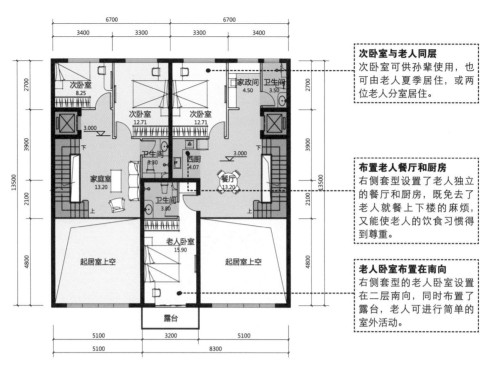

次卧室与老人同层
次卧室可供孙辈使用，也可由老人夏季居住，或两位老人分室居住。

布置老人餐厅和厨房
右侧套型设置了老人独立的餐厅和厨房，既免去了老人就餐上下楼的麻烦，又能使老人的饮食习惯得到尊重。

老人卧室布置在南向
右侧套型的老人卧室设置在二层南向，同时布置了露台，老人可进行简单的室外活动。

图 5-67　二层老人卧室与孙辈卧室同层，并布置西厨及小餐厅

休闲室设折叠门
休闲室与家庭室之间设置大面积的折叠门，两空间可分可合，同时也能改善家庭室的采光。

布置小冰箱
在三层设置了小冰箱等家电，免去了主人休闲时拿取食物往返一层与三层之间的麻烦。

书房和卧室临近布置
右侧套型为主人提供了南向书房，书房同时也可作为卧室，供男女主人分室休息使用。

图 5-68　三层主人居住区有较完整的休闲活动空间

第六篇　住区环境

CHAP.6　RESIDENTIAL ENVIRONMENT

住区户外环境的适老化设计建议

近年来伴随我国住房市场的快速发展，居住区户外环境设计的重要性日益凸显，但同时也暴露出过度重视景观化，而忽视实际生活使用的问题，尤其给老年人的居住生活带来诸多不便。在本文中，我们将首先从开发商、设计师、购房者等不同主体的角度分析问题的成因和表现，接着结合老年人户外活动的需求，提出面向适老化的户外环境设计原则，以及关于户外环境不同类型的活动空间、户外设施以及园林要素的设计要点。

一　居住区户外环境适老化现状问题

随着我国住房市场的不断发展，居住区户外环境日益成为开发商、设计师和购房者共同关注的重要因素，也成为决定居住区档次定位和生活品质的关键。在户外环境设计中，园林化和景观化成为当下的普遍潮流，但在一幅幅看似美轮美奂的图景背后，却暴露出不少实际使用不便的问题。尤其面对当前快速老龄化的趋势，老年人作为居住区环境使用时间最长、最为频繁、也最为敏感的重要群体，他们的生活需求却往往在环境设计和建设中被极大程度地忽视了，归纳其症结主要体现在以下四个方面。

1. 地产开发的逐利诉求，导致景观设计局限于视觉冲击

图6-1　社区户外环境设计仅追求"景观化"，而忽略实用性

房地产商作为企业主体，受到短时间内将楼房售出这一赢利目标的驱动，因此高度重视居住区户外环境设计的"景观化"效果。高低错落的景观植栽，趣味多样的小品铺装，搭配装修精致的样板房，成为当前地产销售环节中至关重要的营销手段，并以其成本低、效果显著、视觉冲击力强等特征，而备受开发商青睐（图6-1）。但这也使得景观设计在地产开发中的作用和定位更多局限于前期售房阶段，从而陷入过度追求视觉效果和销售拉动的误区，缺乏对于业主入住后生活使用的考虑。例如

下例某居住区内部的人行道，为了增加绿化率采取汀步形式，结果将那些行动不便或是推着婴儿车和购物车出行的妇女、老人排挤到车来车往的机动车道上，在实现高绿化率和园林化效果的同时，却增加了很多不安全因素（图6-2）。

2. 设计师重技法缺体验，设计作品强调形式却不便使用

近十多年来高速发展的房地产市场，孕育出一大批年轻的设计师。他们学习掌握了一些设计手法和技巧，在设计中喜好形式上的美感，追求曲线、折线的构图美，却大多缺乏对于这些构图元素背后实用性问题的深度思考；加上生活阅历和体验的不足，尤其对于老年人生活方式和行为模式缺乏了解，导致图面效果颇具美感的设计作品，在实际建成投入使用后常常给老年使用者带来诸多不便。例如图6-3所示，某小区内方形构图的树凳，采用光滑面砖和坚硬的转角处理，给周边活动的老人和游戏的孩子带来很大的安全威胁。

3. 景观专业在设计环节的后期加入，导致环境设计质量难以保障

近些年来为了追求开发效率，开发一个居住区的设计周期从前期策划到规划设计，往往只有数个月甚至更短的时间，而景观环境设计通常被置于整个设计环节的末端，留出的工作时间极短。由此导致设计工作仓促进行，难以保证成果质量。进而还导致其地位上的被动：景观环境设计往往等到楼栋布局、建筑设计、设施配套等设计工作基本定稿后才开展工作，可调整的余地非常小。

图6-2 追求高绿化率和园林化的人行道，不便步行而无人使用

图6-3 带尖锐转角的树凳，对于周边活动的人群造成安全威胁

在一味追求高容积率的住区规划模式下，室外公共活动空间的布置仅仅以满足最基本的规范要求为出发点，至于场地放在哪里，谁来用以及如何用等问题都来不及考虑，也难有腾挪调整的空间。一些活动场地被放在边角地段，导致空间闲置，无人问津；或是晨练与跳舞场地紧邻楼栋布置，容易打搅临近居民的睡眠休息，尤其是年轻人家庭由于作息时间与老年人差异较大，甚至出现因不满而驱赶老人的冲突行为。例如，2013年冬天，有人用鸣枪、放藏獒、泼粪等过激行为来抵制广场舞，导致广场舞扰民事件不断升温。

图 6-4　小区公共空间内看护小孩的老人无处休憩

图 6-5　健身人群因无处搁置随身物品，不得不将其挂在健身器械（左图）或树枝（右图）上，导致器材的正常使用受到影响或是树木遭到破坏

4. 社会对老年人重视度不够，老人活动需求难以得到有效保障

当前大部分家庭的购房行为中，主要以年轻人上班是否方便，孩子是否能进好学校作为出发点，而对于家里的老年人却往往重视不够，导致老人的居住活动需求难以得到有效满足。对于设计师而言，提到社区规划设计中适老的部分，绝大部分都是围绕国家规范中有关无障碍设计的基本要求展开，多数想到的是设置坡道、扶手和地面无高差等，而这些远远无法满足老年人健康生活的多层次需要。例如，在许多居住区内部的活动和休憩场地中，座椅的数量严重不足，有的即使有摆放位置也不当，使老人不得不自带折叠小板凳或是坐在路牙石上休息（图 6-4）。活动场地内搁置物品的空间也常常短缺，导致老人参加健身活动时，只能将随身物品挂在场地旁边的树枝或公共器械上，造成不便和树木等的损坏（图 6-5）。

二　面向适老化的户外环境设计原则

老年学研究显示，老年人进行适度的健身、交往等户外活动，是维系他们身心健康乃至保障整个家庭生活质量的重要途径。老年人由于行动能力的衰减，买菜、锻炼、休闲娱乐和社会交往等日常活动基本集中在以住家为中心的居住区范围内展开，而适老化的户外环境设计，有助于吸引他们走到室外，充分享受阳光和交往的愉悦——这不仅体现出规划设计工作的社会价值，更是每一个规划设计人员的责任所在。

反思前文中描述的诸多问题，其实大部分

都可以在前期设计阶段，通过人性化、精细化的规划设计予以避免，同时能创造出更为宜人、充满活力的居住区生活氛围。我们总结发现有以下几个方面的设计原则需要引起关注。

1. 从景观化到人性化

转变当前居住区户外环境设计单一指向"景观"设计的狭义定位，而将其作为多方位满足使用者户外活动需求的"整体性"环境营造，包括肢体活动、视觉、听觉、嗅觉以及心理体验等多个层次。这就要求开发主体从单纯注重"看相"的"以景观促卖楼"的开发模式，转向以人性化取胜的"以口碑立品牌"的经营模式，这也是当前房地产市场日益走向成熟的必然趋势。

2. 从形式化到实用化

评价一个居住区户外环境设计的水平高低，绝不能单纯依据图纸上的构图与形式，而应深入思考设计内容在实际使用中的效果。尤其考虑到老年人在户外环境中的脆弱性和敏感性，一点微小的高差变化或是日照风向都可能对他们的活动产生很大影响，这就需要设计人员更多地深入了解老年人的生理和心理需求，不但重视理论知识的学习，更应走进生活，从实际体验中不断总结经验教训。

3. 设计从末端环节到全程推进

居住区户外环境设计，不能简单归结于景观园林专业人员的任务，而是涉及用地布局、楼栋设计以及市政设施规划等多专业的协作产物，因而户外环境设计工作需要全面贯穿于居住区规划设计的整体过程。从居住区规划设计的前期策划定位阶段开始，就将户外环境生活的内容和空间需求，视为与容积率、户型等同等重要的考量要素，进行统筹规划，并在后续的规划设计和开发建设过程中不断落实和进行相应调整。

4. 从健康安全到全面发展

适老化社区环境设计，绝不仅限于保障老年人安全出行的无障碍设计，而是强调尽可能多地满足老年人居住生活的多层次需求，即从健康安全到社会交往和自我实现的情感诉求。为老年人创造更多更好的休闲和交往空间，帮助他们走出身体机能下降、社会地位丧失和家庭联系减少等"多重失去"的困境，从而营造积极向上的社区氛围。

三　居住区户外环境适老化设计要点

居住区户外环境中，老年人最常使用的通常有以下六类活动空间：活动区、散步道、小型交流场所、安静休息区、儿童游乐区、停车空间。这里分别将其要点总结如下：

1. 活动区

老年人要保持健康的身心，一个重要的途径就是走到户外，与阳光、空气亲密接触，开展丰富多彩的健身和文体活动，从而达到强身健体、愉悦心情的目的。活动区的设置，正是为老年人开展这类活动提供的一种较大的开敞空间，是居住区户外环境中最重要，也是从适老化角度而言不可或缺的一种场地。

活动区的设计要点包括：

1) 居住区中应至少布置 1~2 个具有一定规模的完整广场，使人们能够开展一些主题活动，如跳舞，打太极，做操等。

2) 场地的位置不要离楼栋太近，以免影响其他居民的作息。例如可以设置在居住区边缘地带，或住宅楼栋的山墙侧边。

3) 不同活动主题的各类场地可以相邻布置，方便活动者"串场"，场地之间既能互相望见，又应适当避免相互间的声音干扰（图 6-6）。

4) 场地大小取决于参加活动的人数和内容，集体活动场地建议考虑 10~20 人共同活动为宜。

5) 场地旁应有休息座椅和放置物品的台面，并宜配置电源。为老人存放和挂放衣物及物品提供便利，并且最好在老人的视线范围之内。在场地内预留电源插口，供播放跳舞曲目使用。

6) 考虑场地朝向和周边绿化的布置，为活动区提供更多的阴凉，避免阳光的直射。例如将高大落叶乔木重点种植在跳舞场地的东西两侧，保证夏季场地早晚大部分时间处于阴影中，冬季则由于树叶掉光而拥有较好的阳光照射。

7) 场地朝向应考虑光线、风向等条件，还应方便旁人的观看与加入。例如，考虑大部分集体活动的开展时间为早上或傍晚，为避免阳光影响视线，领操台或表演台的位置宜避免东西朝向（图 6-7）。

8) 场地铺设应注意平整、防滑，并考虑某些特殊活动的要求。不必过分追求美观。例如，大理石铺地虽然体现档次，但造价昂贵且雨雪天易滑，一般情况下不建议用于居住区室外活动场地。

9) 健身器械区应主要安装运动量较小的健身器械，以更好地满足老年人健身需求。同时，健身器械区宜结合儿童活动场地设计，方便老人看护儿童的同时锻炼身体（图 6-8）。

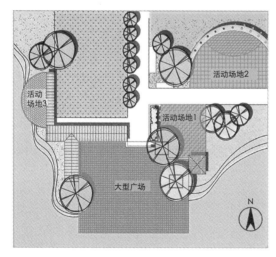

图 6-6　活动区不同场地的相邻布置，保证视线联系的同时，避免声音干扰

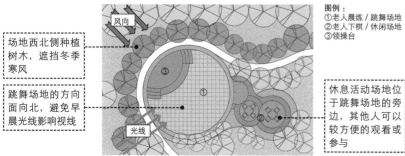

图 6-7　老年人跳舞场地的设计要点

2. 散步道

独立于机动车道路的散步道，能满足老年人快步健身或是休闲漫步的需求，同时还能欣赏景致、偶遇朋友。

散步道的设计要点包括：

1) 散步道应长而循环，围绕景观区布置，并使其途经主要活动区，创造机会促进老人之间交流。使老人能在散步途中碰到熟人打招呼、顺路买东西。

2）散步道应与居住楼栋的单元门口有很好的衔接，方便老人出入。

3）步行道路在长度及步行难度方面建议要具备多样性，让老人可根据自身情况选择路线（图6-9）。

4）散步道两边的植物要多样有趣且不要过于密集，保持视线畅通，有利于增加老人的安全感。

5）避免漫长而笔直的步行路线，在适当的距离应该设置休闲座椅方便老人停留休息。

6）路面必须保证无障碍设计，并保持在社区内部的连续性，注意雨雪天气时的防滑处理。对于比较长而且有坡度的起伏地面，必要时须加设扶手。

7）根据场地条件，部分散步道可以设计成联系各楼栋和社区服务设施之间的带遮蔽的连廊，方便老人在各种气候条件下的出行活动（图6-10）。

8）散步道岔口不宜过多，沿路设置明确的标识，以免老人迷路。

3. 小型交流场所

闲聊和棋牌等小型社交活动有助于让老年人重新融入社会，并实现自我认同。居住区内的小型交流场所，不仅需要满足这类社交活动的开展，还需要考虑在其周边为更多的旁观者和潜在参与人群提供空间。

小型交流场所的设计要点包括：

1）小型交流场所应注意日照，风向以及道

图6-8 结合儿童游乐设施布置的健身器械区吸引了不少看护小孩的老年人

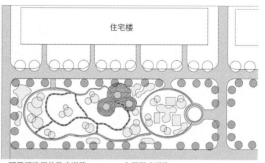

可灵活选择的散步道路 ----- 主要散步道路 ——

图6-9 具有多种选择路径的散步道

图6-10 结合连廊设计的散步道，可避免不利天气的影响

路等因素的影响。例如在某些道路转弯处可适当放大空间，以方便老人的停留和交流。

2）小型交流场所宜设置桌椅方便老人打牌下棋。在桌椅的设置上，考虑到老人经常扶着桌子辅助起坐或保持身体平衡，应注意设施的

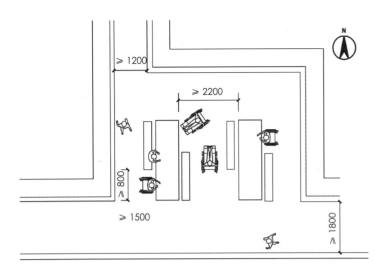

图6-11　桌椅之间的过道空间应便于轮椅通行

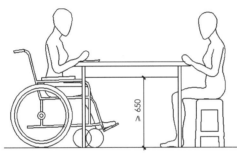

图6-12　桌下空间的高度应适合坐者腿部方便插入

图6-13　面向活动场地的安静休息区，相对独立又能保证良好的观景需要

稳固性。为防止老人磕碰受伤，桌椅的边角应做成圆角形式。

3）通道空间大小应考虑轮椅老人的通行及使用。桌子至少有一面不设固定的座椅（图6-11）。

4）桌下空间的高度应保证老人及轮椅老人的腿部能方便地插入。桌面距离地面高度一般不超过800mm，桌面下缘距地不低于650mm（图6-12）。

4. 安静休息区

应设置安静的休息区，以便于老人进行较为安静和私人的活动（如休息、聊天、晒太阳或观望等）。

安静休息区的设计要点包括：

1）老人喜欢坐着观望，因此在景观较好或者人流活动的地方，应相应设置一些安静区域，吸引老人休憩观景（图6-13）。

2）安静休息区距离主要步行道不宜过远，应保证与邻近步行道上行人的视线联系，以利于发生危险时能及时被发现。

3）场地布置应满足向阳挡风的要求。例如在休息区后面设置挡风墙，高度以过人为宜。如有廊架空间，则可以结合柱子布置局部墙体，达到挡风效果。

5. 儿童游乐区

老人往往是儿童在小区内活动时最重要的监护者，儿童游乐区也就成为那些看护小孩的老年人活动的重要场地。因而在场地设计上要充分考虑儿童和老人的互动关系，强调安全性的同时，为老人照顾儿童提供便利。

儿童游乐区的设计要点包括：

1）儿童游戏器具旁边应设置休息座椅，方便老人监护儿童，并提供老人交流谈话的场所。

2）儿童游乐区可以与老人活动场地结合设置，便于老人在活动的同时看护孩子（图6-14）。

3）儿童游乐区不宜设置水体，如设置应在附近加设护栏等防护设施，以降低安全事故的发生概率。

4）器具和场地应防止老人磕碰、绊脚，保证使用安全。

6. 停车空间

对于很多老年人而言，自行车、三轮车、电动车、残疾人车等出行辅助工具几乎成为他们每日不可或缺的代步工具，但由于在居住区设计和建设中往往缺乏对这类车辆停车场地的考虑，导致乱停乱放、阻碍交通等现象层出不穷，甚至成为物业与居民斗争的一个焦点。良好的停车空间应充分考虑这类非机动车的停放需求。

停车空间的设计要点包括：

1）在各楼栋单元出入口附近，设置专用的非机动车停车空间。可以单独设置半地下停车空间，或带遮阳设施的停车场地，或选择在山墙面附近。

2）如果楼栋入口场地有限，也可以将一些小型的路边空地或口袋空间开辟为停车场。可以结合休闲空间设置，以提高人们对于这部分空间的使用意愿（图6-15）。

3）地面停车空间可能会对一楼住户造成视线干扰，需要在户型设计中进行相应的调整。

图6-14 结合老人活动与儿童游乐的场地热闹非凡

图6-15 楼栋单元出入口附近宜设置非机动车停车场地

四 居住区户外设施及园林要素适老化设计要点

1. 地面铺装

老年人动作较为迟缓，且骨质疏松，稍有不慎容易跌倒摔伤，从而带来十分严重的后果。因此，需要高度关注地面铺装材料和铺装方式。

居住区室外铺装的设计要点包括：

1）集中活动场地的地面铺装应选择表面均匀、防滑、无反光、透水性好、平整度高、富有弹性的材料。

2）大面积的活动场地，应保持地砖之间的接缝小而平坦，过渡自然，不宜使用接缝过大的材料。

3）对于坡道铺装，需要避免过度的防滑处理，如切割过大，过深，会给轮椅及拐杖的使用造成不便，并易发生绊脚的危险。应选用吸水或渗水性较好的面材，如透水砖等。

2. 绿化和水体

亲近自然是老年人的普遍喜好，良好的绿化和水体设计能很大程度上提升老年居民的愉悦度。

户外绿化植栽和水体的设计要点包括：

1）老人普遍视力下降，对于他们而言花朵和果实形态较小的植物，观赏性将大大降低。可配备一些花、叶、果较大的观赏植物，例如马褂木、玉簪、向日葵等，以吸引老人的注意和兴趣。

2）活动场地周边的植物配置应避免过度密集，防止遮断场地与周边地带的视线联系。让其他活动者能方便地看到户外活动的老人，有助于在老人出现意外情况时及时救助。

3）水池、花池等景观小品要便于轮椅老人接近，方便触摸、观赏（图6-16）。

3. 休息座椅

在各类老年人活动场地中，休息座椅都必不可少，为老年人提供停留、休憩、交流和思考的空间。

休息座椅的设计要点包括：

1）休息座椅可设置在热闹的场所，座椅面向人流、活动场地摆放，老人可以坐在那里观看别人的活动。

2）休息座椅周围注意遮阳设计，可利用植物及景观构筑物进行遮阳，或者设置一些可移动的遮阳伞（图6-17）。

3）座椅形状应便于使用者交流和搁置物品，通常而言长条座椅比单个座椅更受欢迎，方便老人交谈、看护儿童以及搁置物品（图6-18）。可在座椅旁布置放物品的平台。

4）应该相应设计座椅的靠背和扶手，便于老年人的倚靠和起立撑扶。

5）座椅边要留出轮椅空间，可以让使用轮椅的老人参与到交谈中。

图6-16　水池设置的正误对比

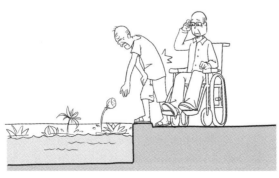

×

√

4. 标识系统

考虑到老年人在记忆力和空间辨识能力的衰退现象，在居住区内部一些重要的活动场地或路口地带，都需要设置清晰明确的标识系统。

标识系统的设计要点包括：

1）标识系统应清晰、明确，字体尺寸要大，便于老人识别。

2）标识物表面不宜采用反光材料、以免眩光。

3）标识系统在使用颜色作标识时，建议用黄、橙、红等亮色，不要用老人不宜识别的蓝、紫色系；字体与背景要有强烈对比。

4）标识牌等的高度要适宜，要同时兼顾到站立老人和轮椅老人的观看。

5）为方便老人夜间观看，部分标识物要考虑夜间照明，例如门牌号等。

5. 其他设施

老年人由于身体原因，如尿频尿急，视力弱等，对公共卫生间、照明装置等公共设施的需求度相应增加。

图 6-17　结合遮阳设计的座椅很受老人和孩子欢迎

公共卫生间和照明装置的设计要点包括：

1）在较大规模的集中活动场地附近宜设置公共卫生间，解决老人活动的后顾之忧。调研发现，不少老人因为担心活动时无处上厕所，整个活动过程甚至之前的一段时间内都不敢喝水，给身心都造成了很大负担。

2）除了常规必须设置的道路路灯以外，对于存在高差及材料变换的场地，例如台阶等地

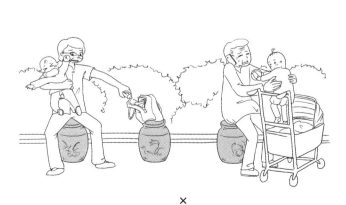

✕

✓

图 6-18　座椅形式的正误对比

方，必须提供局部重点照明。居住区日常活动场所在夜间不能出现明显的阴暗区域。

五 关于住区户外环境适老化设计的思考

2013 年 7 月 1 日，修订后的《老年人权益保障法》在全国付诸施行。新法首次增设了宜居环境一章，对国家推进老年宜居环境建设作了原则规定，有助于为老年人日常生活和参与社会提供更为安全、便利、舒适的生活环境。更为重要的是，它以法律的形式表明，拥有适宜的居住和活动环境，是老年人健康积极生活的基本权利。近年来，我国开展了老年友好型城市和老年宜居社区的创建活动，但总体上实践还相对滞后，整个社会尚未达到这样的认识高度。我们必须看到，让每一个人在晚年都能享有自在生活的权利，是社会文明先进的表现。体现在居住区环境的规划设计中，需要将适老化原则放在重要的位置，不仅在认识上实现从满足老年人基本生活需求到尊重权利的转变，而且在相应的法律规范和技术手段上也要不断完善。力求通过良好空间环境的营造，引导健康老龄化和积极老龄化的社区发展。

住区儿童户外活动场地设计建议

本文通过对城市中的特殊人群——儿童在城市住区户外环境中的游戏行为进行实地观察，总结出儿童的基本户外活动规律，并对当前北京城市住区中游戏场所普遍存在的问题进行了剖析，进而对城市住区儿童户外游戏环境，尤其是游戏场的设计提出一系列具体建议。

一　对当前儿童游戏场所的观察记录与场景解读

几乎每一个成年人都会对自己童年的居住环境有难以磨灭的印象并怀着无比美好的情感。作为儿童最重要的成长环境之一，城市住区无疑承担着关键的作用，因为住区的户外环境为儿童提供了最直接的游戏场所，并与儿童在家庭中的生活密切相关。然而，我国当前住区儿童游戏环境的设计现状并不能令人满意，对住区游戏环境设计中的问题还普遍存在认识上的误区，这表现在很多住区规划者和环境设计者忽视儿童户外游戏的基本需求，对儿童的行为心理缺乏了解，意识不到儿童游戏环境对儿童的健康成长所起到的重要作用。游戏环境往往被视为住区规划和环境设计的细枝末节，或者认为只要提供满足规范要求的场地，做一个沙坑，添置几件游戏器具即可。然而，儿童所真正需要的远远不止这些。

为了了解当代城市住区户外儿童游戏环境的真实情况，探寻儿童的户外活动规律和游戏需求，并期待发现设计上存在的问题，笔者对北京一些有代表性的城市住区进行了实地考察。通过亲身体验、观察、客观地记录以及分析思考，对所观察到的现象和发现的问题予以解读和剖析，以考察报告的形式呈现如下。

考察对象：北京城市集合住宅小区

考察目标：儿童游戏行为与游戏环境

考察方式：观察法，利用照片、手绘草图及文字做现场记录

考察时间：春夏秋冬四季，上午、中午、下午、傍晚

1. 华清嘉园

游戏场占地面积约 100m²（约 10m×10m），处于社区中心广场的一端，与广场之间用矮绿篱相隔，呈现半封闭的状态。场地与周围有一定高差，靠台阶和坡道相连（图 6-19、图 6-20）。

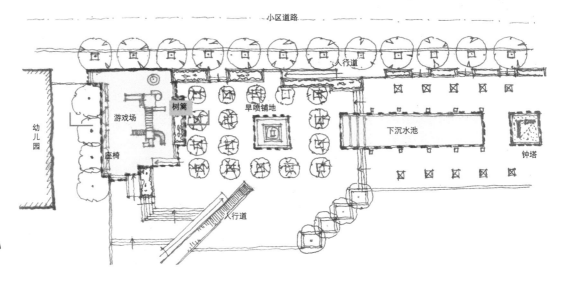

图 6-19 华清嘉园社区中心
广场平面示意图

图 6-20 游戏场剖面示意

场景解读

从观察中发现（表 6-1），儿童游戏的方式根据年龄段不同可分为：

A、1~2 岁　家长带着玩

B、3~5 岁　家长看着玩

C、6~10 岁　孩子自己玩及和家长一起玩

• 上午及傍晚为 2~5 岁儿童的最佳户外活动时间

2~5 岁儿童的最佳户外活动时间大约在上午 10：00~12：00 以及傍晚 17：00~19：00。偏向在上午活动的主要原因是这个时间段阳光

充足，空气新鲜，同时也是儿童一天当中精力较为充沛的时间。但是在夏天，由于上午的日光比较强烈，如游戏场暴晒在阳光下，家长会带着孩子到有阴凉的地方，不会选择游戏场。偏爱在傍晚活动主要是因为家长下班后可以陪孩子一起玩，且无论哪个季节，傍晚的温度都比较适宜户外活动。

• 6~10 岁儿童以游戏场为中心扩散在整个小区中游戏

2~5 岁儿童的游戏对他人几乎无干扰，而 6~10 岁儿童的游戏会对他人产生较明显的影响，如噪声、破坏性、快速的奔跑打闹对他人

第一次　夏天　上午 10：30~11：30　晴			

游戏场空无一人，多数家长和保姆带着孩子（2~5 岁）聚集在社区广场的一端，在树荫下和钟塔的阴影下活动	孩子喜欢围绕钟塔转圈	稍大一点（6~10 岁）的孩子，在路上和广场上骑车或滑轮滑	没水的下沉水池，成为儿童理想的轮滑场，界限明确且比较安全

第二次　冬天　上午 11：00~12：00　晴	

游戏场上有十几个孩子在玩，年龄处于 2~5 岁之间，其中约有一半正在滑梯上玩，其他的在家长的带领下，在游戏场的空地上和游戏场周边玩耍或观望其他小朋友	两个 6~10 岁之间的大孩子，在水池的边上放鞭炮。长时间专注于自己的游戏，并不在意身处阴影中

第三次　春天　下午 6：00~6：30　晴			

游戏场热闹非凡，各种年龄层次的人群在此会聚交流，成为整个住区最活跃区域	一群孩子在干涸的水池里追逐奔跑，爬上爬下，把整个广场都当成他们的游戏场	孩子们沿着铺地图案进行绕圈比赛，大人们在旁边鼓励加油	一个男孩钻进树篱，吸引其他小朋友也来体验这种躲藏的快乐

孩子们十分喜欢钟塔下铺满卵石的狭小空间，沿着高墙转圈，不时从缝隙中穿过，发现着什么	两个孩子在桥下玩土，乐此不疲	过一会，几个男孩子又把下沉水池当成了足球场	

造成的危险。同时他们可以自由的活动并可能会出现在社区的任何地方，是社区中的"游牧民族"。精力旺盛的孩子们不会局限于固定的游戏场，而会把整个广场甚至整个小区作为他们的游戏天地。但游戏场依然是一个中心，它吸引孩子们来到这里，然后他们会暂时跑开，再跑回来。游戏的气氛就这样向外扩散。

- 儿童喜欢丰富、热闹的环境，自我寻找发现能力强

儿童喜欢丰富的环境，喜欢热闹，喜欢和别的小朋友尤其是比自己大一点的小孩在一起玩。寻找和发现是儿童最具特征的行为，对石

子和土的兴趣极大，因为总能在石子中发现什么，而土则由于没有形状，玩出花样的可能性最大，也最容易释放想象力。

孩子们会创造性地利用环境中的一切，丝毫不会理会它们原有的功能。如下沉的干涸水池，广场铺地的图案都成为他们的舞台和道具。

2. Soho 现代城

游戏场平坦，无任何高差变化。高于孩子视线的绿篱围在北面形成屏障，向南则是开放的。绿篱被设计成简单的迷宫形式，富有趣味。

儿童游戏行为观察 Soho 现代城调研实录　表 6-2

第一次　冬天　上午 9：50~10：30　晴			

整个游戏场处于阴影之中，空无一人，直到十点多，幼儿园的孩子们在老师带领下，集体来到游戏场，进行有组织的游戏	几个保姆带着小孩在阳光明媚的大台阶上活动，高台上没有防护栏杆，小孩在上面奔跑，和保姆玩掷球的游戏，看似较为危险	当保姆和家长看到游戏场上已经有一群孩子在玩时，也把孩子带到游戏场，虽然不能加入，但在一旁观看也能感受到那种快乐的气氛	10：30 是幼儿园早操的时间，幼儿园成了整个住区的活力中心和关注的焦点，带孩子的父母把孩子领到附近观看，也有行人驻足围观
第二次　冬天　下午 4：30~5：00　晴			

游戏场依然处于阴影之中	两个小女孩在家长看护和帮助下荡秋千，三个男孩儿在追逐打闹，游戏场的设施对他们来说仿佛毫无吸引力	约 1.5m 高的绿篱围墙形成的迷宫则成为孩子们追逐和捉迷藏的理想场所。绿篱同时遮挡了寒冷北风	

场景解读

对 Soho 现代城的儿童游戏行为进行调研观察之后（表 6-2），分析发现：

• 游戏场应至少保障上午与傍晚的阳光照射

冬天的上午，袒露在阳光下的场地是 2~5 岁儿童最好的去处，而处于阴影中的游戏场则不适合儿童活动（图 6-21）。游戏场应设置于阳光能够长时间照到的位置，如果条件有限，至少应该使上午（10：00~12：00）和傍晚（17：00~19：00）的阳光能够照射到游戏场，因为这是儿童户外活动最为频繁的时间。但同时，完全将游戏场地暴露于阳光下，在炎热的夏天就会成为无人光顾之地。建议在恰当的位置种植合适的树木，以过滤正午和下午的阳光。

• 可以进行躲藏的"迷宫"式空间受到孩子们喜欢

通过对绿篱进行巧妙设计，可以营造这样的空间，这也为孩子们玩"捉迷藏"创造了条件（图 6-22）。在华清嘉园案例里，即便是没有经过空间设计的绿篱也已经起到了这样的效果。

• 场地中应考虑进行冒险性游戏的可能

培养孩子的冒险精神和保护孩子的安全是一对矛盾，但更多的时候，与其他人相比，家长可能在安全方面顾虑过多，而不让孩子进行看似危险的活动。然而，冒险性的游戏对于儿童的成长帮助极大，因为这是增强他们的自信心的最佳方式（图 6-23）。

• 场地设计需要趣味性、变化性景观元素

同多数住区游戏场一样，该游戏场地缺乏高差及铺地变化等富有趣味的设计元素。拥有游戏设施就是拥有游戏场是一种肤浅的看法。如果我们看一下路易斯·康和野口勇合作设计

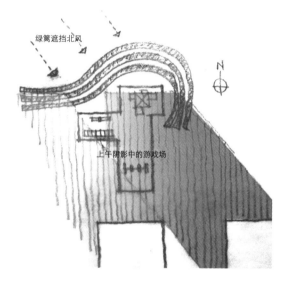

图 6-21 上午处于阴影中的游戏场

图 6-22 树篱迷宫的空间尺度

图 6-23 冒险性游戏

图 6-24　纽约河滨公园游戏场

图 6-25　干涸的河床成为石头游戏场

的纽约河滨公园游戏场方案，就会意识到没有游戏设施一样可以通过景观设计的手法让游戏场充满趣味和挑战，甚至可以成为一件雕塑艺术品（图 6-24）。

3. 富力城

富力城的游戏场面积只有几十平方米，设施也很简单，与住区的巨大尺度很不协调。调研之后发现诸多问题（表 6-3）。

场景解读

- 面积小、种类少而单调的游戏场难以满足孩子需求

游戏场地面积过小，游戏设施种类少且千篇一律，工业化和商品化的痕迹过重，缺乏自然因素和具有人情味、创造性的设施，缺少给孩子提供自我创造的机会。

- 6 岁以上孩子乐于探索与创造性地利用住区内一切环境设施

6 岁以上的孩子，几乎很少在游乐场玩，这与住区缺少可供这个年龄段儿童游戏的场地和设施有关，也与他们的旺盛精力和探索欲望有关。他们三三两两地出现在住区任何可以到达的地方，更多的是在住区中创造性地利用外部环境和设施，发现游戏的机会（图 6-25）。这个年龄段的男孩子往往会选择具有冒险性的活动。但对于女孩来说，缺乏可供这个年龄段女孩子玩的场地和设施，使骑单车几乎成为她们唯一的户外游戏。

儿童游戏行为观察富力城调研实录　表 6-3

冬天 下午 1：00~2：00 晴			

游戏场处于阴影当中，空无一人	干涸的人造河床上堆满了大块的卵石，吸引了大孩子的注意。他们踢石头，在石头上走，举起石头砸向地面，然后大声叫喊，旁若无人。在一个工人的呵斥下，几个孩子慌忙跑开	由于游戏场很小，孩子们更普遍和安全的玩法是骑单车，整个住区都是他们可以探索的世界，只要是能到达的地方	对于男孩子来说，即便是骑车，也要沿着河边骑，冒点险才更有意思

4. 枫林绿洲

　　未找到专门的游戏场，但在小区中发现一处螺旋形下沉广场，过多的人工铺地让环境有一种冰冷感。调研过程中也发现一些有趣的现象（表6-4）。

场景解读

• 游戏场地应具有环境标识性

　　标识性不应只通过游乐设施和标识牌来体现，而应通过场地自身的特征来体现，如该场景中的下沉广场和环形坡道（图6-26）。场地高差的明显变化对各个年龄段的儿童均具吸引力，其中最值得一提的是环形的坡道。贝聿铭曾经提到在他的几个孩子童年的时候，他经常带着他们去各个博物馆参观，但唯有到莱特设计的古根海姆博物馆中才能让他们兴奋异常，主要原因就是中庭下面盘旋的坡道对孩子们具有巨大的吸引力。

5. 清枫华景园

　　小区中心有带形水池，模仿自然水体的砌筑方式，相比富力城的大型人工水景，更显出这里的自然朴素。较小的景观尺度，也让儿童容易接近并将游戏行为融入景观之中（表6-5）。

场景解读

• 儿童更喜欢相对自由和自然的场地

　　和设计僵化的、由一块块塑胶地面拼成的场地相比，儿童更喜欢相对自由和自然的场地，

包括：丘陵、土坡或斜坡，沟渠、小溪或小水塘，隐蔽处、沙坑、树林、花园、洞穴、泥土地面或未加修饰的荒地、草地等（图6-27）。亲近自然是人的天性，更是儿童的天性，当代的都市环境忽略了这一点。大量僵直的线条和生

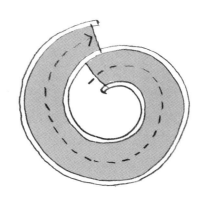

图6-26　螺旋坡道游戏场

儿童游戏行为观察枫林绿洲调研实录　表6-4	
冬天 下午5：30~6：00 夕阳 天色渐暗	

曲线形的坡道成为大孩子玩滑板的游戏场	小孩子在家长的看护下，对高差的有趣变化和对大孩子的游戏充满好奇

儿童游戏行为观察清枫华景园调研实录　表6-5	
秋天 下午4：00~4：30 晴	

接近干涸的小溪让几个孩子玩得乐此不疲，仅剩的一点水和水中的小鱼是他们兴趣的焦点	

图6-27　自然的游戏场地

硬的形式充斥在环境中，与儿童的天性相抵触。只有当儿童的游戏与自然结合的时候，当他们接触水、泥土、树叶、蚯蚓、鱼、毛毛虫的时候，他们的天性才会得到最大限度的释放，从而对其成长提供帮助。

二　对调研住区中儿童游戏环境的总体评价

结合对以上典型的儿童游戏环境设计实例的调研与分析，我们可以发现在北京当代住区中儿童游戏环境所普遍存在的问题：

第一，游戏场所仅仅限于住区内部，很难与其他小区共享，更无法做到融入城市。在住区外部难以见到公共性的儿童游戏场所和设施。

第二，在城市住区儿童游戏场所的规范制定上存在空白。在《城市居住区规划设计规范》以及《居住区环境景观设计导则》等相关的规范中都未对儿童游戏场所的面积、设施等做出规定，也未对日照、通风等基本要求做出较明确的说明。这也是多数住区游戏场面积偏小（甚至无游戏场）、位置不佳、设施不足的重要原因之一。

第三，大多数游戏场的设计千篇一律，鲜有精心且创造性的游戏环境设计，也就更难以发

挥儿童的自主创造能力。产品化的游具设施单调、贫乏，很少见到组合式或"连接体系"的游具（注：华清嘉园的游具是调研中仅见的组合型游具）。

第四，当代住区游戏环境设计的问题即是依然延续功能主义的思考方法，将儿童的游戏行为简单看作是一种功能需求，认为通过单一的游戏场的设置即可满足。而大量的环境异用现象说明，儿童的游戏行为绝不仅仅限于固定的游戏场，他们会发掘环境中任何有价值的游戏空间，整个住区都可能成为他们的游戏场所。

第五，小尺度的空间在我国当前的住区游戏环境设计中很难见到，取而代之的是形式化操作带来的大量无意义的空间。

三　对住区儿童游戏环境设计的10条建议

基于以上的考察和分析，本文对住区儿童游戏环境的设计提出以下建议：

1. 从孩子的尺度和心理角度做设计

设计者应将自己想象成一个孩子，试着蹲下来，透过孩子们的眼睛观察世界，从孩子的尺度和心理角度考虑问题，特别注意儿童在活动场地中走动、奔跑、攀登及爬行时的目光视线。可以通过回忆自己的童年，挖掘记忆中最深刻的空间及场所体验作为设计的灵感源泉。设计前花时间和孩子们待在一起，亲身体验一下他们的生活，观察孩子们的行为和生活是十分必要的（图6-28）。游乐设施应贴近孩子们的天性，一根水泥管、一个旧轮胎对孩子的吸引力有时远远大于标准化、产品化的滑梯（图6-29）。

2. 关注设计中的细节

关注细节，对于触觉要格外关注，在儿童手和脚所经常触及并容易感知的部位如扶手、台阶等处，利用安全、舒适和多样化的材料培养儿童对事物的敏感和认知能力。

3. 游戏场位置需有光照、醒目、安全

游戏场在住区中的位置选择应遵循以下三个原则：一是游戏场必须放置于阳光充足的位置，不一定要求全天日照，但至少应保证上午和傍晚儿童活动的最佳时间阳光能够照到。二是游戏场应放置于住区中较醒目的位置，使得周围尽量多的楼群视线可达，以利于家长和社区管理人员能够随时照看玩耍中的孩子。三是游戏场周边应该有一定的安全缓冲空间，因为儿童经常会跑到游戏场外面玩耍，所以游戏场应该有一个相对合理的活动半径，最好与成人的活动场地或广场相毗邻，而不应该孤立在角落里。这样儿童的活动范围就可以扩大，并且在游戏时可以接触更多的成人，这对于他们的成长是极其有利的。为了安全考虑，儿童游戏场地也需注意保持相对独立，例如可以用矮墙、树篱或栅栏分割，与周围场地处于半封闭、半开放状态为宜。

4. 考虑家长的休息空间

要考虑家长的需求，因为家长会与儿童尤其是5岁以前的儿童形影不离，并且家长的数量在游戏场中可能比儿童还多。在游戏场的边缘应设置供家长休息的座椅，座椅应距离游戏

图 6-28　儿童的行为特征

图 6-29　废旧轮胎的随意组合

设施有一定的安全距离，且应能使家长看到每一件游戏设施。座椅旁边应留有充分放置婴儿车的空间。游戏设施之间也要考虑到家长看护儿童游戏的空间需要。

5. 设置标志性景观

游乐设施不仅仅是功能性的，更应具有一种象征性和精神性，在其周围一定范围内应能形成游乐、轻松和安全的氛围。游戏场最好有标志性的景观，以增加游戏场的幻想特色和可识别性。如大树、钟塔、大风车、小土山、矮墙、大平台，甚至雕塑等（图 6-30、图 6-31）。这

图 6-30　大树作为标志性景观

图 6-31　钟塔作为标志性景观

样能使得游戏场在儿童头脑里形成清晰的图像，从而产生依恋感。如高耸的钟塔和周围的环境更能吸引孩子们，因为他们可以围着钟塔转圈，可以追逐和躲藏。

6. 运用简单几何形体

原型化的设计更容易打动儿童的心灵，如圆形、三角形、方形、六边形等形体的运用（图6-32）。洞穴状、有缝隙和空洞以及任何凹陷式的具有围蔽感的空间容易吸引孩子们（图 6-33，图 6-34），这可能与未出生时在母亲子宫内的体验有某种内在的关联。具有神秘感的场地会极大激发儿童的想象力，创造具有神秘感同时又不会产生恐惧感的场所，对景观设计是一个巨大的挑战。

7. 尽量增加感知的机会

由于儿童的感知发育是多方位的，视觉之外还有触觉、听觉、嗅觉、味觉。所以，应该在游戏场的设计中，尽量为儿童提供体验多种感知的机会。如提供声音（如风铃、地板的咚咚声、树叶的沙沙声）、各种质感的墙面和地面（如树皮或卵石）等。因为儿童对地面的注意力会远比成人高，建议注重场地地面的设计，应提供富有变化的高差，如土坑、小山丘、坡道、台阶等，促进儿童对于高度的感知能力以及拓展他们的活动能力（图 6-35）。

8. 提供儿童创作的空间

应提供设施和机会，让儿童能亲自动手创作，并在这个过程中，与其他小朋友进行合作和交流。尤其是水与砂土所形成的塑性会激发孩子们的动手能力、想象力和合作精神（图 6-36）。C·亚历山大在其《建筑模式语言》的"冒险性游戏场地"模式中建议"为每一邻里的儿童建立

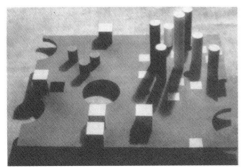

图 6-32　原型化的形体

图 6-33　原型化的空间

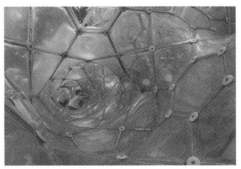

图 6-34　模拟分子结构的孔洞

一个游戏场地。它不是装修一新的、铺有沥青地面和设有秋千架的游戏场地，而是一块堆放各式各样原料的地方——上面有为数众多的网、盒子、琵琶桶、树木、绳索、简易工具、框架、草和水——儿童们在这里可以创造出或再创造出他们自己的游戏场地"[1]。另外，提供具有舞台特征的景观元素，可以满足儿童对于个人表现的渴望和对于戏剧及角色扮演的兴趣。

图 6-35　富有高差变化的场地

9. 与幼儿园或社区广场结合设置游戏场

大型住区应设计规模比较大的儿童游戏场或游戏中心，可与幼儿园或社区广场结合。将游戏场看作是整个住区活力的中心之一，同时结合若干小型的游戏场所或游戏设施。应将游戏场看作是儿童学习和成长的工具，而不仅仅是一块供儿童玩耍的场地。

图 6-36　培养合作精神的创造性游戏

10. 充分利用街角、路边空间

建议在城市中充分利用街角、路边的空间，设置开放的儿童游戏场地，使之能为城市中的儿童所共用，同时城市街道和广场的设计应该考虑儿童活动和游戏的需要。荷兰建筑师阿尔多·凡艾克终生致力于将城市残余空间改造成儿童游戏场的工作，并在阿姆斯特丹设计和建造了遍布城市各个角落的开放游戏场，使阿姆斯特丹成为游戏的都市和孩子的天堂（图 6-37，图 6-38）。北京不缺少尺度巨大的集会广场，也不缺少功能齐全、设施先进的大型游乐场，当然更不缺少封闭在围墙之内的园林般的住区景观。北京所缺少的

正是街头巷尾经过精心设计的小型开放空间，让孩子们在城市的任何角落都能找到可以安全自由的游戏场所。在这里，他们可以结交新的小朋友，可以观察城市和成人的生活，可以学会躲避危险，保护自己，学会寻求帮助和帮助别人。在城市里，在游戏中，他们能够快速长大。

结语

为孩子的设计并不简单，需要我们摆脱成人式的偏见，放弃对理念和形式无意义的追求，真正从儿童的需求出发，给予他们最大的关注，并以此作为探索空间和环境设计无限可能的良机。

关注儿童，就是关注未来。

1　C·亚历山大等.建筑模式语言.王昕度，周序鸿译.北京：知识产权出版社，2002：803

图 6-37 阿姆斯特丹的城市儿童游戏场分布图

图 6-38 阿姆斯特丹的城市开放儿童游戏场

* 注：本文作者袁野，清华大学建筑学博士，国家一级注册建筑师，高级建筑师；中国中建设计集团（总部）副总建筑师；主要专业领域为住区规划与儿童游戏环境设计，教育与文化建筑设计。

住宅精细化设计 Ⅱ

第七篇　其他

CHAP.7　OTHERS

《住宅精细化设计》精品课程教学成果总结

　　"住宅精细化设计"是清华大学建筑学院已开设 7 年的一门研究生专业课程，该课共 2 学分，32 学时。课程讲授居住建筑的设计理论和设计方法，主要包含城市住宅和老年人居住建筑两部分，是住宅教学课程体系的重要组成部分。课程曾于 2009 年获得"清华大学研究生精品课程"称号，并在 2012 年"清华大学精品课程"复审中再次获得精品课程称号。

　　一直以来，住宅都是关系国计民生的重要建筑类型，也是多数建筑师在工作中涉及最多的建筑类型。扎实的住宅设计基础是建筑学专业学生成功步入社会参加工作的基本功。随着人们对生活水平和居住质量要求的逐步提高，住宅建设已经从"保量"向"量质并重"发展，相应的便要求建筑师有更高的设计能力，以及更好的职业素养。

　　从目前建筑学院的课程设置来看，在本科生培养阶段已经设有对住宅设计的初步教学环节（如别墅设计、居住区规划设计等），进入研究生阶段，应在此基础上对住宅设计方法有进一步的深化学习，居住建筑设计课程设置关系如图 7-1 所示。本课程正是立足于此，提出在住宅建设领域应回应精细化设计这一时代要求，希望对住宅设计做更为系统和深入的讲解，提高学生解决实际设计问题的能力。

一年级　住宅室内设计　　　　　　二年级　别墅设计　　　　　　四年级　居住区规划设计

图 7-1　建筑系本科生与研究生居住建筑设计课程设置的递进关系

一 课程建设的指导思想

1. 重视知识的应用性

快速城市化和老龄化是我国当前社会发展的两大趋势。随着城市化的发展，我国每年都需要建设大量的居住建筑，以满足城市新增居民的居住需求；同时随着老年人口的快速增加，老年人的养老居住问题也日益突出。"住宅精细化设计"课程正是在这样的背景下开设的，其目标是使学生们认识居住建筑设计的重要意义和发展趋势，深化对居住建筑设计的理解，并掌握相应的设计理论和方法，为将来更好地做好居住建筑设计打好基础。

2. 实践研究型的教学理念

提高研究和创新能力是研究生教学的重要目标。"住宅精细化设计"课程在教学内容和教学环节上注重引导学生深入调研居住问题，启发学生针对特定的居住需求进行创造性设计。首先，课程很多内容来自于实际调研成果，生动的设计案例可以带领学生从现实的角度去思考和探索；其次，在教学作业环节中加入了调研和专题设计，要求学生对居住者生活进行实际观察并提出适宜的设计方案，这有助于提高学生发现问题、解决问题的能力。

二 课程的教学目标、教学内容

1. 教学目标

1）培养自主学习和研究能力

课程引导研究生自主研究小型课题，如普通住宅设计、保障性住房设计和老人住宅改造设计等，并带领学生参观住宅和老人院，发现居住中存在的问题和新的居住需求，运用课程讲授的基本原理，进行创造性的设计，解决实际的居住设计难题。课程注重培养研究生自主学习和研究的习惯，以及科学的研究方法和实践创新能力。

2）知识教育与情感教育相贯穿

课程在培养学生建立完善的住宅设计知识体系的同时，还注重加强培养学生对生活的研究感悟能力，并通过课程和作业安排，让学生与家人、普通居住者、老年人充分交流，理解实际使用者的需求和困难。同时加强学生对弱势群体的关爱之心，提高学生的社会责任感，将教书与育人相结合。

3）让学生不仅学会设计，更学会生活

课程不仅在于教会学生住宅设计的方法，更是要让学生去用细致入微的眼光观察生活、体验生活。课程内容及作业中均强调了调研环节，以此训练学生在实际生活中的敏锐观察力，使学生在做设计的同时能够思考生活、感悟生活。

住宅精细化设计·课程内容及教学环节安排

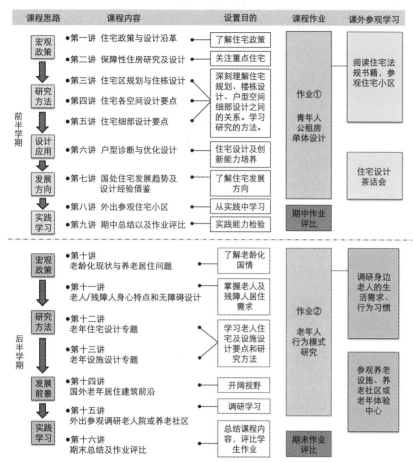

图 7-2 "住宅精细化设计"课程体系

2. 教学内容

课程内容主要分为"住宅建筑设计"和"老年人居住建筑设计"两大版块。各版块内容分别按照宏观政策、设计研究方法、发展前景、实践 4 个环节展开（图 7-2）。

三　课程的教学特色

"住宅精细化设计"课程的教学方式一直与课程自身及选课学生的特点紧密结合，经过多年摸索，形成了本门课程的一些特色。

1. 融合感性和理性教学

在讲授理论性内容的基础上，更加重视与实际住宅设计中常见的技术问题、设计方法结合，让学生能够更好地将所学应用于实践；课程设置中包括组织学生外出参观、实地调研，以加深对所学知识的理解和认识（图 7-3）。

课程发挥了居住建筑与日常生活紧密相关的特点，带领学生走出课堂，进行入户调研，

图 7-3　外出参观调研

带领学生赴某楼盘参观

在某楼盘样板间内，现场给学生讲解设计知识

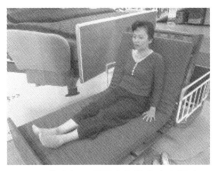

图7-4　在老年用品及老年住宅内现场演示　图7-5　安排学生实际体验老年人的各类生活用品　图7-6　课堂提问的举手场景
教学

参观老人院，考察残联中心等（图7-4）。也曾组织过部分学生去参观日本的住宅技术展示中心、老人护理中心等，学习发达国家的先进设计经验。

课上还采用了部分物品作教具，如轮椅、拐杖等老年人生活辅助用具，学生可以实际感受老年人的行动方式及其困难，从而更好地理解无障碍设计的重要意义（图7-5）。

2. 主动设计授课节奏，积极营造课堂气氛

由于上课地点为报告厅，人数又较多，放映课件时室内光线暗，个别学生在课堂上容易困倦，精神不易集中。为此在制作课件时，有意在每堂课中设置若干活跃气氛的环节，做到"一笑，二问，三故事"。"一笑"指一场笑声，讲课时将复杂、难懂的知识生动化、趣味化，寓教于乐；"二问"指两次提问，在课前或课堂中设置问题，提高同学参与性（图7-6）；"三故事"指在讲课过程中加入三个或以上的案例故事等，用讲故事的方式讲设计，加深记忆。

同时为了便于学生理解和记忆，课件中加入了大量的图表、漫画和照片，讲课时深入浅出，生动有趣，这样有利于学生在较为轻松的氛围中学习知识（图7-7）。

3. 注重实践教学

教学不仅仅局限于课堂上的知识讲授，更注重向外扩展，鼓励学生参与各种社会活动，在实践中学习知识、应用知识。例如2011年9月~11月，组织研究生参与"北京石景山区社会福利院老人活动室改造设计"的重阳节公益活动。让部分学生利用课余时间，先后参与到前期调研、方案设计及老年人就餐行为模式研究中。该活动为学生提供了一个难得的实践平

游轮养老的故事

大约两年前，我和我先生搭乘一艘公主游轮经过西地中海。

晚餐时，我们注意到有一位老太太单独坐在大餐厅的大楼梯边。

我也注意到，所有的工作人员、领班、服务生、清洁人员等似乎都和她很熟悉。

我问服务生那位老太太是谁，本以为他会告诉我老太太是船主，但他告诉我他只知道她已经在这艘上待了四趟航程。

游轮养老的故事　　　　　　　　　老年人身体特点

图7-7　教学内容图示化、故事化

图7-8　老人活动室改造前后对比（节目播出内容）

宣传海报　　　　　选票单

图7-9　宣传海报及选票单

台，使其能够将课堂上所学的知识运用于实际工程项目中。同时，学生将课上讲授的行为学研究方法运用在对老年人就餐等行为模式的研究中，取得了较好的研究成果。

此公益活动由中央电视台二套"交换空间"栏目全程记录并剪辑播出，取得了较好的社会反响。所形成的多媒体资料同时能丰富课堂教学，使教学形式更加生动活泼（图7-8）。

4. 注重课堂内外的讨论和交流

课程讲授过程中，注意运用讨论的方式鼓励学生进行互动交流。在期中和期末的两次作业汇报中，采用了同学逐一汇报，相互点评、

评选等方式。通过相互点评，学生在理解他人设计想法的同时，也更好地审视了自己的设计思路。相互评选则采用分组PK形式，除了选出组内优胜者之外，还会评选几项大奖，如最精细奖、最创意奖、最佳人气奖等（图7-9），使作业讲评环节生动有趣，同学参与热情高，现场气氛热烈（图7-10），许多同学表示很喜欢这样的作业讲评方式。

为增进学生与学生、学生与老师之间的交流，自2009年开始，在课余开展"茶话会"活动，每次茶话会都有一个主题，例如"南北方住宅的差异"、"家乡住宅的特征"等等，学生结合自身的居住感受、生活习惯，回忆并梳理相关的住宅特征，并由此提升对住宅建筑的认识和理解。每

图7-10　PK现场照片

现场投票评选　　　　　　获奖同学与老师合影　　　　　最佳创意获奖者身上贴满选票

图7-11 茶话会小组讨论场景

次茶话会约有 20~30 人参加，分为 4~6 组，每组有专人进行记录和总结。在交流中，同学们既更好地了解了全国各地的住宅情况，又促进了学生间的知识交换（图 7-11）。

5. 设置专题型设计作业

提高设计实践能力是课程教学的重点之一。课程中安排了两个小型专题设计（包括住宅户型设计和老人行为模式调研）。两个设计是在课程开始之初布置的，要求学生随着课程内容的深入逐步深化作业。同时采用每次课后点评的方式，使学生循序渐进掌握知识，培养学生自主解决问题的能力。

作业一：对现有的公租房平面进行修改，并结合青年人的心理特征和行为特征，选择楼栋中的某一户型进行深入的室内设计或家具设计。

本作业一方面可以让同学掌握课上所学知识点并灵活运用，同时选择公租房作为对象更能迎合现在住宅实践的趋向，为同学将来的工作打下基础。作业成果如图 7-12 所示。

作业二：观察老人在某一空间的行为活动，或某种特定的行为习惯，或与他人之间的行为关系等等，通过取样和记录，深入分析老人的某种特定行为模式并指出对建筑空间、环境的需求。

作业的目的是希望通过调研，使学生在了解老人行为特征的同时增强关心弱势群体的意识，提升社会责任感。作业成果如图 7-13 所示。

6. 兼顾各类学生的学习需求

对听课学生的专业背景进行分析是教学中的重要工作之一。在"住宅精细化设计"课程中，选课学生的专业背景不同，他们中既有建筑学专业，也有部分美术学院和其他工科院系的学生；同样，选课学生的经验也不同，既有多年工作经验的工程硕士，也有一直在校的统招硕士。因此在教学过程中，需要兼顾各类学生的特点，兼顾他们不同的学习需求。如有工作经验的学生已掌握基本设计方法，因此他们需要的是深入分析各类设计细节；而针对其他院系的学生，则需要更多讲解居住者的居住需求等重要的、比较基础的、同时也易于理解的内容，因此讲授方式对课程效果有重要影响。本课程通过课件中图片的直观表达和讲授时语言的深入浅出，使不同层次或专业

总的来说，原套型有**三大优点、四大缺陷**

优点：

1、板楼做到**一梯五户**，而且**两户南北通透**。实属不易，平面设计深入细致、整体设计比较合理。

2、**轮廓线完整**，符合北方建筑特点，平面中间的凹进效率很高，满足了四间房间和两间阔房的通风采光要求。

3、每户的房间布局简洁明了，而且布局比较紧凑。部分小户型具有这种布局还利于增大进深。

缺陷：

1、南面**宽稀缺**是最大的问题。低两套型并没有高效利用南面宽。

2、套型虽有增大进深的潜力，但**不到14米的进深**对于很难障房来说还是过于窄省。

3、个户中有入户厅**没有摆放餐桌的空间**，所有的套子都严重不足。

4、套型虽优点，套**室内利用效率不高**，缺乏之类等的储藏空间。

户型缺陷问题分析

修改前后平面对比

修改前

修改后

户型修改前后对比

改造思路

本次改造的最大挑战在于**如何在一室一厅的空间里做出第三个空间**。这一点需要放弃部分公摊面积，但还原户型111里实现能从比较复杂。图户型111里的隔墙都可以拆掉，空间容易重组。

具体方案——变"墙"为"房"

把原来分隔起居室、卧室和阳台的隔墙拆掉，代之以一套精心设计的组合家具。组合家具向上展为被子的床档，下面为写字台、表柜、书柜和电视柜。组合家具既起了孩子锻炼身体的空间，又充当了隔墙的作用，被打开的阳台也成了卧室的自然延伸，另一方面还保留阳台晾衣服的功能。两种储藏错时使用，一举两得。

户型室内深化设计

图7-12　作业一"户型修改及深化设计"成果节选（李明扬　2012210015）

组合家具解密

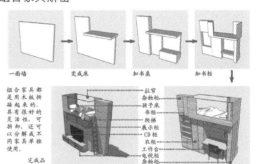

组合家具都是用木板拼接起来的，具有很好的灵活性，可拆卸，还可以分解成不同家具单独使用。

壹　**老人停留现象描述**

（一）停留目的·B廊

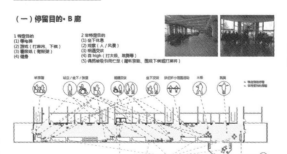

壹　**老人停留现象描述**

老人停留现象描述小结

两廊中老人的停留地点从停留目的、停留形态、停留时长来观察存在一定相似性，在走廊中某些空间驻多次、长时间发生停留留现象，是聚集的可能性更大。但两廊的差异不同，使得其中的停留现象也有较大区别。之后将对其进行一步分析。

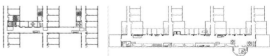

图7-13　作业二"老人行为模式调研"成果节选（刘诗晴　2012210008）

背景的学生都能有所收获。

　　除此之外，在完成作业或调研时要求采用分组合作形式，工硕学生有丰富的工作经验，可以指导在校学生；其他专业的学生可以为本专业的学生提供很多新的视角。尽量将工硕或其他专业学生与本专业学生组合，使学生们尽可能发挥自身优势，并促进学生之间的交流。

四　教学与科研相结合

　　"住宅精细化设计"课程努力做到科研服务教学，教学促进科研，教学与科研的结合主要从以下三个方面进行的：

1. 及时将科研成果应用于教学

　　居住建筑的发展与政策紧密相连，同时随着我们对居住建筑设计的持续研究，每年都有很多新的成果。为了及时将最新政策和研究成果传递给学生，每年都会重新备课，以使学生了解政策变化和居住建筑设计研究的前沿知识及未来的发展方向。通过一轮一轮地梳理和补充课件，我们也进一步完善了课程体系，并使课程内容更加丰富和生动。

2. 通过授课讲学进一步梳理研究体系

　　教学内容的编制需要进行系统化的思考。这个过程很好地促进了居住建筑研究体系的完善，也促进了研究内容的深化。在课题研究方向的确定过程中，我们深入探讨当前社会的需要以及学生学习的需求，以保证研究和教学内容符合时代与社会的要求。

3. 将学生调研成果纳入研究课题

　　为了发挥课程成果的作用，教学中往往会把设计作业与居住建筑研究课题联系起来。课程中要求学生进行实际调研并进行总结分析，并通过有效的指导，使学生的作业成果表达得深入且符合实际需要。同时，我们将部分优秀的作业纳入到研究课题中作为参考案例。将课程作业与研究课题结合的方式不仅充分利用了课程成果，同时也有利于更好地指导学生学习和研究。

五　课程建设成果

1. 帮助学生积极成长

　　在期末的课程总结中，很多学生认为通过本课程的学习，改变了他们以往单纯追求展现建筑师个性的想法，逐步养成了从使用者的角度进行设计的思考方式。同时也有很多学生反映通过课程的学习，对住宅设计和研究有很多收获，对于生活也有了更为细致、深入的观察。在期末教学评估中，本门课程成为建筑学院最受欢迎的课程之一。

2. 整理出版了教学及科研成果

　　几年来，我们共出版了居住建筑设计专业书籍 3 部；发表相关论文 30 余篇；承担住宅及老年建筑领域的纵向科研和横向科研 20 余项；参加编制国家住宅标准及图集 5 册、国家科技攻关课题方案图集 1 册（图 7-14）。这些出版和发表的研究成果也获得了社会的较高评价。

图 7-14 "住宅精细化设计"课程的教学及科研成果（书籍部分）

3. 建立了多个教学基地

在教学中，我们与许多优秀地产公司合作开展课程设计研究，如万科地产、华润地产、英才地产等。教学中还建立了多个教学基地，包括北京市第五福利院、北京太阳城国际老年公寓、北京汇晨老年公寓、寿山福海国际老年公寓、北京市寸草春晖养老护理院、北京市乐成恭和苑老年持续照料生活社区等机构。教学基地的建立为学生与居民、与老人的交流创造了良好平台，同时也为学生调研提供了便利。

4. 搭建校际及院系合作平台

目前，课程与国内合作的学校及院系有清华大学美术学院、清华大学社会学系、同济大学、北方工业大学等。与国外合作的学校及建设机构有日本东京大学、新潟大学、东北大学、竹中工务店、大林组、大金公司等。通过校际或院系之间的联合科研、讲学等方式，增进了相互了解，促进了学科之间的交叉研究，提高了科研水平。

5. 总结发表教学成果

我们在课下与学生共同探讨教学的内容及环节，希望能更好地改进本门课程的讲授内容与方式。在讨论中，我们总结出很多有价值的教学观点，经整理后将其发表在相关专业杂志上。与此同时，还优选并修改了部分优秀作业，出版学生优秀作业集，为相关专业教学提供参考资料。

六　近三年课程改进及成果

1. 把握住宅政策动向，加强重点住宅类型教学

住宅的建设发展与国家政策导向紧密相关，在进行教学时有必要让学生掌握国家最新住宅政策，了解当前住宅发展状况和房地产市场变化趋势，以便更好地适应实际工作需求。改进主要从以下两个方面进行：

1）加强保障性住房教学

自 2010 年起，国家为控制房价飞涨、抑制

炒房投资，连续出台了多项调控政策，以规范房地产市场，并提出要加强保障性住房的建设。"十二五"规划进一步提出，今后5年内全国将建设3600万套保障性住房。

近三年来，本课程逐步加强了对于保障性住房设计研究的教学，这主要体现在：①专门开设"保障性住房研究及设计"专题一讲，针对被保障人群的居住需求、保障房楼栋和套型设计要点，以及国外保障房设计经验等展开教学；②布置"青年人公租房单体设计"作业，让学生结合自身需求，针对青年人特定的生活需求和行为特点进行保障房设计。课程和作业的设置使学生能够较好的掌握保障性住房的设计关键点，为其之后的研究或工作打下基础。

2）完善老年人居住建筑教学

我国人口的老龄化与老年人居住建筑一直是本课程关注的重点内容。近年来老龄化问题愈发引起社会各界的广泛关注。老龄化的特殊国情催生了社会对于老年住宅、养老公寓等老年人居住建筑的需求。学生有必要对此进行更有针对性的学习，为今后的工作做好准备。

近年来，本课程不断完善老年人居住建筑设计版块的课程内容，形成了较为系统化的5讲课程，分别为老龄化问题及政策、老年人身心特征、养老社区及老年住宅、养老设施、国外老年建筑经验借鉴。各讲内容重点明确，形成了较为完整的理论架构。同时，为了培养学生对于老年人问题的兴趣，在作业的设置上有要求学生针对自家老年人居住的住宅进行调研，并进行相应的改造设计，也有对身边的老年人活动空间进行调研，观察老年的行为特征，并提出对空间的设计建议。希望学生能更多关注身边的老年人和家人，

并尽自己的专业技术所能，帮助别人实现更加安全、舒适、美好的生活。

2. 网络交流平台建立

1）博客平台

2009年9月，开设博客"周燕珉老师住宅教室"，旨在分享关于住宅和老年人方面的研究心得与成果，并为学生提供一个自由、开放的交流平台。博客内容分为参观调研、住宅设计、户型优化、老人住宅等10余个版块，博文数量已达到200余篇。相比于课堂教学，博客内容更新速度快、知识点更发散，能够帮助学生拓展思维，与课上内容形成较好的互补。博客地址：http：//blog.sina.com.cn/zhuzhai01。

2）微博平台

2011年7月开设微博，以"豆知识"、"点错"、"小调研"等话题的形式，发布住宅设计相关知识，主要内容为常见的设计错误、易忽视的设计要点、最新的政策信息解读等，图文并茂，能够让学生轻松地获取知识，积极参与到调研和研究过程中，随时与老师展开探讨。

3）微信平台

2014年3月起，开设"周燕珉工作室"微信平台，定期推送关于住宅、老年建筑设计相关的研究成果。设置"豆知识""看世界""微学术""调研录""小故事""读书会""设计分享"等板块，涵盖设计方法、优秀案例研读、调研成果分享等多方面内容。平台不仅使同学们能够通过手机阅读及时掌握老师工作室最新的研究成果和动态，也为同学们的研究成果提供了

一个展示的平台。同学们可通过微信平台将自己的研究成果分享给更多关心住宅和老年建筑设计的读者群。

4）邮箱平台

通过邮箱进行作业提交及反馈，同时学生可以通过邮件与助教和教师展开提问交流。

5）QQ群平台

考虑到选课同学中普通硕士生及工程硕士各占一半左右，学校所提供的"网络学堂"交流平台并不能涵盖所有的学生，为了更好地促进同学之间的交流，2012年10月建立"住宅精细化设计交流"QQ群。除了同学交流讨论之外，QQ群上还会发布与课程相关的展览信息或新闻等，辅助同学课外学习。

3. 积极编写教学书籍，做好教育准备

2011年4月，出版"十一五"国家级规划

教材《老年住宅》，是本课程老年人居住建筑设计版块的重点教材。该书较为全面地总结了笔者多年的研究成果，并对知识体系的完整性、脉络的清晰性、表述的平易性等方面作了最大限度的追求。在对知识点的阐述上，力求让学生能够"知其然，亦知其所以然"。书籍最后还收录了多例优秀课程作业，以便学生参考（图7-15）。

2012年11月，出版《老人·家——老年住宅调研改造案例》。《老人·家》收录2009~2010年"住宅精细化设计"课程老年版块优秀作业近30份，能够对相关专业和高校教学起到参考指导作用，发挥其教育教学价值（图7-16）。

《住宅精细化设计》自2008年底出版至今，已经连续印刷十六次。该书已经成为许多建筑院校住宅专业课程的重要教学参考书，并受到师生的广泛好评。本书是在《住宅精细化设计》的基础上，秉承其特征，将近四年来最新住宅研究成果进行梳理总结、整理集合而成的。

以上书籍均由建筑行业权威出版社中国建筑工业出版社出版。

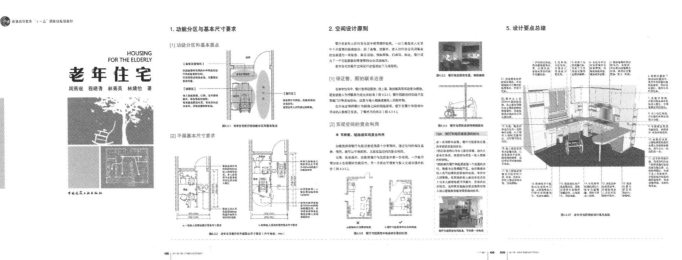

图7-15 《老年住宅》内容节选

图 7-16 《老人·家——老年住宅调研改造案例》内容节选

七 今后课程建设规划

1. 丰富教学模式，增加学生亲身体验

在近年来的教学过程中发现，许多学生由于缺乏生活体验或实践经验，在学习过程中往往难以领会一些知识点，从而导致理解不深入、不到位等问题。而通过组织课外参观、调研等活动，能够让学生在较短时间内获得更多感悟。因此在今后的课程安排中，将会作如下改进：

（1）继续加强课外教学，让学生走出课堂。将进一步精编课程内容，腾出部分学时，配合课程进度，组织学生实地考察住宅及老年建筑项目；在条件可行的情况下，安排学生参与入户调研或访谈活动。

（2）运用录像等动态演示媒介，更生动地讲授知识点。由于课时有限、选课人数较多，安排人数较多的课外参观有一定困难。为了让学生能够在课堂上增加体验，今后会更多地加入放映录像、现场演示等环节。

2. 积极推进教材编写，培养教学队伍

（1）完成《住宅精细化设计 II》的编写，为相关专业和高校教学起到参考作用。并计划编写养老设施建筑设计教材，为大量的老年人建筑设计作好教育准备。

（2）逐步安排课程组老师试讲部分课程，做好教师队伍的培养工作。

以上是对"住宅精细化设计"课程的阶段性总结。在未来的教学和研究中，我们将继续探索"教"与"学"的良性互动模式，发挥教学与科研的相互促进作用，进一步提高"住宅精细化设计"课程的教学水平，为清华大学建筑学院的研究生教育尽绵薄之力。

图片来源

图片名称	图片来源	页码
图 1-1 兵营状的独栋别墅小区面貌	网络图片：http://china.gansudaily.com.cn/system/2008/04/18/010656403.shtml	3
图 1-5 满足高端人群的社交和商务需求的会所别墅	网络图片：http://www.nipic.com/show/1/48/7460459k5515e128.html	6
图 1-6 英国拉夫堡早期联排住宅街景	维基百科	7
图 1-13 含有室内游泳池的平层别墅住宅产品（外观、室内）	金地地产提供	16
图 1-14 "叠院"住宅产品空间造型丰富、有趣	网络图片：http://house.focus.cn/photoshow/7821/111905536.html	17
图 1-20 筒子楼的走廊中摆放了煤气炉灶及各种杂物，通行空间狭窄，存在安全隐患（左图）	网络图片：http://www.showchina.org/jjzg/bwzg/201001/t524238.htm	21
图 1-30 新厨房国标中的厨房平面对水、电、气管线进行了统一安排	GBT 11228-2008.住宅厨房及相关设备基本参数 [S]. 北京：中国标准出版社，2009：5.	28
图 1-32 住户通常在合用厨房中盥洗、洗衣	网络图片：http://news.sina.com.cn/s/2008-11-29/081114803947s.shtml	30
图 1-33 住宅套型中厨卫邻近设置的示例	《中国住宅设计十年精品选》编委会. 中国住宅设计十年精品选 [M]. 北京：中国建筑工业出版社，1996：8.	31
图 1-35 住户在装修卫生间时更加注重美观	网络图片：http://home.wx.house365.com/html/2010/06/01/022064414_01.html	32
图 1-37 楼上卫生间地面与管道衔接处渗漏影响下层卫生间	网络图片：http://www.gxnews.com.cn/staticpages/20101220/newgx4d0f00-ad3488750.shtml	34
图 1-40 北京幸福村街坊的住宅中，部分套型已设计了阳台	华揽洪. 北京幸福村街坊设计. 建筑学报，1957，03：20.	38
图 2-96a 侧边柜深处的设计示例	日本 LIXIL 提供	94
图 3-60 "枪煞"的示意	网络图片：http://qing.blog.sina.com.cn/tj/981d711c330024lv.html	154
图 5-18 日本人口结构变化	1920-2010 年：国势调查、推计人口、2011 年以降：[日本的将来推计人口（平成 24 年 1 月推计）]	223

图片名称	图片来源	页码
图 5-20　独立型两代居	二世带住宅研究所．ヘーベルハウス住宅百科全書	224
图 5-21　半分离型两代居	二世带住宅研究所．ヘーベルハウス住宅百科全書	225
图 5-22　融合型两代居	二世带住宅研究所．ヘーベルハウス住宅百科全書	225
图 5-23　老人卧室邻近起居空间布置	左图：旭化成株式会社．ヘーベルハウス総合 カタログ；右图：くらしノベ ーミョン研究所ヘーベルハ ウスの二世带百科	226
图 5-25　老人年龄变化过程中身体及需求的变化	根据《ヘーベルハウスの二世带百科》绘制	227
图 5-43　国外养老社区规划形式示例：美国拉尼尔湖持续照护养老社区	美国 THW 设计公司提供	240
图 6-23　冒险性游戏	Environment Design. Process:Architecture.NO.79	271
图 6-24　纽约河滨公园游戏场	王向荣，林箐．西方现代景观设计的理论与实践．北京：中国建筑工业出版社，2002.	272
图 6-28　儿童的行为特征	阿尔伯特 J. 拉特利奇．大众行为与公园设计．王求是，高峰译．北京：中国建筑工业出版社，1990.	275
图 6-29　废旧轮胎的随意组合	克莱尔·库帕·马库斯，卡罗琳·弗朗西斯．人性场所——城市开放空间设计导则．俞孔坚，孙鹏，王志芳等译．北京：中国建筑工业出版社，2001.	275
图 6-32　原型化的形体	Aldo van Eyck-the playgrounds and the city. Stedelijk Museum Amsterdam NAi Publishers Rotterdam.	276
图 6-33　原型化的空间	Environment Architecture. Process:Architecture.NO.121	276
图 6-36　培养合作精神的创造性游戏	赫曼·赫兹伯格．建筑学教程：设计原理．仲德昆译．天津：天津大学出版社，2003.	277
图 6-37　阿姆斯特丹的城市儿童游戏场分布图	Aldo van Eyck-the playgrounds and the city. Stedelijk Museum Amsterdam NAi Publishers Rotterdam.	278
图 6-38　阿姆斯特丹的城市开放儿童游戏场	Aldo van Eyck-the playgrounds and the city. Stedelijk Museum Amsterdam NAi Publishers Rotterdam.	278

其他图表均为作者自绘、自摄。

图书在版编目（CIP）数据

住宅精细化设计 II ／周燕珉等著. —北京：中国建筑工业出版社，2015.1(2022.8重印）
ISBN 978-7-112-17672-4

I. ①住…　II. ①周…　III. ①住宅 – 建筑设计　IV. ① TU241

中国版本图书馆 CIP 数据核字（2015）第 012886 号

责任编辑：费海玲　焦　阳
责任校对：张　颖　党　蕾

住宅精细化设计 II
周燕珉　等著

*
中国建筑工业出版社出版、发行（北京西郊百万庄）
各地新华书店、建筑书店经销
北京嘉泰利德公司制版
北京富诚彩色印刷有限公司印刷
*
开本：889×1194 毫米　1/20　印张：15　字数：409 千字
2015 年 8 月第一版　2022 年 8 月第十二次印刷
定价：58.00元
ISBN 978-7-112-17672-4
　　　（26897）